孝經文獻叢刊 第一輯

曾振宇 江曦 主編

孝經通釋（外三種）

〔清〕曹庭棟等 撰 郭麗 整理

上海古籍出版社

山東大學儒家文明省部共建協同創新中心研究成果
曾子研究院研究成果
山東省「泰山學者」建設工程研究成果
山東大學曾子研究所研究成果
國家古籍整理出版專項經費資助項目

序

孝是儒家核心觀念之一。在甲骨卜辭中,「孝」字已被用作人名與地名。此外,甲骨卜辭中還出現了「考」與「老」字,「考」「老」「孝」三字相通,金文也是如此。朱芳圃《甲骨學文字編》注云:「古老、考、孝本通,金文同。」

根據《史記》與《漢書》記載,《孝經》一書與孔子和曾子倆人有直接的關係。曾子是孔子孝道的直接傳承者,《漢書·藝文志》説:「《孝經》者,孔子爲曾子陳孝道也。」根據錢穆先生考證,曾子生卒年爲公元前五〇五年——前四三六年(此據錢穆《先秦諸子繫年》)。曾子父子同爲孔子弟子,但曾子入孔門的時間比較晚。曾子比孔子小四十六歲,在孔門弟子中年齡偏小。在孔子得意門生顔回去世之後,曾子成爲在道統上繼承與傳播孔子學説的主要代表人物。孔子對曾子也寄予了殷切希望,在先秦典籍中可以發現許許多多師徒之間的對話。譬如,《大戴禮記·主言》篇記録的全是孔子與曾子問答之語。在「孔子閒居,曾子侍」之時,曾子問:「敢問何謂主言?」「敢問不費不勞可以爲明乎?」「敢問何謂七教?」「敢問何謂三至?」此外,在《禮記》《孝經》中也可見到大量的師徒之間的問答。曾子在多年的學生生涯中,逐漸也摸索出了如何有針對性地向老師提問的訣竅:「君子學必由其業,問必以其序。問而不決,承間觀色而復之,雖不説亦不强争也。」(《大戴禮記・曾子立事》)孔子去世之後,曾子開始設帳講學、著書立説,廣泛傳播孔子學説。在儒學發展史上,正因爲曾子肩負傳道者的重任,在先秦典籍中存在大量孔子、曾子言詞非常近似的材料:

一、孔子説:「父在觀其志,父没觀其行。三年無改於父之道,可謂孝矣。」(《論語・學而》)

曾子説:「吾聞諸夫子:孟莊子之孝也,其他可能也,其不改父之臣與父之政,是難能也。」(《論語・子張》)

二、孔子説:「後生可畏,焉知來者之不如今也?四十、五十而無聞焉,斯亦不足畏也已。」(《論語・子罕》)

曾子説:「三十、四十之間而無藝,即無藝矣;五十而不以善聞矣;七十而無德,雖有微過,亦可以勉矣。」(《大戴禮記・曾子立事》)

三、孔子説：「生，事之以禮；死，葬之以禮，祭之以禮。」（《論語·爲政》）

曾子説：「生，事之以禮；死，葬之以禮，祭之以禮：可謂孝矣。」（《孟子·滕文公上》）

語言文字上的相似與雷同，恰恰間接證明曾子在儒家文化轉變流傳過程中的重要地位。恰如二程所論：「孔子没，傳孔子之道者，曾子而已。曾子傳之子思，子思傳之孟子，孟子死，不得其傳，至孟子而聖人之道益尊。」從漢代開始，《孝經》已成爲童蒙讀本，影響日深。東漢文學家崔寔《四民月令》嘗言：冬季之時，家家户户幼童在家裏誦讀《孝經》《論語》等啓蒙教材。

在中國古代文化史上，《孝經》最早稱「經」。但《孝經》之「經」，有别於「六經」意義上的「經」。《白虎通》云：「經，常也。」因此，《孝經》之「經」，指的是孝觀念藴含的「大道」「大法」。「夫孝，德之本也，教之所由生也。」（《孝經·開宗明義章》）在孔孟思想體系中，仁是全德，位階高於其他德目。但是，在《孝經》思想體系中，孝已經取代仁，上升爲道德的本源。孝是「至德要道」（《孝經·開宗明義章》），鄭玄注點明：所謂「至德要道」就是「孝悌」。不僅如此，《孝經》一書最大的亮點在於：作者力圖從形上學的高度，將孝論證爲本體。「夫孝,天之經也,地之義也,民之行也。天地之經,而民是則之。」(《孝經·三才章》)「經」與「義」含義相同,都是指天地自然恒常不變的法則、規律。《大戴禮記·曾子大孝》也有類似表述:「夫孝者,天下之大經也。」孝是天經地義,將「孝」論證爲宇宙本體,這是人類的人文表達,其實質是以德行、德性指代本體,猶如周濂溪用「誠」指代宇宙本體。需要進一步追問的是:孝是「天之經」「地之義」和「民之行」如何可能?如果作者不能從哲學上加以證明,這一結論的得出只不過是循環論證的獨斷論而已。令人遺憾的是,《孝經·三才章》並没有對此予以證明。《孝經·聖治章》的兩段話或許與孝何以是「民之行」有着一些内在邏輯關聯:「父子之道,天性也。」「天地之性,人爲貴。人之行,莫大於孝。孝莫大於嚴父,嚴父莫大於配天。」將人置放於「天地萬物一體」思維框架中討論,這是儒家一以貫之的思維模式,從孔子到孟子、董仲舒、二程、朱熹、王陽明,概莫能外。從「天性」探討父子之道,意味着不再局限於從道德視域論説道德,而是上升到哲學的高度論説道德。孝不再是道德論層面的觀念,而是倫理學層面的範疇,甚至已成爲宇宙論層面的本體。孔子當年説「仁者安仁」,以仁爲安,意味着以仁爲樂,情感的背後已隱伏人性的色彩。徐復觀甚至認爲,孔子的人性論可以歸納爲「人性仁」。《孝經》作者也從人性論高度證明孝存在正當性，在邏輯上與孔子的思路有所相近。爲何「人之行，莫大於孝」？明代呂維祺對此有所詮釋：「此因曾子之贊而推言之，以明本孝立教之義。曾子平日以報身爲孝，不知孝之通於天下，其大如此，故極贊之。而孔子言民性之孝，原於天地。天以生物覆幬爲常，故曰經也。地以承順利物爲宜，故曰義。得天之性爲慈愛，得地之性爲恭順，即此是孝，乃民之所當躬行者，故曰民之行。」（呂維祺《孝經大全》卷七）天地自然之性與人之性同出一源，相互貫通。天的德性是「慈愛」，地的德性是「恭順」，天地之性統合起來在人性的實現，表現爲「孝」。

雖然在對於孝何以是「天之經」「地之義」的證明過程付諸闕如，但漢代董仲舒對此有所證明，或許可以看作對《孝經》作者未竟事業的「自己講」。董仲舒認爲人與物相比較，具有兩大特點：一是偶天地，二是具有先驗的道德情感。道德觀念的産生並非人類社會發展到一定階段的精神産物，道德觀念源出於天：「何謂本？曰：天地人，萬物之本也。天生之，地養之，人成之。天生之以孝悌，地養之以衣食，人成之以禮樂，三者相爲手足，合以成體，不可一無也。無孝悌則亡其所以生，無衣食則亡其所以養，無禮樂則亡其所以成也。」孝是人之所以爲人的本質所在，孝屬於「天生」，近似於萊布尼茨的「先定和諧」。

董仲舒在《立元神》一文又將孝稱之爲「天本」「地本」和「人本」：「舉顯孝悌，表異孝行」是「奉天本」；「墾草殖穀」，豐衣足食，是「奉地本」；「修孝悌敬讓」，是「奉人本」。在可感的經驗世界之上，孝存在着一個超越的、形而上的本源。人倫之孝只不過是宇宙本體之德在人的落實。「爲生不能爲人，爲人者天也。人之人本於天，天亦人之曾祖父也。此人之所以乃上類天也。人之形體，化天數而成；人之血氣，化天志而仁；人之德行，化天理而義。」從「天生」「天本」「天理」過渡到「人之德行」，在董仲舒思想中不是一個只有結論而無中間論證過程的獨斷論命題，董仲舒從陰陽五行理論進行了論證。《易傳》嘗言「一陰一陽之謂道」，董仲舒繼而用陰陽學説來闡釋倫理道德觀念的正當性。「王道之三綱，可求於天」。陰陽之道包含兩個方面的内涵：

其一，陰陽相合，「陰者陽之合，妻者夫之合，子者父之合，臣者君之合，物莫無合，而合各有陰陽」。父子之合源自陰陽之合，父子關係由此獲得了存在神聖性。

其二，陰陽相兼，「陽兼於陰，陰兼於陽，夫兼於妻，妻兼於夫，父兼於子，子兼於父，君兼於臣，臣兼於君。君臣、父子、夫婦之義，皆取諸陰陽之道」。陰陽之氣互含互融，陰中有陽，陽中有陰。因此，父子之義不可變易。

在用陰陽理論論證基礎上，董仲舒進而側重從五行理論闡釋孝由「天生」如何可能。「木，五行之始也；水，五行之終也；土，五行之中也。此其天次之序也。木生火，火生土，土生金，金生水，水生木，此其父子也。」五行並不單純地指稱宇宙論意義上的五種元素，實際上它還藴涵更多的人文意義。五行就是五種德行，而且這種德行是先在性的。「故五行者，乃孝子忠臣之行也」。具體就父子關係而言，孝存在的正當性何在呢？河間獻王問董仲舒：《孝經》説「夫孝，天之經，地之義」，這一結論是如何得出的？董仲舒回答：「天有五行，木火土金水是也。木生火，火生土，土生金，金生水。水爲冬，金爲秋，土爲季夏，火爲夏，木爲春。春主生，夏主長，季夏主養，秋主收，冬主藏。藏，冬之所成也。是故父之所生，其子長之；父之所長，其子養之；父之所養，其子成之。諸父所爲，其子皆奉承而續行之，不敢不致如父之意，盡爲人之道也。故五行者，五行也。由此觀之，父授之，子受之，乃天之道也。故曰：夫孝者，天之經也。此之謂也。」木與火、火與土、土與金、金與水、水與木之間，都存在父子之道。五行之間的相生是動態的、周轉的，這就意味着木火土金水五行都含有孝德。「生之」「長之」「養之」與「成之」，也都是周轉循環的，其間既藴含自然之理，又涵攝父子之道。

何謂「地之義」？董仲舒解釋説：「地出雲爲雨，起氣爲風。風雨者，地之所爲。地不敢有其功名，必上之於天。命若從天氣者，故曰天風天雨也，莫曰地風地雨也。勤勞在地，名一歸於天。非至有義，其孰能行此？故下事上，如地事天也，可謂大忠矣。土者，火之子也。五行莫貴於土。土之於四時無所命者，不與火分功名。……忠臣之義，孝子之行，取之土。……此謂孝者地之義也。」在五行之中，董仲舒尤其重視土德，土被冠以「天潤」美名，其中緣由在於土德是孝德之本源。土是火之子，土生萬物而不争功，將功名歸之於天。因此，土有孝之德，所以「孝子之行」源自土德。因循董仲舒這一思維模式，父子之間的諸多道德規範似乎可以得到圓融無礙的詮釋：

子女爲何要孝敬父母？「法夏養長木，此火養母也。」

父子之間爲何要親親相隱？「法木之藏火也。」

子女爲何應諫親？「子之諫父，法火以揉木也。」

子爲何應順於父？「法地順天也。」

漢以孝治天下，何法？「臣聞之於師曰：『漢爲火德，火生於木，木盛於火，故其德爲孝，其象在《周易》之《離》。』夫在地爲火，在天爲日。在天者用其精，在地者用其形。夏則火王，其精在天，温暖之氣，養生百木，是其孝也。冬時則廢，其形在地，酷熱之氣，焚燒山林，是其不孝也。故漢制使天下誦《孝經》，選吏舉孝廉。」

董仲舒從陰陽五行證明孝德存在正當性，實質是證明孝存在一個形而上的宇宙本體論根據。宇宙間存在着大德，這一宇宙精神就是孝。孝既然源起於天，是「天之道」在人類社會的實現。那麼，如何協調天人之道，人之道如何遵循天之道而行，就成爲人類自身必須正確認識與處理的現實問題。董仲舒在《治水五行》與《五行變救》中探索了這一問題，他認爲，在「土用事」的七十二天中，人事應該循土德而行，「土用事，則養長老，存幼孤，矜寡獨，賜孝弟，施恩澤，無興土功」。實際上，在倫理道德層面「法天而行」，已不再是一個「是否可能」的哲學認識論問題，而是一個形而下的、勢在必行的社會現實問題。按照董仲舒天人感應的宇宙模式理論，地震、洪水、日月之食從來就不是一個單純的自然現象，而是賦予了衆多的人文意義。譬如，狂風暴雨不止，五穀不收，其原因在於「不敬父兄」。諸如此類的自然災害是天之「譴告」，是「天」以其獨具一格的形式警告統治者。因此，如何改弦更張，使人之道完整無損地循天之道而行，成爲人類自我救贖的唯一出路：

「救之者，省宫室，去雕文，舉孝悌，恤黎元。」

迨至南宋，楊簡弟子錢時繼而從「心即理」的哲學立場出發，對《孝經》「夫孝，天之經也，地之義也，民之行也」作了獨到的闡釋，思路與董仲舒不一樣。錢時認爲，天、地與人存在一個共同的、相通的「大心」，此心在天爲「經」，在地爲「義」，在人爲「孝」。「夫人但知善父母爲孝，安知天之所謂經者，即此孝乎？安知地之所謂義者，即此孝乎？……在天曰經，在地曰義，在民曰行，一也，無二致也。」(錢時《融堂四書管見》)天經、地義和民行，源起於一個共同的宇宙精神；天之心、地之心，就是祛除「私欲」之後澄明虛靈的本體心——「吾心」。三者相互貫通，本無二致。在人而言，「發明本心」是不學而知的良知良能。「吾心」與天地之心相融通，人有責任揭示與宣明天地之心的本質與意義。在「揭示」與「宣明」的過程中，人自身存在的意義也得到挺立。

錢時的思想源自陸象山，「心」才是哲學本體，孝只不過是心在人性的安頓。換言之，孝是心的分殊，而非本源。《孝經》作者、董仲舒和錢時三人，時代不一、哲學立足點有異。但是，三人所得出的結論又有異曲同工之處：對孝何以可能的探索，力圖超越可感世界的經驗歸納，嘗試超越就道德言道德的思維藩籬，力圖發展到從存在論和意義論高度去論證孝的本質。

《孝經》在漢代已形成三種重要的版本：其一，顏芝之子顏貞將家藏《孝經》獻給河間獻王，河間獻王繼而獻給朝廷。《孝經》文字爲戰國古文，時人以今文讀之，史稱今文《孝經》，即顏芝藏今文《孝經》本。其二，漢武帝時，魯恭王「壞孔子宅」，在牆壁中得古文《孝經》，史稱孔壁藏古文《孝經》本。其三，西漢末年，劉向以顏芝藏《今文孝經》爲底本，比勘今古文《孝經》，「除其繁惑」，最終校定爲十八章。劉向所確定的十八章今文本，影響久遠，馬融、鄭玄、唐玄宗等人注《孝經》，皆採用這一版本。

近年來，隨着古籍整理事業的發展，《孝經》類文獻的整理工作亦有很多新成果，如二〇一一年廣陵書社出版了《孝經文獻集成》，影印《孝經》文獻近百種。但是受制於《孝經》的篇幅，《孝經》類文獻大多部頭較小，難以單獨成册刊印，這在很大程度上制約了點校整理工作。我們編纂《孝經文獻叢刊》，選取較爲重要的《孝經》類文獻進行點校整理，把篇幅較小者匯輯成册，按照時代分爲「《孝經》古注説」「《孝經》宋元明人注説」「《孝經》清人注説」，以期彌補《孝經》文獻整理不足的缺憾，爲學術研究提供更爲準確易讀的文本。我們的選目，考慮到了目前《孝經》類文獻整理情況，如比較重要的《孝經注疏》，已經有多種點校本,我們「《孝經》清人注説」收録的《孝經義疏補》中亦全文鈔録,故未予選入。明代吕維祺的《孝經大全》、黄道周的《孝經集傳》,清代皮錫瑞的《孝經鄭注疏》等,或收在叢書,或録在全集,或獨自單行,近年皆有了整理本,故暫未予選入。本次出版,是《孝經文獻叢刊》的第一批整理成果,後續將有《孝經文獻總目》《孝經民國人注説》《孝經著述序跋彙編》等陸續整理出版。由於水平所限,我們的選目或有疏漏,點校亦難免有訛誤,尚乞讀者教正。

曾振宇　江曦

二〇二〇年九月十六日

整理説明

本書收録清世祖《御註孝經》、清世宗《御纂孝經集註》、曹庭棟《孝經通釋》、桂文燦《孝經集證》四種清人《孝經》注説。

清世祖《御註孝經》一卷，題愛新覺羅・福臨撰。文淵閣《四庫全書》本書前提要云「順治十三年大學士蔣赫德恭纂，仰邀欽定，御製序文冠首」。愛新覺羅・福臨生於崇德三年（一六三八），卒於順治十八年（一六六一），廟號清世祖。他是清太宗皇太極的第九子，其母博爾濟吉特氏，即孝莊文皇后。清太宗崇德八年嗣位，次年改元順治（一六四四），由多爾衮輔政，九月入關。順治八年多爾衮去世，始親政，頒佈《大清律》。清世祖天資聰穎，學習勤奮，接受儒家思想，飽讀四書五經、《資治通鑑》《貞觀政要》諸多典籍。著有《御註道德經》二卷、《御製人臣儆心録》一卷，主持審定《資政要覽》三卷《後序》一卷，審定《内則衍義》十六卷，批點《通鑑綱目》。

蔣赫德（一六一五—一六七〇），初名元恒，字九貞，直隸遵化人。漢軍鑲白旗。官至禮部尚書。卒謚「文端」。

《御註孝經》所作，意在爲教化百姓。世祖序中説：「孝者首百行，而爲五倫之本。天地所以成化，聖人所以立教，通之乎萬世而無斁，放之於四海而皆準。」其鑒於明代學者註釋《孝經》内容紛擾複雜，文字謭陋，不能明晰《孝經》原書核心内容，乃集古今之註，並有考訂，取其「得中而窾綮」之説。

《御註孝經》卷首爲清世祖所撰《御製孝經序》，述撰作目的、宗旨；次爲《御註孝經》的正文，依今文《孝經》分十八章。在每章題目下，解釋本章要旨。註解文字精粹，語言暢達。

《御註孝經》撰成後，於順治十三年由内府刊刻成書。乾隆間收入《四庫全書》。道光間《今古文孝經彙刻》亦刻入是書。又有清末山東書局刻本等版本。本次整理，以順治十三年内府刻本爲底本，參校文淵閣《四庫全書》本，末附浙本四庫提要。

清世宗《御纂孝經集註》（以下稱《孝經集註》）一卷，愛新覺羅・胤禛撰。愛新覺羅・胤禛，生於清康熙十七年（一六七八），是康熙皇帝的第四子。康熙六十一年即位，翌年改元雍正(一七二三),於雍正十三年去世,在位十三年,享年五十八歲,廟號世宗。

清世宗在位期間頗有作爲,推崇文治,崇儒興學,期望以儒家經典教化臣民。雍正五年,内府刊印《欽定詩經傳説匯纂》《翻譯孝經》《御纂孝經集註》,有兩種與《孝經》有關,可見雍正皇帝對《孝經》的重視。清世宗除此《御纂孝經集註》外,尚有《世宗憲皇帝御製文集》三十卷,凡文二十卷,詩十卷;《世宗憲皇帝上諭内閣》一百五十九卷,《世宗憲皇帝硃批諭旨》三百六十卷,《世宗憲皇帝上諭八旗》十三卷,《上諭旗務議覆》十二卷,《諭行旗務奏議》十三卷。祖述康熙皇帝話語經典,編寫《聖祖仁皇帝經筵舊稾》,《聖祖仁皇帝聖訓》六十卷,《聖諭廣訓》一卷,《庭訓格言》一卷;敕撰《八旗通志初集》二百五十卷,《御定執中成憲》八卷。

世宗皇帝針對當時《孝經》註釋中蕪雜、膚庸等問題,命儒臣删除註釋中的糟粕,保存精華,然後親自閱讀,定奪文字,以求此書均衡衆家學説,釋義更加明確。

首爲清世宗《御製孝經序》,説明註釋《孝經》的緣由。次爲《孝經集註》正文,依今文分十八章。清世宗的集註在《孝經》每章篇名下,解釋本篇含義,説明本章價值。在註釋《孝經》正文時,注意到每章段落的完整性,一般是在一節結束後作註,非如李隆基註《孝經》那樣，有時在小句下作註，這樣可以保持段落的完整性，讀者更易把握篇章内涵。在註释的方法上，《孝經集註》在一节之後，首先註釋文字的讀音，其次略釋字詞含義，最後説明本節的内容、价值、意義。註經文時簡潔明瞭，便於閱讀理解，實用性很强。

該書撰成後於雍正五年由内府刊刻。乾隆間收入《四庫全書》。又有道光間《今古文孝經彙刻》本、清末山東書局本等刻本。此次整理點校，以雍正五年内府刻本爲底本，參校本爲文淵閣《四庫全書》本，末附浙本四庫提要。

《孝經通釋》十卷《總論》一卷，曹庭棟撰。曹庭棟字六圃，一字六吉，號楷人，晚號慈山居士，浙江嘉善人。生於康熙三十八年（一六九九），卒於乾隆五十年（一七八五）。康熙五十六年丁酉廪貢生，乾隆六年辛酉舉人。

嘉善曹氏是明清時期的文化望族。曹庭棟的高祖父曹勳，明天啟元年（一六二一）舉人，崇禎元年（一六二八）戊辰會試第一，歷翰林學士、禮部右侍郎，頗有文名。祖父曹鑒倫，康熙十八年己未科進士，歷官内閣學士、兵部侍郎，著有《忝齋集》。父親曹源鬱，雍正元年癸卯薦舉孝廉方正，著有《宸翰堂稿》《東園吟稿》。

曹庭棟中年後絶意仕途，以寫詩、作畫、摹寫篆隸自娱，五十歲後專事著述。鑒於《宋詩鈔》有遺漏，即搜集遺佚，編成《宋百家詩存》二十八卷。著有《産鶴亭詩集》九卷、《老老恒言》五卷、《孝經通釋》十卷、《隸通》二卷、《易準》四卷《例説》一卷、《逸語》十卷、《琴學内篇》一卷《外篇》一卷、《幽人目面譜》三卷、《大珠林遺意》、《昏禮通考》二十四卷、《魏塘紀勝》一卷、《續魏塘紀勝》一卷、《永宇溪社識略》六卷首一卷。

曹庭棟在《孝經通釋》之《例説》中，首先梳理古文、今文《孝經》源流。他認爲，孔安國作註的古文《孝經》出自孔氏之壁，有明確來源，因此他的《孝經通釋》以古文《孝經》的文字作爲正文，古文《孝經》與今文《孝經》章第及字句有異者，均註於本章、本節之下。

曹庭棟認爲，歷代註家，或從古文，或從今文，不過是爲了研習書中内容。至於《孝經》，初無古今文之異，祇因註者各出己見，其説因而有别。《孝經通釋》打破今古文門户之見，統古今文註，而兼采之，不扶同，不矯異，不論斷前人的是非，保持寧闕疑，無臆斷的態度，根據《孝經》文字釋義，使讀者在閲讀中有辨别、論定。

曹庭棟《孝經通釋》所輯録學者之註，雜引唐以來諸説：唐朝録唐明皇、魏徵、元行冲等五家，宋朝録邢昺、司馬光、朱熹等十七家，元朝録朱申、董鼎、吴澄、趙汸四家，明朝録虞淳熙、孫本、吕維祺、黄道周等二十六家,清朝録毛奇齡、葉鈖、李光地等十家。

首爲曹庭棟《例説》,説明寫作目的及體例; 次爲《孝經篇目》,共分爲二十二章; 次爲正文; 次爲總論。《孝經通釋》按照古文《孝經》爲順序,每卷之下,不列篇名,直録正文。正文句下,首先爲文字註音,其次按照時代順序,從唐朝開始,按照朝代、作者時序,根據釋文需要,有所抉擇,列出諸家的註釋。卷末《總論》一卷,考察《孝經》的傳授、篇章次序、經傳分合等問題,認爲應當遵從古文《孝經》。

《孝經通釋》僅有清乾隆二十一年刊本,本次整理即以該本爲底本,末附浙本四庫提要。個别文字有歧義的,則參照曹庭棟徵引的相關典籍進行他校。

《孝經集證》(以下稱《集證》)十卷,桂文燦撰。桂文燦,字子白,號皓庭,一作昊庭,廣東海南人,生於道光三年(一八二三),卒於光緒十年(一八八四)。祖父桂鴻,乾隆五十一年丙午舉人,官安徽涇縣知縣,著有《漸齋詩鈔》。父親桂士杞,注重教育,著有《有山誠子録》,以讀書爲善,講求實學,對桂文燦頗有影響。桂文燦弱冠治經,講求宏通,道光二十六年,問學於嶺南通儒陳澧。文燦是道光二十九年己酉科舉人,同治元年(一八六二)至京師獻所著《南海桂氏經學叢書》六十四卷，穆宗稱贊有加，言桂文燦所呈諸書，考證箋註詳明，對惠棟、戴震、段玉裁、王念孫諸經説多有糾正，薈萃衆家，確有依據，足見潛心研究之功。光緒九年，任湖北鄖縣知縣，事無大小，皆躬親之，光緒十年，以積勞卒於任。文燦與曾國藩、林昌彝、陳慶鏞、郭嵩燾頗有交遊，其學説以博文、明辯、約禮、慎行爲宗。

除此書外，桂文燦尚著有《易大義補》一卷、《書古今文註》二卷、《禹貢川澤考》四卷、《毛詩傳假借考》一卷、《鄭讀考》一卷、《釋地》六卷、《詩箋禮註異考》一卷、《周禮通釋》六卷、《今釋》六卷、《四書集註箋》四卷、《論語皇疏考證》十卷、《重輯江氏論語集解》二卷、《孟子趙註考證》一卷、《孝經集解》一卷、《群經補證》六卷、《經學輯要》一卷、《經學博採録》十二卷、《潛心堂文集》十二卷。

文燦爲粤秀、學海書院後起之雋，於群經多有探研，而尤精《易》《詩》《孝經》《孟子》。其治經融合漢學、宋學，不存南北之學私見，學問與林伯桐、陳澧相匹，是粤中之碩儒。廣東自阮元設學海堂，影響深遠。受阮元影響，文燦頗重視「教之以孝」，註解《孝經》，著有《孝經集解》《孝經集證》。《孝經集解》一卷多有刊印，此次點校的《孝經集證》十卷衹有鈔本傳世。

桂文燦《孝經集證》，在《孝經》原文句下，纂録經史子集諸多典籍文句，以疏證《孝經》文義，徵引的經部典籍主要有：《詩經》《尚書》《周禮》《大戴禮記》《小戴禮記》《周易》《春秋公羊傳》《春秋穀梁傳》《春秋左氏傳》《春秋繁露》《論語》《孟子》《説文解字》；徵引的史部典籍主要有：《國語》《史記》《漢書》《晉書》《通典》《列女傳》；徵引的子部典籍主要有：《荀子》《吕氏春秋》《新書》《韓詩外傳》《淮南子》《説苑》《新序》《白虎通義》《風俗通義》《潛夫論》《藝文類聚》；徵引的集部典籍主要有：《楚辭》《文選》。還徵引了《鈎命決》《援神契》《春秋運斗樞》這類緯書，以與《孝經》經文相證，以論微言大義之旨，多有發明。

需要指出的是，此本文字間有訛誤。如卷四《三才章》中，正文作「先之以敬讓，而民不」，鈔本「不」下脱「争」字，通行本皆有，當據補。同卷《孝治章》註文引《大戴・千乘篇》作「卿設如大門。大門顯美，小大尊卑中廣」，句中最後一字「廣」字義不通，應作「度」，當是在鈔寫過程中，因「廣」「度」二字形近而訛。卷五《聖治章》註引文曰：「《識》云：『不識不知，順帝之則。』」此是引《詩》的文句，「詩」在文中訛作「識」，當是涉下文「不識不知」而訛。卷六《紀孝行章》註曰：「又《祭義篇》《吕覽・孝行》並云：曾子子：『身也者，父母之遺體也。』」句中「曾子子」，當作「曾子曰」，下「子」字當涉上文「曾子」而訛。

此本未及刊刻，僅有復旦大學圖書館藏王欣夫學禮齋鈔本，版心有「學禮齋校録」五字。前有王欣夫題跋，云：「皓亭遺著有數種，雖付刊而傳本殊尠。其進呈各種寫本，今在故宫博物院，曾從傳鈔，《孝經》有兩種，此及《集解》也。及識哲嗣南屏先生，又鈔得文集。惜舛誤甚多，尚待校理。先擇《經學博采録》《論語孟子》兩種引入紀年叢編，他未遑及。其《群經補證》最佳，馬君夷初向余借讀，歎爲必刊者。尚藏篋中，不知何日遇好事者爲之傳布耳。三十八年九月，欣夫。」跋中提到的「南屏」先生，是桂文燦之子桂坫。坫，字南屏，文燦次子。早年入讀廣雅書院和學海堂。光緒十七年舉人，光緒二十年恩科進士，官翰林院檢討、浙江嚴州知府、清史館總纂。一九一五年任廣東通志館總纂，著有《晉磚宋瓦室類稿》《科學韻語》《説文簡易釋例》。根據該跋，此本是王欣夫據故宫博物院藏桂文燦進呈本鈔録，《集證》鈔本文字與王欣夫跋文字跡不同，當是王欣夫委託他人鈔寫完成。因復旦大學圖書館還藏有王欣夫學禮齋鈔桂文燦稿本《孝經集解》一卷，亦有王氏跋文，言《孝經集解》「爲屬館中執事者香山何君澄一傳鈔未刊稿之一也」，可知王欣夫有多部桂文燦未刊稿之鈔本。

此次整理點校《孝經集證》的底本,是《續修四庫全書》影印復旦大學圖書館藏王欣夫學禮齋鈔本。底本徵引史部(《國語》除外)、子部、集部及緯書文獻較經部文獻低一格,本次整理時不再保留此格式。個別文字的校訂,參考《集證》徵引的相關傳世典籍。由於點校者水平有限,不當之處,還請讀者多加指正。

點校者

二〇二〇年六月十日

目録

孝經集證

清世祖 撰

御製孝經序

朕惟孝者，首百行而爲五倫之本。天地所以成化，聖人所以立教，通之乎萬世而無斁，放之於四海而皆準。至矣哉，誠無以加矣！然其廣大，雖包乎無外，而其淵源，實本於因心。遡厥初生，咸知孺慕。雖在顓蒙，即備天良。故位無尊卑，人無賢愚，皆可以與知而與能。是知孝者，乃生人之庸德，無甚玄奇。抑固有之秉彝，非由外鑠，誠貴乎篤行，而非語言之間，所得而盡也。雖然，降衷之理，固根於凡民之心，而覺世之功，必賴夫聖人之訓。苟非著書立説，以迪天性自然之善，抒人子難已之情，使天下之人，曉然於日用之恒行，即爲大經大法之所存，而敦行不怠，以全其本始，夫亦孰由知孝之要，盡孝之詳，以無忝所生也哉？此孔子《孝經》之書所由作也。

朕萬幾之暇，時加三復，自《開宗明義》，迄於終篇，見其言近而指遠，理約而該博，本之立身以行道，推之移風而易俗。愛敬所著，公卿士庶，皆得循分以承歡；感應所通，東西南北，罔不漸被而思服。誠萬世不刊之懿矩，百聖不易之格言。自天子以至於庶人，不可一日闕者。夫子所謂「吾志在《春秋》，行在《孝經》」，良有以也。

自漢以來，去聖日遠，詮釋滋多，厥旨寖晦。孔安國尚古文，鄭玄主今文，互有異同，各矜識解。魏晉而降，諸儒群興，析疑闡奥，代不乏人，源流攸分，不無繁蕪。迨及開元，更立註疏，亦既萃一代之菁英，垂表章於奕世矣。而詳略或殊，詎云至當。宋之邢昺，元之吴澄輩，標新領異，間有發揮。然揆之美善，或未盡焉。至於明季，著述紛紜，或拾前賢之緒餘，文其謭陋，或摘古人之紕繆，肆彼譏彈。不知天懷既薄，問學復疎。因心之理未明，空文之多奚補。其於作經之意，均未當耳。夫親恩罔極，高厚難酬，德至聖人，猶虞未盡。同爲人子，孰不佩至教，而興永錫之感乎？然則訓詁未確，漸摩弗力，欲其相觀而善，厥路無由。朕爲此慮，爰集古今之註，更互考訂，其得中而竅綮者採輯之，其妄逞而臆説者删除之。譬諸沙礫既披，美鏐始出；稂莠盡剪，嘉禾乃登。至若流覽之餘，時獲一是，或足以補未發之藴者，輒爲增入，聊備參觀。總以孝之爲道，甚大而平，故不必旁求隱怪，用益高深，誇示繁縟，徒滋複贅。惟以布帛菽粟之言，昭廣大中正之理。雖未知於作者之旨，能盡脗合，可無枘鑿與否。然而前代諸儒之書，瑕瑜難掩，與夫近代群言之失，淆亂不稽者，於兹正之。庶幾發矇啟錮，四方億兆，咸知傚法而允迪，共底於大順之休焉。夫如是，將見至德要道，由此而廣；和睦無怨，由此而成矣。

順治丙申仲春望日序

御註孝經

開宗明義章第一

開一經之宗本，明五孝之義理。

仲尼居，曾子侍。仲尼，孔子字。居，謂閒居。曾子，孔子弟子。侍，謂侍坐。

子曰：先王有至德要道，以順天下。民用和睦，上下無怨。汝知之乎？古者，稱師爲「子」。先王，謂先代聖王也。德者，人生所得於天之性。至德，謂盡性之美，造其極而無加也。道者，人所共由，事物當然之理。要道，謂窮理之至，舉其一而該衆也。順天下，謂順天下之人心，因其固有而無所强也。上下，謂自天子至于庶人也。孔子言：古先聖王有至極之德，切要之道，以順天下，而天下之民，亦皆各得其心，相親相睦，上下尊卑，無所怨尤，此極隆之治也。「汝知之乎」，蓋孔子欲明孝道之大，而先發端以問之也。

曾子避席曰：參不敏，何足以知之？參，曾子名。禮，師有問，則避席起答。曾子聞孔子之言，甚大且深，故瞿然起敬，避席立對。言參不通敏，何足以知此義也。

子曰：夫孝，德之本也，教之所由生也。孔子因曾子之對，遂告之以至德要道非他，即孝是也。孝乃仁之本原，仁乃心之全德。仁主於愛，而愛莫切於愛親，故曰德之本。本立則道生，自然親親而仁民。仁民而愛物，舉天下之大，無一物不在吾仁之中，無一事不自吾孝中出，故曰「教之所由生」。可見行仁必自孝始，而教化由此生焉，所以爲至德要道也。復坐，吾語汝。身體髮膚，受之父母，不敢毀傷，孝之始也。曾子起對，故使復坐。以孝道甚大，將詳以告之也。始，謂孝之根基也。人子愛親，必自愛身始。蓋一身之四肢髮膚，皆父母與我者。父母全而生之，子當全而歸之，朝乾夕惕，不敢毀傷，是爲孝之根基，故曰始。立身行道，揚名於後世，以顯父母，孝之終也。終，謂孝之完備也。言不敢毀傷，祇是不虧其體，必須成立此身，力行此道，使善名揚於後代。後之人稱其善，而推本其父母之賢，是光顯其父母也，而後孝乃完備，故曰終。夫孝，始於事親，中於事君，終於立身。孝本愛親，故以事親爲始。移孝可以作忠，故以事君爲中。忠孝道立，方謂之揚名顯親，故以立身爲終。《大雅》曰：「無念爾祖，聿修厥德。」《大雅》，《詩·文王》之篇。周公追述文王之德，以告成王者。夫子引此，以見爲人子孫，當念其祖宗，而聿修其德，則孝之道始可盡也。

天子章第二

此章言天子之孝。天子至尊，故居五孝之首。

子曰：愛親者，不敢惡於人。敬親者，不敢慢於人。愛者，仁之端。敬者，禮之端。惡者，愛之反。慢者，敬之反。孔子首言天子之孝，以爲天子以天下事親，全在以兢業之心，盡愛敬之道。愛親者，必能博愛，不敢惡於人。敬親者，必能廣敬，不敢慢於人。推是以行，則我所以愛人、敬人者，各得其宜，而人之愛我、敬我者，亦無所不至矣。愛敬盡於事親，而德教加於百姓，刑於四海，蓋天子之孝也。愛親以及人之親，則天下之人愛我，而皆愛吾親矣。敬親以及人之親，則天下之人敬我，而皆敬吾親矣。愛以天下，愛之至也；敬以天下，敬之至也，豈非愛敬盡於事親乎？天子者，天下之表也。上行則下傚，君好則民從。我之愛既盡，則人亦興於仁，而各愛其親矣。我之敬既盡，則人亦興於禮，而各敬其親矣。如是，則百姓之衆，四海之大，同歸於孝矣。此天子之孝，所以爲大也。《甫刑》云：「一人有慶，兆民賴之。」《甫刑》，即《書經·吕刑篇》。一人，謂天子。兆民，謂百姓四海。孔子引《吕刑》之言，謂一人有愛敬之善，則兆民皆仰賴之，以見天子合天下之孝以爲孝也。

諸侯章第三

此章言諸侯之孝，兼公侯伯子男。

在上不驕，高而不危。制節謹度，滿而不溢。在上，在一國臣民之上也。費用約儉，謂之制節。慎行禮法，謂之謹度。諸侯爲一國之君，其位高矣。高者易危，若能不以尊自驕，位雖高，不至于危。享一國之賦，其財滿矣。滿則易溢，若能制節以謹守侯度，財雖滿，不至于溢。是知貴不與驕期，而驕自至；富不與侈期，而侈自生。諸侯固當戒之也。

高而不危，所以長守貴也；滿而不溢，所以長守富也。居高位而不危，則不以陵傲召禍而致卑替，其位可長居矣；財充滿而不溢，則不以僭侈費財而致虛耗，其富可長有矣。蓋言不危不溢，其道行之可久也。富貴不離其身，然後能保其社稷，而和其民人，蓋諸侯之孝也。社，土神。稷，穀神。列國皆有社稷，其君主而祭之。諸侯之社稷民人，皆祖宗受之於天子而傳之子孫者。故上承天子，下撫國人，必小心慮患，長守富貴，不離其身，然後能保守社稷，而民人和悦，此諸侯之孝也。《詩》云：「戰戰兢兢，如臨深淵，如履薄冰。」《詩·小雅·小旻》之篇。引此以見爲諸侯者，常須戒懼，如臨淵恐墜，履冰恐陷，方能不危不溢，以盡其孝道也。

卿大夫章第四

此章言卿大夫之孝。卿與大夫不同，而合言之者，其行同也。

非先王之法服不敢服，非先王之法言不敢道，非先王之德行不敢行。法服，謂先王所制章服，各有品秩也。法言，謂禮法之言。德行，謂道德之行。卿大夫事君從政，承上接下。服飾言行，須遵禮典。非法服而服之，是僭服。非法言而道之，是妄言。非德行而行之，是僞行。三者皆於孝道有虧，故敬慎守之而不敢違也。

是故非法不言，非道不行；口無擇言，身無擇行；言滿天下無口過，行滿天下無怨惡。是故其不敢之心，不言則已，言必守法；不行則已，行必遵道。口之所言，身之所行，皆遵道法，故無可擇。言之多，雖滿天下，既有禮法，自無有率口之過失；行之多，雖滿天下，既有道德，自不招人之怨惡矣。蓋三者之中，言行猶爲切要，故重言以明之也。

三者備矣，然後能守其宗廟，蓋卿大夫之孝也。三者，即服、言、行是也。禮，卿大夫立三廟以祀先祖，必三者無虧，然後能保守宗祀。卿大夫之孝，當如是也。《詩》云：「夙夜匪懈，以事一人。」《詩·大雅·蒸民》之篇。一人，謂君也。引此以明爲卿大夫者，能早夜不惰，敬事其君，則戒懼之心常存，自無三者之失也。

士章第五　此章言士之孝。

資於事父以事母，而愛同。資於事父以事君，而敬同。士始升公朝，離親入仕，家修而廷獻之。故言取於事父之行以事母，則愛母與愛父同；取於事父之行以事君，則敬君與敬父同。子未嘗不敬母也，而愛先之，母以鞠育而愛厚也。然充其愛母之心，承歡色養，不敢少違母意，非敬乎？臣未嘗不愛君也，而敬先之，君以尊高而敬生也。然揆其敬君之心，奔走服勤，不忍少負君恩，非愛乎？總之，愛敬皆出於誠心，其自然之性情，有如此者。故分言以明其真摯之極，而其理未嘗不兼具也。故母取其愛，而君取其敬，兼之者父也。此言事父之道，兼愛敬也。爲臣、子者，於君與父母，其愛敬之心，原無分別。惟親至則敬不極，蓋言情親，而禮節儀文之恭自少，非謂不敬也；尊至則愛不極，蓋言心敬，而左右依戀之時不多，非謂不愛也。惟父則得朝夕奉養，與母同；奉教秉命，與君同。故云事父之道兼愛敬者，正以明愛敬之真心俱有其極，無少虛僞之義。故以孝事君則忠，以敬事長則順。士初離膝下，方登仕籍，或未盡知事君事長之道。然而愛敬父母者，所謂孝也。以此孝道事吾君，則不忍欺君之心，即愛親之孝也;不敢慢君之心,即敬親之孝也。爲人臣,而至於不忍欺、不敢慢者,不謂之忠也可乎?長,謂卿大夫也。以事父兄之敬,用之事長,則此心常存謹畏,自不至有驕陵之心、悖慢之行,而同寅協恭以爲師法,可謂順矣。究之忠順,皆本于事親之孝也。**忠順不失,以事其上,然後能保其禄位,而守其祭祀,蓋士之孝也。**上,兼君長而言。士亦得立宗廟祀其先祖,言能合忠與順,而不失其道,以事君與長,則君諒其忠,卿相樂其順,然後能保其俸廩之禄,官爵之位,而永守祖先之祭祀。蓋士無田則不祭,故禄位與祭祀相關,而士之孝當如是也。**《詩》云:「夙興夜寐,無忝爾所生。」**《詩·小雅·小宛》之篇。所生,謂父母。引此以見爲士者,當小心勉力,早起夜寐,求無辱其父母。而無辱之道,則在于忠順不失也。

庶人章第六

此章言庶人之孝。

用天之道,分地之利,庶人服田力穡,舉農畝之事,順四時之氣。春氣發生,則當耕種。夏氣長養，則當芸苗。秋氣收斂，則當割穫。冬氣閉塞，則當蓋藏。推之凡事，而必順時，此用天道也。分别山林、川澤、丘陵、墳衍、原隰，五土之高下，隨其地之宜産者，而播種之，此分地利也。不順天道，則先時後時，而物無以生；不辨地利，則終日勤動，而物終不成。二者皆得，則生植成遂，衣食自然充裕矣。

謹身節用，以養父母，此庶人之孝也。

衣食既足，仰足以事父母，而父母安之，即俯足以育妻子，而樂我妻孥。父母之心，亦用慰也。然凡人之情，稍充裕，則多生事。尤必謹身守法，不敢放縱，以遠耻辱罪戾，而不遺父母之憂。且財有餘則易耗費，又當省儉用度，不敢奢侈。公賦既完，私用不窘，以無闕二親之奉。如此養其父母，不徒口體之養，即謂之養志亦可。庶人之孝，誠當如是也。

故自天子至於庶人，孝無終始，而患不及者，未之有也。

上自天子，下至于庶人，雖有尊卑之分，其根于一本之天性，則一也。孝雖有五等之别，其所以各盡其道，以抒其不能自已之情，則一也。若心欲行孝，則隨所處而皆可以自盡。蓋自有身以後，無日非爲人子之日，則無日非當盡此孝道之時。豈有久暫之殊，姑待之日，而以力不及爲患者，此必無之理也。爲人子者，貴賤貧富，皆當自勉，不可以所遇不同，而生怠緩之心也。

三才章第七

此章言孝道之大及本孝立教之義。天、地、人，謂之三才。

曾子曰：甚哉，孝之大也！子曰：夫孝，天之經也，地之義也，民之行也。曾子平日以保身爲孝，不知孝之通於天下，無限尊卑。故聞夫子之言，始知孝道之大，遂歎美之。而夫子遂言，民性之孝，原于天、地。天之三光有度，而以生物覆幬爲常，故曰經。地之五土有性，而以承順利物爲宜，故曰義。得天之性爲慈愛，得地之性爲恭順，是即孝也。孝爲百行之首，人所當常行者，故曰民行。由是觀之，孝合三才以爲大。在天爲經，在地爲義，在民爲行，其實一理也。天地之經，而民是則之。則天之明，因地之利，以順天下。是以其教不肅而成，其政不嚴而治。凡民生於天地之間，稟天地之性。天地既具此經常之理，人法天地，亦當以此爲常行也。夫民自初生以來，皆知愛親，愛親之心即孝也。然此愛親之心，有不知其然而然者。窮之而無原，執之而無體，用之而無盡，廣大而無際，豈非天地之經乎？但民不能自法天地，全賴聖人倡之。聖人則天之明，承三光，紀四時，而民皆出作入息，始知夙興夜寐，無忝爾所生；因地之利，辨五土，播百穀，而民皆耕田鑿井，始得晨羞夕膳，敬養無違。是統因夫天地自然之道，以順天下人民孝養愛敬之心，而立之政教，實聖人之事也。惟其政教既順於人心，是以人皆樂從，教則不待肅戒而自成，政則不待威嚴而自治。其化之神有如此者，是益知孝者天性之自然，人心所固有。聖人之政教，所以云順天下也。

先王見教之可以化民也，是故先之以博愛，而民莫遺其親；陳之以德義，而民興行；先之以敬讓，而民不争；道之以禮樂，而民和睦；示之以好惡，而民知禁。

政教皆可以化民，而本孝之教，其化尤神。先王知此教本於天地，易於化民也，是故以身先之，人君愛其親，而推此愛親之心，以博愛其民；民皆法則之，施由親始，無有遺棄其親者矣。陳説德義之美，以感動民心，民皆興起於躬行，而無有甘於自棄者矣。又身行敬讓，以率先天下，而民皆讓路讓畔，無有陵競之行矣。復導民以禮，正其身而節其行；導民以樂，平其心而怡其情。禮樂兼備，内外交養，民皆和順親睦，而無乖戾之心矣。又示之以善之當好，惡之當惡，好則有慶賞，惡則有刑威，民遂知有禁令而不敢犯矣。凡此者，皆因天地以順天下之事，而教化之捷應如此，又何疑于孝治之大也？

《詩》云：「赫赫師尹，民具爾瞻。」

《詩·小雅·節南山》之篇。師尹，周太師尹氏也。引此謂師尹不過大臣，尚且爲民瞻望；況有天下者，以身行教化，又何難於化民成俗乎？由是而知教明於上，化行於下，觀感興起之益，良匪淺也。

孝治章第八　此章言由孝而治之義。

子曰：昔者，明王之以孝治天下也，不敢遺小國之臣，而況於公、侯、伯、子、男乎？故得萬國之歡心，以事其先王。此言天子之孝治也。昔者明哲之王，以孝道而治理天下也，推其愛敬之心，至於附庸小國之臣，尚不敢遺忘以闕其禮，況於公、侯、伯、子、男五等之君乎？以此之故，舉天下萬國之衆，而皆得其歡悦之心，尊君親上，同然無間，人心和而王業盛，社稷靈長而宗廟奠安。以此奉事其先王，則孝道至矣。夫子所以首稱明王，而言其不敢者，蓋即不敢惡慢於人之心也。明王聯天下爲一身，大國、小國之君臣，是吾四肢百體也；億兆之民，是吾髮膚也；鰥寡煢獨，顛連無告者，是吾膚理之痌瘝而不寧者也。明王不敢遺小國之臣，即不敢忽丘民，侮鰥寡，虐無告。

何也？所以敬吾身也。敬吾身，所以敬吾親矣。故天下之人，莫不尊親，所謂以天下尊養者也。夫堯舜之道，孝弟而已。然以欽明温恭，開萬世治道之源。可見孝道即治道，統不外此一敬爾。治國者，不敢侮於鰥寡，而況於士民乎？故得百姓之歡心，以事其先君。此言諸侯之孝治也。諸侯法天子，而以愛敬治其國，尚不敢侮慢於無妻之鰥、無夫之寡，況知禮義之士，與效力之民乎？以此之故，所以得百姓之歡心，而和其民人，保其社稷矣。以此而事其先君，豈非孝道之大者乎？蓋不敢侮鰥寡，即不驕不溢之極；得百姓之歡心，即長守富貴之本也。治家者，不敢失於臣妾，而況於妻子乎？故得人之歡心，以事其親。此言卿大夫之孝治，士庶人亦可推而知也。卿大夫以孝治其家者，推其愛敬之心，下及於臣妾之疎賤者，尚不敢少失其心，而況于妻子之親且貴乎？以此之故，無貴無賤，無親無疎，皆得其歡心，而可以事其父母矣。蓋君子之道，莫大乎孝；孝之本，莫大乎順親。故仁人孝子，欲順乎親，必先於妻子不失其好，兄弟不失其和。以至一門之内，上下尊卑，秩然雍睦，然後可養父母之志，而無違也。治家者，可不慎乎？夫然，故生則親安之，祭則鬼享之。是以天下和平，災害不生，禍亂不作。故明王之以孝治天下也如此。天子、諸侯、卿大夫，以孝治天下國家，而皆得其歡心。以事其親，誠如是也。親生而存，則安其養，而心志康泰，非徒甘旨之具也；親歸而鬼，則享其祭，而神明咸格，非徒陳薦之文也。總由於心志之素安，所以神氣之易感也。是以普天之下，和氣洋溢，蕩蕩平平，無乖戾之氣，則水旱疾疫之災害，自然不生；無陵悖之行，則盜賊干戈之禍亂，自然不作。蓋以天子身率於上，諸侯以下，化而行之，人人盡孝，則心和氣和，而天地之和應之也。明王之躬行愛敬，而神人上下，靡不咸悦。神效如此，豈非孝治之極隆者乎？《詩》云：「有覺德行，四國順之。」《詩・大雅・抑》之篇。引此言天子有明大之德行，則四方之國，皆順從之，蓋天子以至德要道順天下，四方皆感之而無不順，乃理勢之必然，孝治之所以易於化民也。

聖治章第九

此章言聖人治世之要道。

曾子曰：敢問聖人之德，無以加於孝乎？子曰：天地之性，人爲貴。人之行，莫大於孝。曾子既聞孝治之大，極至之效，以爲政教之隆，皆本於德，故問聖人之德，果無以加於孝乎？夫子以爲，天以陽生萬物，地以陰成萬物。天地之生成萬物者，雖以陰陽之氣，然氣以成形，而理亦賦焉。人與物，均得天地之氣以成形，秉天地之理以成性。物得氣之偏，其質蠢；人得氣之全，其質靈。是以人能全其性，則與天、地參爲三才，而物不能也。故天地之性，惟人爲貴。而以人之行言之，則莫大於孝。何也？人之所以貴者，以此性也。性之德爲仁，仁爲人心之全德，主於愛，而愛莫切於愛親。故人之百行，以孝爲先。能孝即仁人，仁者必孝。此所以行莫大於孝也。孝莫大於嚴父，嚴父莫大於配天，則周公其人也。孝之大，無所不至，而莫大於尊敬其父。尊敬之禮，無所不至，而莫大於以父配享上天。惟天爲大，至尊無對，而以己之父配之，則尊敬之者至矣。仁人孝子，愛親之心，雖則無窮，而立經陳紀，制禮之節，原自有限。謂父爲天，古今所同。求其盡孝之大，而得自遂其心，行以父配天之禮者，則始自周公，故曰其人也。蓋自武王有天下之後，周公始制此禮，以尊其父文王也。昔者，周公郊祀后稷，以配天；宗祀文王於明堂，以配上帝。是以四海之内，各以其職來祭。夫聖人之德，又何以加於孝乎？郊，圜丘祭天也。后稷，周之始祖也。宗祀，謂別立一廟，爲百世不祧之宗也。明堂，天子布政之宫也。其制，後爲室，前爲堂。室幽暗，堂顯明。享人鬼尚幽，故於室；祀天神尚明，故於堂。上帝，即天也。郊則尊之而曰天，以形體言也；堂則親之而曰上帝，以主宰言也。配天，謂冬至祀天於圜丘，以始祖后稷配享也。配上帝，謂季秋於明堂祀上帝，以文王配享也。周公輔成王，制禮作樂，以萬物本乎天，文武之功本乎后稷，因祭天於郊，乃尊始祖后稷以配天；萬物成形於帝，人成形於父，因祭上帝於明堂，乃尊父文王以配上帝。此報本反始之禮，所以爲治天下之大經也。周公之尊其祖父者如此，是以德教形於四海。四海之内爲諸侯者，各以其職分所當然，咸來助祭，敬供郊廟之事矣。孝德之感人，至此之極。由是觀之，聖人之德，誠無以加於孝也。

故親生之膝下，以養父母日嚴。聖人因嚴以教敬，因親以教愛。聖人之教，不肅而成，其政不嚴而治。其所因者，本也。此承上。言聖人之德，無加於孝，而聖人之教人以孝，亦非有所强拂也。凡人親愛之心，生於童幼，當嬉戲於父母膝下之時，便知親愛父母。比及稍長，漸知禮義，則其奉養父母也，日加尊嚴於一日。此人之本性，良知良能也。而聖人之教，因其日嚴之心，而教之以敬，恐其狎恩恃愛，而易失於不敬也；因其親之心，而教之以愛，恐其尊敬過恭，而至於疎也。夫愛敬無所待教，而此言教愛敬者，《樂記》曰「禮者爲異，樂者爲同。同則相親，異則相敬。樂勝則流」，是愛深而敬薄也；「禮勝則離」，是嚴多而愛少也。不教敬則不嚴，不和親則忘愛。愛敬雖人性所同具，聖人恐其溺欲而忘本，故教之也。然亦不過啓其良心，固〔一〕其本性，非有所待於外也。故其教則不待肅而自成，其政不待嚴而自治。以其所因者，愛敬之本心，天性之固有也。

父子之道，天性也。君臣之義也。父母生之，續莫大焉。君親臨之，厚莫重焉。

父子之道，其親也，天性然也。雖有强暴之人，見子則憐；至於繈褓之兒，見父則笑。果何爲而然哉？此父子之道，所以爲天性而不可解也。父慈子孝，乃天性之本然。加以日嚴，又有君臣之義然。亦天分之自然也。夫人子之身，氣始於父，形成於母。其體本相連續，從此一氣，而世世接續，爲親之枝，上以承祖考，下以傳子孫。人倫之道，至親之續，孰大於此？惟其至親也，所以至尊。《易》

〔一〕「固」，文淵閣《四庫全書》本作「因」。

曰：「家人有嚴君焉，父母之謂也。」父母既爲我之親，又爲我之君，而臨乎其上，則恩義之厚，孰重於此？此愛敬之心，所以不能自已也。

故不愛其親，而愛他人者，謂之悖德；不敬其親，而敬他人者，謂之悖禮。以順則逆，民無則焉。不在於善，而皆在於凶德。雖得之，君子不貴也。

德主愛，禮主敬。愛敬之心，原於一本。故必愛敬其親，而後推以愛敬他人者，則於德禮不悖，而謂之順。若不愛敬其親，而先愛敬他人，則於德禮也悖矣，悖則謂之逆。立教者，將以順示則，而先以應順者而逆行之，民又何所取法乎？夫順則爲善而吉，逆則爲不居於善而皆居於凶德。舍愛敬之善行，就悖逆之凶德，雖或得志而爲民上，君子不貴也。

君子則不然。言思可道，行思可樂，德義可尊，作事可法，容止可觀，進退可度，以臨其民。是以其民畏而愛之，則而象之。故能成其德教，而行其政令。

君子則順而不逆。所貴者，推愛敬其親之心，以及他人，則本原之地先正。故其愛敬之心，發之而爲言，必思可道而後言，言無不信矣；愛敬之心，措之而爲行，必思可樂而後行，行無不悦矣。由此而立德行義，不違正道，故可尊。由此而制作事業，動得物宜，故可法。推之於容止，則威儀必合規矩而可觀。推之於進退，則動静不違禮法而可度。如是，則立身行道，處世接物之間，無非愛敬，即無非德禮。以此臨御其民，民皆視其威如神明儼然，人望而畏之；親其德如父母藹然，咸慕而愛之；法其端範，而日思倣象之。上順以率下，下順以效上，故德教成而政令行，又何待於嚴肅哉？是章，前言人人皆有此愛敬之心，而聖人獨能自盡；後言聖人因皆有此愛敬之心，而教之使各隨分自盡。由是觀之，聖人之德無加於孝益明矣。《詩》云：「淑人君子，其儀不忒。」《詩·曹風·鳲鳩篇》。引此以見淑人君子，威儀不差，爲人法則者，皆本於孝也。

紀孝行章第十

此章紀孝子事親之行。有當盡者五，當戒者三。

子曰：孝子之事親也，居則致其敬，養則致其樂，病則致其憂，喪則致其哀，祭則致其嚴。五者備矣，然後能事親。人子能事其親而稱孝者，於平居之時，當致其恭敬，起居飲食，必加處謹，如昏定晨省，出告反面，夔夔齋慄者是也；奉養之時，當盡其歡樂，承顔順志，無所拂逆，所謂有深愛者，必有和氣婉容是也；父母有疾，則當盡其憂，豈惟醫禱必備，湯藥必親，如行不翔，言不惰，色容不勝，衣不解帶者是也；若親喪亡，則盡誠盡禮，擗踊哭泣，終其哀情；若春秋祭祀，則誠敬齋戒，防其嗜欲，訖其邪物，致其嚴肅。備此五者，則生事喪祭，無一不盡其愛敬之心，然後爲能盡事親之道也。夫人之一身，心爲之主；士有百行，孝爲之原。爲人子者，誠以愛親爲心，而不忘事親之孝，常有以致其敬，則敬存而心存，遇養則樂，遇病則憂，遇喪則哀，遇祭則嚴。然則五者，尤當以致敬爲要也。

事親者，居上不驕，爲下不亂，在醜不争。居上而驕則亡，爲下而亂則刑，在醜而争則兵。三者不除，雖日用三牲之養，猶爲不孝也。

事親者，既有五要，又有三戒。居人上，則當莊敬以臨下，而不可驕矜。爲人下，則當恭謹以事上，而不可悖亂。在醜類，則當和順以處衆，而不可争忿。蓋善事親者，常以父母爲心，謹慎持躬，不敢有一毫之失，則驕、亂、争三者其所必無也。非然者，居上而驕矜自恃，則危亡之禍隨之；爲下而悖亂不馴，則刑辟之罪及之；在醜而争忿不平，則兵刃之害加之矣。以上三者，皆危身取禍，憂及其親之事；於守身安親之道，未有當也。若不能除，雖日用三牲之養，不可謂不厚矣，然終必毁傷身體，遺父母憂，污累名行，爲父母辱，不可謂之孝也。可見孝不徒在口腹之養，而貴在守身。爲人子者，可不戒哉？

五刑章第十一

此章言五刑以不孝爲大，蓋明刑所以弼教也。

子曰：五刑之屬三千，而罪莫大於不孝。五刑，墨、劓、剕、宫、大辟也。五刑之屬，其條有三千之多，而罪之大者，莫過於不孝。蓋刑以糾不孝之人，則民皆上德，而無不孝之子，是教典資於刑也。要君者無上，非聖人者無法，非孝者無親。此大亂之道也。人生莫大於君親，道法莫尊於聖人。君者，臣下所稟命，而恭敬以從之者也，乃敢要脅之，是無上也。聖人制禮作樂，傳之萬世而共遵者也，乃敢非毁之，是無法也。爲人子者，當行孝道以事二親，天理人倫之極則也，而敢非毁之，是無親也。夫人之一身，君治之，師明聖道以教之，父母生之，所謂民生於三也。若不忠於君，不則於聖，不愛於親，三者有一於此，皆罪惡之極，大亂之道也，刑必加之。而不孝之罪，與要君、非聖等,故罪莫大於不孝也。孝足以治,不孝足以亂。孝之所關,誠重矣哉。

廣要道章第十二

此章廣言首章要道之義。

子曰:教民親愛,莫善於孝。教民禮順,莫善於悌。移風易俗,莫善於樂。安上治民,莫善於禮。治平之道,莫先乎教。教民之道,必順其心。故教民相親相愛,無有善於事親之孝者,以孝爲親愛之本也;教民有禮而順,莫有善於悌者,以悌乃禮順之首也。君德因樂而章,欲轉移民風,變易民俗,莫善於樂,以其感最神而和人心也。名分因禮而辨,欲安上之位,而下以治民,莫善於禮,以其辨上下而定民志也。夫孝、弟、禮、樂,皆教民之道。然弟者,孝之易行者也;禮者,節此者也;樂者,和此者也。四者舉其要而言之,實一本也。然則聖人所以爲教之道,誠約而易操也哉。禮者,敬而已矣。故敬其父,則子悦;敬其兄,則弟悦;敬其君,則臣悦。敬一人,而千萬人悦。所敬者寡,而悦者衆,此之謂要道也。前言孝、悌、禮、樂，皆可教民。至此又申言禮教之功效也。禮以敬爲主，禮非敬不生，則敬者禮之本，所以行孝也。父母於子，一體而生，愛易能而敬難盡。其所以有序而和者，未有不由於敬而能之也。故由其效而推言之。上自敬其父，而天下之爲子者，皆悦以事父。上自敬其兄，而天下之爲弟者，皆悦以事兄。上自敬其君，而天下之爲臣者，皆悦以事君。是敬止一人，而悦乃千萬人。敬者至少，而悦者至衆。所持者至約，而天下之道，已該括而無遺矣。蓋敬父、敬兄、敬君之心，原人心之所同具，所以君好民從，舉一而包萬者，其本一也。天下國家本於身，身本於親。事親孝，則九族睦而四海準。故立愛自親始，立敬自長始。達之天下，各親其親，各長其長，而天下平。守約而施博，邇可遠在兹，故曰要道也。

廣至德章第十三

此章廣言首章至德之義。

子曰：君子之教以孝也，非家至而日見之也。教以孝，所以敬天下之爲人父者也。教以悌，所以敬天下之爲人兄者也。教以臣，所以以敬天下之爲人君者也。君子之教人以孝，非必家至而户到，日見而面命之也。固有本原，又在于施之得其要爾。教之以孝，使凡爲人子者，皆知盡事父之道，是即所以敬天下之爲人父者矣。教之以悌，使凡爲人弟者，皆知盡事兄之道，是即所以敬天下之爲人兄者矣。教之以臣，使凡爲人臣者，皆知盡事君之道，是即所以敬天下之爲人君者矣。蓋致一身敬者終有限，而上行下效，使人各自致其敬者，斯無窮也。總以因其至性而感之，一順立而天下大順，又何待家至日見而後爲教也。《詩》云：「愷悌君子，民之父母。」非至德，其孰能順民如此其大者乎！《詩·大雅·泂酌》之篇。言君子以和平樂易之道，化民成俗，故宜爲天下蒼生之父母也。夫子既引此詩，又言若非至德之君，孰能順民心而行教化如此其廣大者乎！極言以贊至德之無以加也。

廣揚名章第十四

此章廣言首章揚名之義。

子曰：君子之事親孝，故忠可移於君；君子，能孝者也。以孝作忠，忠者，孝之推也，故能爲孝子，必知其能爲忠臣。君父，一天也。忠孝，一本也。人臣有一毫之不忠者，非孝也。事兄悌，故順可移於長；孝則必悌。以弟作順，順者，弟之推也，故能盡弟道，必能敬事長上。蓋兄與長之親疏雖有不同，而倫與序則相等也。故待長上有淩悖之行者，必其家庭失同氣之和者也。居家理，故治可移於官。孝悌，則家事必理。家事既理，即可移於居官，而官事以治。治官者，理家之推也，故《易》曰：「家道正，而天下定矣。」由是觀之，何有於一官所治之事也乎？是以行成於内，而名立於後世矣。誠如是，則行成於内，達於外。不惟光顯一時，而名既立矣，必垂於後世。所謂揚名顯親者，信矣。是知欲立名者，先求其實。實則在於篤於行孝弟，而無待於外求也。

諫諍章第十五

此章言臣子當諫諍，以盡忠孝之義。

曾子曰：若夫慈愛恭敬，安親揚名，則聞命矣。敢問子從父之令,可謂孝乎?子曰:是何言與?是何言與?愛出於内,慈爲愛體。敬生於心,恭爲敬貌。生則安親,而不遺親之憂。殁則揚名,而不遺親之辱。凡若此義,夫子於前章言之詳矣。故曾子言既聞命也,又以事親有隱而無犯,似乎宜從父之令,而無所違逆,方謂之孝,故疑而問之。而夫子則言,苟有非而從,則理所不可,故再言以深警之。以見以從令爲孝者,是陷父於非道也。昔者,天子有争臣七人,雖無道,不失其天下。諸侯有争臣五人,雖無道,不失其國。大夫有争臣三人,雖無道,不失其家。士有争友,則身不離於令名。父有争子,則身不陷於不義。此言諫諍之不可闕也。臣之諫君,子之諫父,自古攸然。天子之臣多矣,凡爲臣者,皆當諫諍。就中得真能諫諍者七人焉,則讜議日聞,忠言時獻,即有闕失,不憚再三陳告,斯救正之益甚多,故能不失其天下也。言七人者,見天下至廣,天子之事至多,一日二日萬幾。善,則億兆蒙其福;不善,則宗社受其禍。一有所失,關係於利害安危者不小。而七人之少,尚足以保之於不失。諫諍之功,其大如此,非以七人爲定數也。至於諸侯,有一國存亡之足慮。國雖小於天下,事雖簡於天子,然舉動之間,一有過差,則一國之仰賴於君者何在也！故有諫諍之臣五人，則繩愆糾繆，格其非心，亦可以保守土地人民於不失也。大夫則有治家之責。家雖不可與國等，而非禮非義，馴至禍敗，一家之關係於其身者，亦無異也。故有諫諍之臣三人，早夜箴規，陳説可否，則可以保守其家也。士雖無諫諍之臣，苟有忠告善道之争友，則德業相勸，過失相規。身之所行，無非美善，而令名隨之矣。父有苦口幾諫之争子，則愛敬所積，天性所感，有以諭親于道，豈至惑於非道，任意行之，而竟陷於不義之地乎？觀此，而知君臣、父子、朋友之間，納諫受争之益，如此其大。而敬君、安親、取友之道，不外于此也。

故當不義，則子不可以不争於父，臣不可以不争於君。故當不義則争之。從父之令，又焉得爲孝乎？

此承上言。若有不義之事，則天下國家，所關至大。爲人子者，至情不能自已，必起敬起孝，積誠以感動之。見志不從，又敬不違。三諫不聽，則號泣而隨之，必至於從而後已。非謂一言即止，毫無關切之意也。爲人臣者，情義有所難釋，必披陳利害，明切以勸止之。倘有不從，必須極諫，或引古以喻今，或委曲以獻納，必至於從而後已。非以一言塞責，自沾敢諫之名也。爲臣子者，平居既盡其愛敬之誠心；當不義，又必盡諫諍之情分。若爲子而徒知從父之令，則竟陷父於不義矣，故曰「焉得爲孝」，甚言不可不争也。

感應章第十六

此章言孝弟感通之事。

子曰：昔者，明王事父孝，故事天明；事母孝，故事地察。長幼順，故上下治。天地明察，神明彰矣。《易》曰：「乾，天也，故稱乎父。坤，地也，故稱乎母。」父有天道，天以至健而始萬物，則父之道也。母有地道，地以至順而成萬物，則母之道也。王者繼天作子，父事天，母事地。父母天地，本同一理〔一〕。故事父之孝，可通於天；事母之孝，可通於地。明王事父既能孝，則於事天也，能明其經常之大矣；事母既能孝，則於事地也，能析其曲折之詳矣。推孝爲弟，而宗族長幼，皆順於禮。則凡上下尊卑，皆化而治，無一不順其序，則人道盡善矣。夫孝，而至於事天地，能明察，則天時

〔一〕「理」，文淵閣《四庫全書》本作「體」。

順而休徵應，地道寧而萬物成。神明之佑，於是乎彰矣。明王孝德感通之神，孰大于此乎！故雖天子，必有尊也，言有父也；必有先也，言有兄也。宗廟致敬，不忘親也。修身慎行，恐辱先也。宗廟致敬，鬼神著矣。孝弟之通於天地神明如此。故雖天子至尊，尊無二上，而必有尊於天子者，蓋父也；天子至尊，固莫之敢先，而必有先於天子，則兄也。即至伯叔諸兄，亦皆祖考之胤，亦必推愛敬之心以禮遇之也。至於宗廟之祭，必致其敬，事死如生，不敢有一毫之不誠，是不忘其親也。然必修持其身，謹慎其行，恐萬一有失，辱先祖而毁盛業也。夫孝，至於宗廟致敬，則洋洋乎如在其上，如在其左右。祖考來格，享於克誠。鬼神之德，於是乎著矣。明王孝德感通之神，又孰大於此乎！孝悌之至，通於神明，光於四海，無所不通。孝之大，至於天地鬼神。相爲感應，則徧天地之間。孝道洋溢，神人無間，上下和悦。蓋孝悌既臻其極，則至性自然通徹於神明，德教自然光顯於四海，遠近幽明，無所隔礙。孝德感通之大，至於如此，所謂「以順天下，民用和睦，上下無怨」也。至矣，無以復加矣。《詩》云：「自西自東，自南自北，無思不服。」《詩·大雅·文王有聲》之篇。引此以見天下四方，雖至廣大，此心此理，無不同者，則無所不通之意明矣。

事君章第十七　此章廣言中於事君之義。

子曰：君子之事上也，進思盡忠，退思補過，將順其美，匡救其惡，故上下能相親也。內則父子，外則君臣，人之大倫也。父子主恩，君臣主敬。君子之事君上也，進見於君，必思竭其忠愛之心，知無不言，言無不盡，嘉謀嘉猷，入告我后，以至盡其職守，直其操行，致身受命，無一非盡忠之道也。既見而退，則思己之職業，或有未盡，身之闕失，或有不修，必思補之。計無過差，而後能自安，恐己身之不正，無以感動於君也。至於君有美意善事，則將順而成之，惟恐不及；君有未善之處，則匡救而正之，惟恐彰著。蓋忠臣之事君，如孝子之事親，先意承志，迎幾致力。一念之善，則助成之，無使優游不決，阻遏而中止也；一念之惡，則諫止之，無使昏蔽不明，遂成而莫救也。陳善閉邪，慮之以早，防之於豫，戒於未然，止於無迹。若必以犯顏敢諫，盡命守死，而後爲忠，未若防微杜漸，爲忠之益也。若非君子，進則面從，退有後言，激君之怒，以取高名；謗君之非，以明己潔。故臣心僞巧，而君愈疑且厭之。上下相疾，何得爲忠乎？惟君子忠愛出於至誠，則上心洞鑒，下以忠事上，上以義接下，君臣同德，如父子之一氣，元首股肱之一體，君享其安，臣獲其榮。是以君臣上下，自然相親也。《詩》云：「心乎愛矣，遐不謂矣。中心藏之，何日忘之。」《詩·小雅·隰桑》之篇。引此言臣心愛君，身雖在遠，而不自謂遠。蓋愛君一念，出於至誠，恒藏於中心，無日暫忘也。使非本於孝者，何以能忠於君若是也。爲人臣者，必如此事君，始可爲忠臣，始能盡爲子之孝。故曰「中於事君」也。

喪親章第十八

此章言孝子慎終追遠之事。

子曰：孝子之喪親也，哭不偯，禮無容，言不文，服美不安，聞樂不樂，食旨不甘，此哀戚之情也。孝子於父母生成之恩，昊天罔極。一旦不幸，而居親之喪。思吾之一身，父母生之，本同體也。存歿頓異，恩育暌離，哀痛之極，不能自已，發於聲爲哭。其哭也，氣竭而息，聲不委曲。動於貌爲禮。其禮也，稽顙觸地，不修容儀。出於口爲言。其言也，直無餘詞，不爲文飾。至於衣服之美，有所不安，故服縗麻。悲哀在心，故聞樂之和，有所不樂。食味之旨，不知其甘，故疏食水飲。總以孝子之心，惟痛念親之舍我而去，言動之間，耳目之娛，口體之奉，自無斟酌之心也。然此六者，皆孝子哀痛之真情，出於自然，非勉强而爲之也。

三日而食，教民無以死傷生，毁不滅性，此聖人之政也。喪不過三年，示民有終也。

禮，三年之喪，水漿不入口者三日。三日之後，不妨飲食，教民無以哀死而傷己之生。蓋愛親出於天性，若哀毁而至於傷生，則反至於滅性。禮所謂不勝喪，比於不慈不孝是也。故雖毁瘠，而不使至於滅性，此聖人之政，所以全天下之孝也。至於三年之喪，天下達禮。不得過，亦不得不及也。孝子之情無盡，聖人立制，止於三年，使人知有終竟之時也。此皆聖人因人情而節文之，無賢愚貴賤，一也。

爲之棺槨、衣衾而舉之；陳其簠簋而哀感之；擗踊哭泣，哀以送之；卜其宅兆而安厝之；爲之宗廟，以鬼享之；春秋祭祀，以時思之。親之始亡也，爲之棺以藏體，槨以附棺，衣衾以周身，然後舉而斂之，必盡其心也。其朝夕奠也，陳列簠簋，而不見親之存，則哀傷痛蹙之，必致其誠也。其將葬而祖餞也，不忍其親之去，女擗男踊，相與號哭涕泣，而盡哀以往送之。至於爲墓於郊，不可苟也，則必卜其墓穴塋域，得吉而葬之，務求其安固也。以上四者，皆慎終之禮也。爲廟於家，必有制也，則依制立廟。三年喪畢，遷主於廟，始以鬼禮而享之，使神有所依也。寒暑變更，益用增感，必有怵惕悽愴之心。春秋祭祀，因時而展孝思，不忘親也。以上二者，皆追遠之禮也。

生事愛敬，死事哀戚，生民之本盡矣，死生之義備矣，孝子之事親終矣。孝子之事親，於其生也，盡愛敬之道；於其死也，盡哀戚之情。生民之本，孝爲之先，於是而盡矣。養生送死，其義最大，於是而備矣。孝子事親之道，亦於是而終矣。夫孝之大，至於生死始終，無所不盡其極。於膝下親嚴之性，始爲完足；於天經地義之理，始相貫通；於德教政令之化，始能暢遂。謂之德之本，而教所由生，又何疑乎？爲人子者，不可以不知也。

附《御註孝經》四庫提要

御註孝經一卷

順治十三年世祖章皇帝御撰。《孝經》詞近而旨遠，等而次之，自天子以至於庶人；推而廣之，自閨門可放諸四海；專而致之，即愚夫愚婦可通於神明。故語其平近，則人人可知可行；語其精微，則聖人亦覃思於闡繹。是編御註約一萬餘言，用石臺本，不用孔安國本，息今古文門户之争也。亦不用朱子《刊誤》本，杜改經之漸也。義必精粹，而詞無深隱，期家喻户曉也。考歷代帝王註是經者，晉元帝有《孝經傳》，晉孝武帝有《總明館孝經講義》，梁武帝有《孝經義疏》，今皆不存。惟唐玄宗御註列《十三經註疏》中，流傳於世，司馬光、范祖禹以下悉不能出其範圍。今更得聖製表章，使孔、曾遺訓無一義之不彰，無一人之不喻。回視玄宗所註，度而越之，又不啻萬倍矣。

御纂孝經集註

清世宗　撰

御製孝經序

孝經者，聖人所以彰明彝訓，覺悟生民。溯天地之性，則知人爲萬物之靈。叙家國之倫，則知孝爲百行之始。人能孝於其親，處稱惇實之士，出成忠順之臣。下以此爲立身之要，上以此爲立教之原，故謂之至德要道。自昔聖帝哲王，宰世經物，未有不以孝治爲先務者也。恭惟聖祖仁皇帝，纘述世祖章皇帝遺緒，詔命儒臣編輯《孝經衍義》一百卷，刊行海内，垂示永久。顧以篇帙繁多，慮讀者未能周徧，朕乃命專譯經文，以便誦習。夫《孝經》一書，詞簡義暢，可不煩注解而自明。誠使内外臣庶，父以教其子，師以教其徒，口誦其文，心知其理，身踐其事。爲士大夫者，能資孝作忠，揚名顯親；爲庶人者，能謹身節用，竭力致養。家庭務敦於本行，閭里胥嚮於淳風。如此，則親遜成化，和氣薰蒸，蹐比户可封之俗，是朕之所厚望也夫。雍正五年十二月初三日。

孝經集註

開宗明義章第一

此章開張一經之宗本，顯明五孝之義理，故以「開宗明義」名章。

仲尼居，曾子侍。子曰：先王有至德要道，以順天下，民用和睦，上下無怨。女知之乎？曾子辟席，曰：參不敏，何足以知之？子曰：夫孝，德之本也，教之所由生也。復坐，吾語女。女，音汝，下同。辟，音避。夫，音扶。語，去聲。○「仲尼」，孔子字，名丘。「曾子」，孔子弟子，名參，字子輿。「居」，燕居閒暇之時。「侍」，侍坐也。「至」者，至善之義。「要」者，簡約之名。「道」也，「德」也，一也。自其得於心，而言曰德。自其行於身，而言曰道。德之至，即所以爲道之要。「順」者，謂先王以此至美之德、要約之道，順天下人心而教化之。故天下之人被服其教，自相和協而親睦，上下尊卑，舉無所怨也。「辟席」者，離坐席而起對也。禮，師有問，則辟席起對。「敏」，達也。「孝」，即所謂至德要道也。人之百行，如章中所言忠順敬讓之類，凡得於心者，無往非德。然一孝立，而百善從，是孝〔一〕爲百行之根基，故曰德之本。至于君子盡孝於親，而所以教家、教國、教天下者，又靡不自此推之。舉天下之大，事事皆從吾孝中出，故曰教之所由生也。命之復坐者，以孝之義甚大，非立談所能盡，故使復位而坐，詳以告之也。身體髮膚，受之父母，不敢毀傷，孝之始也；立身行道，揚名於後世，以顯父母，孝之終也。夫孝，始於事親，中於事君，終於立身。夫，音扶。○「身」，謂一身。「體」，謂四體。「髮」，毛髮。「膚」，肌膚也。凡人之身，舉其大而言，則一身四體；舉其細而言，則毛髮肌膚。此皆受之于父母者。爲人子者，愛吾父母，因以愛吾父母所遺之身，常須戰兢戒慎，不敢少有毀傷，此行孝之始也。又須以道修身，卓然有立，大行于天下，流聲于後世，使萬世而下，賢其子，因推本其所生之自，而以光顯其父母，此行孝之終也。故夫所謂孝者，始於聚百順以事親，中於盡一心以事君，而終於敦百行以立身。蓋孝以事親，猶爲人子之常，必其得君而事，能

〔一〕「孝」，原作「德」，據文淵閣《四庫全書》本改。

以親之身，廣親之志，移孝以爲忠，乃全事親之道。然一行未敦，而身有不立，則即爲忠孝之虧。故其終，尤在能立其身，斯爲宇宙之完人，而稱孝道之極也。《大雅》云：「無念爾祖，聿修厥德。」聿，以律切，同遹。○《詩》有《風》《雅》《頌》之三經，《大雅》《小雅》，其一也。「無念」二語，見《大雅·文王篇》。「無念」，念也。「聿」，述也。引《詩》之意，言凡爲人子者，當常念爾之先祖，常述修其功德，而勉子行孝也。

天子章第二

前章雖通貴賤言之，其迹未著。此章至下《庶人章》，凡五章，謂之五孝。各説行孝奉親之事，而立教焉。天子至尊，故標居其首。

子曰：愛親者，不敢惡於人。敬親者，不敢慢於人。愛敬盡於事親，而德教加於百姓，刑於四海，蓋天子之孝也。惡，去聲。○「親」，謂父母也。「惡」，憎惡也，爲愛之反。「慢」，敖慢也，爲敬之反。「德教」，謂至德之教。「刑」，儀刑也。天子之身，乃德教之所自出。故爲天子而愛其親者，必其於人無所不愛，而不敢有所惡於人；敬其親者，必其於人無所不敬，而不敢有所慢於人。夫惟不敢惡人，而以無所不愛之心愛其親；不敢慢人，而以無所不敬之心敬其親。然後愛敬爲盡于事親，而天子以此至德要道之教行于一人，加于百姓，則四海之大，皆知有所視效儀刑，趨愛趨敬，而同歸于孝，民用和睦，上下無怨。此乃天子之孝當爲如是，而非諸侯卿大夫之可比也。《甫刑》云：「一人有慶，兆民賴之。」甫，音輔。○《甫刑》，《尚書》作《呂刑》。「一人」，謂天子。「慶」，善也。言天子一人，有善則兆庶皆倚賴之，善則愛敬是也。二語所以通結上文之義。

諸侯章第三

次天子之貴者，諸侯也，故次及於諸侯。

在上不驕，高而不危。制節謹度，滿而不溢。高而不危，所以長守貴也。滿而不溢，所以長守富也。富貴不離其身，然後能保其社稷，而和其民人，蓋諸侯之孝也。離，去聲。○「在上」，在一國臣民之上。「驕」，矜肆也。「危」，傾危也。「制節」，制財用之節限。「謹度」，謹守法度也。「溢」，奢侈泛溢也。「社」，土神。「稷」，穀神。國之主也。言諸侯在一國臣民之上，其位高矣。若能不敢自爲矜肆，則身雖居高而不至于傾危。積一國之賦税，其財充滿矣。若能制立節限，謹守法度，則財雖充滿，而不至於泛溢。又言居高位而不危，則不失其位之尊顯而貴，是所以長守此貴也。處充滿而不溢，則不失其財之盈足而富，是所以長守此富也。夫惟富貴長久，如此乎不離其身，然後方能保有其社稷，而和調其民人。謂社稷以此安，而一國之民亦用和睦，上下亦爲無怨也。此則諸侯之孝當如是也。《詩》云：「戰戰兢兢，如臨深淵，如履薄冰。」《詩·小雅·小旻》之篇。引之重以戒勉諸侯也。蓋諸侯如不念先世積累之艱勤，而一或驕溢，以至失其富貴，而不能保其社稷人民，則辱及其親，而不孝爲大矣。○「戰戰」，恐懼。「兢兢」，戒謹。「臨淵」，恐墜；「履冰」，恐陷也。

卿大夫章第四

次諸侯之貴者，卿大夫也，故次及于卿大夫。○按，王朝侯國，其卿大夫之位，分雖不同，然章中乃統論其當行之孝，不必泥引《詩》「以事一人」之詞，而謂專示王國之卿大夫也。

非先王之法服，不敢服。非先王之法言，不敢道。非先王之德行，不敢行。是故非法不言，非道不行。口無擇言，身無擇行，言滿天下無口過，行滿天下無怨惡。三者備矣，然後能守其宗廟，蓋卿大夫之孝也。德行、擇行、行滿之行，並去聲。惡，去聲。○「法服」，禮法之服。「法言」，禮法之言。「德行」，道德之行。「先王」，蓋古之以孝治天下者。故其服爲法服，其言爲法言，其行爲德行也。「無擇」，謂言行皆與道法相合，而無可選擇也。「非先王之法服不敢服」，惟恐服之不中〔一〕，爲身之災也。「非先王之法言不敢言」，惟恐言輕而招辜也。「非先王之德行不敢行」，惟恐行輕而招辱也。以此之故，非法則不言，言則必合于法；非道則不行，行則必中於道。出於口者，無可擇之言；行於身者，無可擇之行。是以言之多，至

〔一〕「中」，文淵閣《四庫全書》本作「衷」。

於徧滿天下而無口過；行之多，至於徧滿天下而無怨惡也。服法服，道法言，行德行。三者既全備矣，斯能長守其宗廟，以奉其先祖之祭祀。此則卿大夫之孝當如是也。《詩》云：「夙夜匪懈，以事一人。」《詩·大雅·蒸民篇》。「夙」，早也。「匪」，猶不也。「懈」，惰也。「一人」，天子也。引《詩》之意，蓋言卿大夫當早起夜寐，以事天子，而不得懈惰也。此乃深致其勸勉之意。

士章第五

古有上士、中士、下士之三等，然其位總居卿大夫之下，故以「士」名章。

資於事父以事母，而愛同。資於事父以事君，而敬同。故母取其愛，而君取其敬，兼之者父也。故以孝事君則忠，以敬事長則順。忠順不失，以事其上，然後能保其禄位，而守其祭祀，蓋士之孝也。長，上聲。○「資」，取也。「長」，謂卿大夫。「上」，則兼長與君言之也。「資于事父以事母，而愛同」，謂取事父之道以事母，而愛母同于愛父。「資於事父以事君，而敬同」，謂取事父之道以事君，而敬君同于敬父也。「母取其愛，君取其敬」者，蓋母主于恩，而君主于義。故事母雖未嘗不敬，而專取其愛；事君雖未嘗不愛，而專取其敬。合愛與敬而兼之者，則惟父然也。爲士者，移事父之孝以事君，則爲忠；移事父之敬以事長，則爲順。守其忠順而不失，以事其上，然後能長保其禄位，永守其祭祀。此則爲士之孝當如是也。○諸侯言社稷，卿大夫言宗廟，士言祭祀，各以其所事爲重也。若下文庶人，則薦而不祭，又非士之比矣。《詩》云：「夙興夜寐，無忝爾所生。」忝，音腆。○《詩·小雅·宛》之篇。「忝」，辱也。「所生」，謂父母也。引《詩》以深惕，爲士者當早起夜寐以行孝，無致禄位不保，而祭祀不守，以辱其父母也。

庶人章第六

庶人，泛指衆人。學爲士而未受命，與農、工、商、賈之屬皆是也。一云兼府史胥徒言之。

用天之道，分地之利，謹身節用，以養父母，此庶人之孝也。養，去聲。○「天之道」，謂春生、夏長、秋斂、冬閉，四時之天運也。「地之利」，謂土地之高下燥濕，生植農桑之利也。「謹身」者，謹修其身，不妄爲也。「節用」者，省節飲食、衣服、喪祭之財，用不妄費也。「庶人」，未受命爲士，既不得以事君，所事者惟父母而已，故以能養父母爲孝。其用天之道，而耕耘收穫，一順乎時令；分地之利，而禾、黍、菽、麥，一任乎土宜。又必謹守其身，而不敢放縱；省節其用，而不敢奢侈。以此爲事，奉養其父母，則不徒能養父母之口體，而養志亦無不足矣。此則庶人之孝所當然也。故自天子至於庶人，孝無終始，而患不及者，未之有也。上節與前四章，分論天子、諸侯、卿大夫、士、庶人當行之孝。此則總言以結之。言上自天子，以下至庶人，其尊卑雖殊，而事親之孝，當無終始之異。若或有始無終，而自患己身不能及於孝者，未有此理也。蓋爲決言以勉人之力於行孝。

三才章第七

天、地、人謂之三才。孔子陳說五等之孝既畢，而曾子歎孝道之大，因言天經地義民行之事，可教化於人，故以「三才」名章，次「五孝」之後。

曾子曰：甚哉，孝之大也！子曰：夫孝，天之經也，地之義也，民之行也。天地之經，而民是則之。則天之明，因地之利，以順天下。是以其教不肅而成，其政不嚴而治。夫，音扶。行，去聲。○「經」，常也，天以生覆爲常，故曰經。「義」，宜也，地以承順利物爲宜，故曰義。「則」，法也。「因」，憑也，依也。「肅」，戒肅也。「嚴」，威嚴也。曾子因夫子陳説五孝，而深歎其大，故夫子以彌大之義告之。言孝之爲道，雖出于人心，然天爲乾、父，不能外之，以爲生覆之經；地爲坤、母，不能外之，以爲承順利物之義。民生天地之間，不能外之，以爲慈愛、敬順之行。是孝乃天之經，地之義，民之行也。夫以孝爲天地經常之理，而民于此取法而爲行，則孝本天下人心之所本然固有者。故聖人上法天道之常明，下因地道之義利，惟順乎天下本然愛敬之孝而導之。是以敷之爲教，則不待戒肅而自成；發之爲政，則不假威嚴而自治也。先王見教之可以化民也，是故先之以博愛，而民莫遺其親；陳之以德義，而民興行；先之以敬讓，而民不争；導之以禮樂，而民和睦；示之以好惡，而民知禁。行，去聲。好、惡，並去聲。○「先王」，泛指古先帝王。「見教之可以化民」，承上「因天地之常經，而其教不肅而成，其政不嚴而治」來。「遺」，猶棄也。「興」，起也。「睦」，和之至也。言先王身行博愛之道，以率先斯民，則人知愛親，而無有遺棄其親者。陳説德義之美，以教誨斯民，則人爲興起，而未有不勉於行者。先之以恭敬、謙讓，而爲斯民之倡，則人相敬讓而不争。導之以五禮、六樂，而施陶淑之教，則人皆秩然有禮、雍然順適而和睦。又示之以爲善者之必好，爲不善者之必惡，則人知國禁而不犯。總見先王之順天下以化民，而民之速化如此。以結上文「其教不肅而成，其政不嚴而治」之義也。《詩》云：「赫赫師尹，民具爾瞻。」《詩·小雅·節南山》之篇。「赫赫」，明盛貌。「師尹」，周太師尹氏也。引《詩》之意，蓋言先王之在上者，能教以化民，而爲民所瞻仰，故民爲之速化也。此借師尹，以深贊夫先王也。

孝治章第八

前章明先王因天地之常經，順天下以爲教。此章則言明王以孝而治天下也。故即以「孝治」名章，次《三才》之後。

子曰：昔者明王之以孝治天下也，不敢遺小國之臣，而況於公、侯、伯、子、男乎？故得萬國之懽心，以事其先王。「昔者」，謂先代。「明王」，明哲之君。「遺」，忽忘也。「小國之臣」，謂土地褊小，如附庸之君之類。公、侯之地方百里，伯七十里，子、男五十里，乃國之大者。「萬國」，極言其多。「先王」，即行孝明王之祖考也。夫子言昔者明王之以孝道而治理天下也，推其愛敬之心，至于附庸小國之臣，尚不敢有所遺忽，而況於公、侯、伯、子、男大國之臣乎？以此之故，所以合天下大小萬國之衆，而皆得其懽悦之心。以此事奉其先王，則尊養之至，而明王能以孝道倡其化于上矣。

治國者，不敢侮於鰥寡，而況於士民乎？故得百姓之懽心，以事其先君。鰥，姑頑切。○老而無妻曰鰥，老而無夫曰寡，二者，所謂天下之窮民而無告者。「侮」，慢忽也。一命以上爲士。諸侯皆有卿大夫，止言士者，舉小以見大耳。「百姓」，謂百官族姓。「先君」，始受命爲國君者也。夫子言諸侯分治一國者也，當體明王孝治天下之心，而亦以孝治其國，推其愛敬之心，以及於國人，即至於鰥寡之微，亦不敢侮慢之，而況於士民乎？以此之故，所以合國中百官族姓之衆，無不得其懽悦之心。以此事奉其先君，則可謂能體明王孝治之心以爲心，而成其化於國矣。

治家者，不敢失於臣

妾，而況於妻子乎？故得人之懽心，以事其親。「臣妾」，婢僕也，賤而疎者。「妻子」，貴而親者。「親」，謂父母也。夫子又言卿大夫各治一家者也，亦當體明王孝治天下之心，而以孝治其家，推其愛敬之心，即下及於臣妾，曾不敢少失其心。彼疎賤者尚如此，而況於妻子之親貴者乎？以此之故，所以合一家之衆，無貴無賤，無親無疎，而皆得其懽悅之心。以此事其父母，則可謂能體明王孝治之心以爲心，而成其化于家矣。

夫然，故生則親安之，祭則鬼享之。是以天下和平，災害不生，禍亂不作。故明王之以孝治天下也如此。夫，音扶。○「生」，謂父母存時。「祭」，謂没後奉祀。「安」者，其心無憂。「享」者，其魂來格也。人死曰鬼，氣屈而歸也。「災害」，如水、旱、疾、疫之類，生于天者。「禍亂」，如賊君、弑父之類，作于人者。上文既言天子、諸侯、卿大夫皆以孝治天下國家，而得人之懽心，以事其先王、先公與親，此又總承上文而言。夫惟如此，故其生而養，則親安之；没而祭，則鬼享之。是以普天之下，和睦太平。「和」，則無乖戾之氣，而災害不生。「平」，則無悖逆之争，而禍亂不作。總由明王身爲率行孝道於上，而諸侯以下，化而行之，故明王之以孝治天下也，有如此之美也。

《詩》云："有覺德行，四國順之。"行，去聲。○《詩·大雅·抑》之篇。"覺"，大也。義取天子有大德行，則四方之國，順而行之，以贊美明王之孝治也。

聖治章第九

曾子聞明王孝治以致和平，因問聖人之德，更有大於孝否？孔子因問而説聖人之治。故以名章，次《孝治》之後。

曾子曰："敢問聖人之德，無以加於孝乎？"子曰："天地之性，人爲貴。人之行，莫大於孝。孝莫大於嚴父，嚴父莫大於配天，則周公其人也。行，去聲。○"聖人"，以在位者言之。"嚴"，尊敬也。"配"，合也。"周公"，名旦，文王之子，武王之弟，成王之叔父。食采於周，位居三公，故稱周公。前章夫子陳説明王之孝治天下，能致災害不生、禍亂不作，是言德行之大，故曾子有推廣之思，而爲此問。"天地之性，人爲貴"者，謂天地生人與物，皆有一副當然之理，是之謂性。然人得其全，物得其偏。是人爲天地之心而萬物之靈，故云然也。人之百行多端，而以孝爲本，故曰"人之行，莫大于孝」。承之以「孝莫大于嚴父，嚴父莫大於配天」者，言人子之孝其親者，無所不至，而莫大于尊敬其父；尊敬其父者，亦無所不至，而莫大于配享上天也。蓋上天之尊，尊無與對，而能以己之父與之配享，則所以尊敬其父者至矣極矣，不可以復加矣。然仁人孝子愛親之心雖無窮，而立經陳紀制禮之節則有限。自古及今，惟周公輔佐成王，始行配天之禮，故曰「則周公其人也」。

昔者周公，郊祀后稷，以配天；宗祀文王於明堂，以配上帝。是以四海之内，各以其職來祭。夫聖人之德，又何以加于孝乎？

「郊祀」，祭天也。祭天於南郊，故曰郊。「宗祀」，謂宗廟之祭也。「后稷」，名棄，周之始祖，舜嘗命爲稷正，使教民播種百穀，始封于邰。爲諸侯，以君其國，故稱曰后稷也。「文王」，名昌，武王之父。「明堂」，王者出政布治之堂也。「天」，以形體言。「上帝」，以主宰言。天也，帝也，一也。「郊祀后稷以配天，宗祀文王以配上帝」，謂郊祀祭天，則以后稷配祭，而尊后稷猶乎天；宗祀祭上帝，則以文王配祭，而尊文王猶夫上帝也。周公之所以尊敬其祖父者如此。是以德教刑於四海，而四海之内爲諸侯者，各以其職之所當然，皆來助祭，敬供郊廟之事。夫以孝推之，至于配天，而又盡得四表之懽心以事其親，孝之大也，誠可謂至極矣。則夫聖人之德，又有何者可以加于孝乎？故親生之膝下，以養父母日嚴。聖人因嚴以教敬，因親以教愛。聖人之教，不肅而成，其政不嚴而治，其所因者本也。夫子答曾子之問盡矣，此復申言聖人教人以孝之故也。「親」，親愛也。「膝下」，謂孩笑之時也。言人子親愛父母之情，已生於膝下孩笑之時。以此至情而養其父母，然隨其年之漸長，則日加尊敬。而尊卑之際，又自有一定不可忽之分在焉。此人子良心之發，最爲真切。人皆有之，不待學而能者。聖人之立教，亦惟因嚴以教敬，因親以教愛，循其人性之固然，而不加矯强。故其教不待戒肅而自成，其政不待威嚴而自治。民之大順，有不期然而然者。蓋孝爲德之本，而聖人之因嚴教敬，因親教愛，總因之以立教焉，是「其所因者本也」。

父子之道，天性也，君臣之義也。父母生之，續莫大焉。君親臨之，厚莫重焉。此承上文「所因者本也」句，而發明人子愛敬之情，所以當盡之故。父子之道爲天性，謂父子之愛，原于天，率于性，而本于所固有。然子之事父，猶臣之事君，其尊卑之分，又自有截然不可忽者。是父子之間，又有君臣之義也。「續」者，繼先傳後之謂也。「續莫大」者，父母生子，子以生孫，人倫繼續於此。微父母，則吾何所託生？而人類幾乎滅矣。然則人倫之大，孰有大于父母者乎？「厚莫重」者，以父之親，等君之尊，而臨乎人子，則恩義之罔極。與天同高，與地同厚，莫有重焉者矣。此可見人子愛敬之當先，所以莫有甚于父母也。

故不愛其親，而愛他人者，謂之悖德。不敬其親，而敬他人者，謂之悖禮。以順則逆，民無則焉。不在於善，而皆在於凶德。雖得之，君子不貴也。此反説爲上者愛敬之失，而悖于德禮之事。「不愛其親，而愛他人」；「不敬其親，而敬他人」，謂君自不愛其親，而令他人愛親；自不敬其親，而令他人敬親也。「悖德」「悖禮」云者，德主於愛、禮主於敬故也。夫人君惟身能愛敬，而後以政教及人，斯順天下之人心。今則自逆不行，而翻使天下之人，法行於逆道。故人無所取法而爲準，則斯乃不在於善，而皆在于凶德。如此之君，雖曰得志於民上，乃古先哲王聖人君子之所不貴也。「在」，謂心之所在。「凶」，謂害于德禮也。

君子則不然。言思可道,行思可樂,德義可尊,作事可法,容止可觀,進退可度。以臨其民,是以其民畏而愛之,則而象之。故能成其德教,而行其政令。行,去聲。樂,音洛。○此承「君子不貴」句,而表明君子之不然。「君子」,泛指聖帝、明王。「道」,行也。「作」,爲也。容主動,止主静。「言思可道」,謂必其言之可行於民者而後言。「行思可樂」,謂必其行之爲民所懽悦者而後行。「德義可尊」,謂立德行義,不違正道,而可爲民之尊崇。「作事可法」,謂制作事業,動得物宜,而可爲民之式法。「容止可觀」,謂威儀容貌,合于規矩,而可爲民之觀瞻。「進退可度」,謂周旋動静,不越繩尺,而可爲民之軌度。君子之謹其言行,慎其動止舉措如此。由是以其身而臨莅斯民,則民畏其威,而敬如神明;愛其德,而親如父母。會極歸極,如衆星之共北辰,無不法則而象效之。故德教以此而成,政令以此而行也。《詩》云:「淑人君子,其儀不忒。」忒,音特。○《詩·曹風·鳲鳩篇》。「淑」,善也。「忒」,差也。《詩》言原美善人君子盛德之威儀,此則借以贊美君子之能順人心,而成其德教。

紀孝行章第十

前數章俱統論乎孝道、孝治，此章則詳述乎孝子當行之事也。故以「紀孝行」名章，次于《聖治》之後。

子曰：孝子之事親也，居則致其敬，養則致其樂，病則致其憂，喪則致其哀，祭則致其嚴。五者備矣，然後能事親。「居」，謂平居。「致」者，推之而致其極也。「病」，謂疾之甚也。孝子之事親，當無一時、無一事而不念及于親者。其必平居則禮儀祗肅，盡其恭敬而不敢忽；奉養則承顔順志，盡其歡樂而不敢違；病則行止語嘿，何所不致其憂；喪則哭泣擗踊，何所不致其哀；祭則潔俎豆、肅駿奔，何所不致其嚴。持此五者以事親，而生存死没，咸備其道，庶幾盡志于親，而無媿于子矣。故曰「能事親」也。○此節乃紀孝子當行之善，以示勉也。

事親者，居上不驕，爲下不亂，在醜不争。居上而驕，則亡。爲下而亂，則刑。在醜而争，則兵。三者不除，雖日用三牲之養，猶爲不孝也。「醜」，等類也。「三牲」，牛、羊、豕也。「居上」，則當莊敬以臨下，而不可驕矜。「爲下」，則當恭謹以事上，而不可悖亂。「在醜」，則當和順以處衆，而不可争競。此論人子保身以事親之常。「居上而驕」，則失道而取亡。「爲下而亂」，則犯分而致刑。「在醜而争」，則啟釁而召兵。此論人子危身以及親之禍。「三者不除，雖日用三牲之養，猶爲不孝」者，謂驕、亂、争三者之不能除，則危亡之禍必至。雖日具牛、羊、豕三牲之養，以進于親，親得安坐而食乎？故曰「猶爲不孝也」。○此節又紀不善之行，以示戒也。

五刑章第十一

聖王之教雖不肅而成，其政雖不嚴而治，然世有驕亂忿争，而自罹于罪惡者，刑辟亦不可不加也。故以「五刑」名章，次于《紀孝行》之後。

子曰：五刑之屬三千，而罪莫大於不孝。要君者無上，非聖人者無法，非孝者無親，此大亂之道也。要，平聲。○「五刑」，墨、劓、剕、宫、大辟也。「三千」，合五刑條例之總數也。《吕刑》曰：「墨罰之屬千，劓罰之屬千，剕罰之屬五百，宫罰之屬三百，大辟之罰其屬二百。」「五刑之屬三千」，夫子之言，蓋本于此。「要」，脅也。「無上」，無君也。「非」，詆毁也。「無法」，謂弁髦法度也。「無親」，謂蔑視其親也。蓋君者，臣之所禀令也，而敢於要脅之，是爲無上。聖人者，法之所從出也，而敢於非詆之，是爲無法。人莫不有父母之當孝也，而敢以孝道爲非，是爲無親。此三者，乃大亂之道，而總爲不孝。刑辟之加，蓋不容緩矣。

廣要道章第十二

首章略云「至德要道」之事，而未爲詳悉。於此復申而演之，故云「廣」也。要道先於至德者，謂以要道施化，化行而後德彰，亦明道德相成，所以互爲先後也。

子曰：教民親愛，莫善於孝。教民禮順，莫善於悌。移風易俗，莫善於樂。安上治民，莫善於禮。禮者，敬而已矣。故敬其父，則子悦。敬其兄，則弟悦。敬其君，則臣悦。敬一人，而千萬人悦。所敬者寡，而悦者衆。此之謂要道也。此夫子述「廣要道」之義。言孝所以愛其親也，然欲教民以相親相愛，則莫有善於孝；悌所以敬其長也，然欲教民以有禮而順，則莫有善於悌。樂斯二者之謂樂，然欲移改民風而變易其俗，則莫有善於樂。節文斯二者之謂禮，然欲上安其君而下治其民，則莫有善於禮。若禮之爲禮，則主於敬而已矣。嘗爲推廣乎敬之功用，以此之敬而敬人之父，則凡爲之子者無不悦；以此之敬而敬人之兄，則凡爲之弟者無不悦；以此之敬而敬人之君，則凡爲之臣者無不悦。夫此之敬，止加于一人，而彼則千萬人悦。所敬者寡，而悦者衆。誠所謂守者約，而施者博也。此之謂「要道」之義也。

廣至德章第十三

子曰：君子之教以孝也，非家至而日見之也。教以孝，所以敬天下之爲人父者也。教以悌，所以敬天下之爲人兄者也。教以臣，所以敬天下之爲人君者也。此夫子述「廣至德」之義。言君子之教人以孝也，非必家至而爲之喻，日見而爲之督也。教之以孝，使凡爲人子者，皆知盡事父之道以敬其父，是即我之所以「敬天下之爲人父者」也。推而教之以悌，使凡爲人弟者，皆知盡事兄之道以敬其兄，是即我之所以「敬天下之爲人兄者」也。又推而教之以臣，使凡爲人臣者，皆知盡事君之道以敬其君，是即我之所以「敬天下之爲人君者」也。夫致吾之敬者終有限，而能使人各自致其敬者則無窮，此孝之所以爲至德也。

《詩》云：「愷悌君子，民之父母。」非至德，其孰能順民如此其大者乎！愷，音凱。○《詩·大雅·洞酌》之篇。「愷」，樂也。「悌」，易也。蓋言君子有如此愷悌樂易之德，民愛之如父母。蓋能以至德爲教，順天下之心，故其效如此其大也。

廣揚名章第十四

首章略言「揚名」之義而未審，而於此廣之。故以名章，次《廣要道》《至德》之後。

子曰：「君子之事親孝，故忠可移於君；事兄悌，故順可移於長；居家理，故治可移於官。是以行成於内，而名立於後世矣。」長，上聲。行，去聲。○此夫子述「廣揚名」之義。言君子之事親，苟極其孝矣，以之事君則爲忠，故忠可移於君；事兄，苟極其悌矣，以之事長則爲順，故順可移於長；居家，苟極其理矣，以之居官則必治，故治可移於官。孝、悌、忠、順，齊治之道，其相通有如此。故士人惟患内之所以事親、事兄、居家者，行未成耳。夫苟孝悌修齊之行成于内，必其忠順治理之勳猷著于外。彪炳宇宙，輝映竹帛，而後世之名，曷有極哉！顯親之孝，此焉寓矣。

諫諍章第十五

曾子既聞「揚名」以上之義，而又問「子從父之令」。夫子以令有善惡，不可盡從，乃爲述諫諍之事。故以名章，次《廣揚名》之後。

曾子曰：若夫慈愛恭敬，安親揚名，則聞命矣。敢問子從父之令，可謂孝乎？夫，音扶。令，去聲。○「慈愛恭敬，安親揚名」，是曾子包攝夫子之所已言者言之。又以「子從父之令，可謂孝乎」爲問者，蓋爲子者，原一以應從爲孝。但于父母之命令，若不問可否，而悉從之，又恐有違于道。此其所以疑于心而問也。○「慈愛」，如養致其樂；「恭敬」，如居致其敬；「安親」，如不近兵刑；「揚名」，如立身行道，揚名於後世之類。

子曰：是何言與？是何言與？昔者，天子有争臣七人，雖無道，不失其天下。諸侯有争臣五人，雖無道，不失其國。大夫有争臣三人，雖無道，不失其家。士有争友，則身不離於令名。父有争子，則身不陷於不義。故當不義，則子不可以不争於父，臣不可以不争於君。故當不義則争之。從父之令，又焉得爲孝乎？與，平聲。争，諍同。離、令，並去聲。○「争」，與「諍」同。蓋是非必争，可否必辯，所謂面折廷諍，不欺而犯者也。「令」，善也。「焉」，何也。兩言「是何言與」，深明父令之不可一于從也。「昔者」以下，是推廣而言。爲臣子者，若見君、父之過，皆不可以苟順而不諫諍。天子之争臣以七人，諸侯之争臣以五人，大夫之争臣以三人者，蓋位有崇卑，責有輕重，政有煩簡，故争臣有多寡也。然天子有天下者也，故云「不失其天下」。諸侯有國者也，故云「不失其國」。

大夫有家者也，故云「不失其家」。總之以諫諍之得人，故雖無道，不亟至于亡也。士無臣，所有惟友，故云「士有争友」。「不離令名」，謂事無謬誤，而善名以彰。「不陷不義」，謂所事合宜，而行義以得也。先言，故當不義，則子不可以不争於父，臣不可以不争於君」，是總言爲臣子者，當諫争其君、父。又曰「故當不義則争之。從父之令，又焉得爲孝乎」，所以結一章之旨，而終「是何言與」之義。見爲子者，不可一于從父之令也。

感應章第十六

此章明明王孝悌感應之事。雖爲天子言之，諸侯以下，亦當自知勉勖也。

子曰：昔者，明王事父孝，故事天明；事母孝，故事地察。長幼順，故上下治。天地明察，神明彰矣。長，上聲。○《易》曰：「乾，天也，故稱乎父。坤，地也，故稱乎母。」則天有父道，地有母道，原與父母之道相通者。古昔明王，能事父以孝，則即通于事天之道，故其事天也明；事母以孝，則即通于事地之理，故其事地也察。又推事父、事母之孝心，以順家之長幼。故凡四海之中，上而尊長，下而卑幼。又罔不就吾之均調，而上下以治。夫惟明王極孝之所至，至于事天明、事地察，如此則三光明、寒暑序，而天道以清；川流岳峙奠其常，鳥獸魚鱉若其性，而地道以寧。其神明功用之彰見，蓋有極其盛者哉。

故雖天子，必有尊也，言有父也；必有先也，言有兄也。宗廟致敬，不忘親也。修身慎行，恐辱先也。宗廟致敬，鬼神著矣。孝悌之至，通於神明，光於四海，無所不通。行，去聲。○承上文而言。明王不特以事父母之孝事天地，而致神明之彰已也。雖以天子之尊，必知有父之當尊，與有兄之當先矣。其在宗廟承祭之時，則嚴威祇肅，致其恭敬，而不敢有忘親之心。及夫平居無事之時，則修身慎行，極其檢攝，而惟恐招辱先之譴。明王不過自謂率其孝道之常也，不知以修身慎行之主，兼又致敬于宗廟對越之時。先王在天之靈，洋洋乎有如在其上，如在其左右者，而鬼神精爽之所著。其視神明之彰見，又何如其盛哉！夫孝悌之道，原始于家庭，然和順之至，精誠之極，至于神明彰、鬼神著。即幽而神明，可以感通如此。則遠而四海，必將和氣充洽,光輝普被,又何有不通者乎?《詩》云:「自西自東,自南自北,無思不服。」《詩·大雅·文王有聲》之篇。「自」,從也。義取四方皆感其德化,無有思而不服者,以明「光于四海,無所不通」之意也。

事君章第十七

此章論君子事君之道,蓋爲在朝之卿大夫言也,而士亦在其中矣。

子曰:君子之事上也,進思盡忠,退思補過,將順其美,匡救其惡,故上下能相親也。「上」,謂君也。「進」,謂進見於君。「退」,謂既見而退。「匡」,正。「救」,止也。君子之事君,無一念而不在于君者。進而入告,則思竭盡其忠,而不敢有所欺。退而公餘,則思補塞主過,而不敢有所徇。至于君有爲善之美意,方在將萌未萌之界,則從而將順之,俾君之美以成。君有匪彝之惡意,方在將發未發之頃,則從而匡救之,俾君之惡以消。是君臣之相悅,猶夫魚水之相懽,鹽梅之相濟。吾知其上下交,而德業成矣。其所爲相親也,豈其微哉!《詩》云:「心乎愛矣,遐不謂矣。

中心藏之，何日忘之？」《詩・小雅・隰桑篇》。引此以明君子忠愛之心，久而不替，蓋其天王聖明之念，藏之中者已篤。以故其一進一退，一順一匡，舉不敢忘乎君，有如此也。

喪親章第十八

章中云：「生事愛敬，死事哀戚，生民之本盡矣，死生之義備矣，孝子之事親終矣。」故以「喪親」名章，終之於末。

子曰：孝子之喪親也，哭不偯，禮無容，言不文，服美不安，聞樂不樂，食旨不甘，此哀戚之情也。三日而食，教民無以死傷生，毀不滅性，此聖人之政也。喪不過三年，示民有終也。喪，去聲。偯，隱綺切，音倚，又音伊。不樂，樂字音洛。○「旨」，甘也。「毀」，哀毀也。孝子喪親，哀痛之極。其哭也不偯，氣竭而盡，不能委曲也。其禮也無容，觸地局蹐，不能爲容也。其言也不文，內憂無情，不能爲文也。服衣之美，有所不安。聞樂之和，有所不樂。食味之旨，有所不甘。

凡若此者，乃孝子自然哀戚之情，非有所勉强而爲之也。禮，人子于父母之始死也，水漿不入口者三日。然過三日，則傷生矣。教民三日而食粥，使之無以哀死，而至于傷生。雖毁瘠，而不至於滅性。此聖人之爲政，所以爲生民立命也。喪則定爲三年，而不過者，孝子報親之心雖無限量，聖人爲之中制，以示民有終極之期也。

爲之棺槨、衣衾而舉之；陳其簠簋而哀戚之；擗踊哭泣，哀以送之；卜其宅兆而安厝之；爲之宗廟，以鬼享之；春秋祭祀，以時思之。

簠，音府。簋，音鬼。擗，音辟。踊，音勇。厝，音措。○「棺」，内棺。「槨」，外槨。「衾」，被也。「簠簋」，祭器也，方曰簠，圓曰簋。「擗」，拊心也；「踊」，跳躍也，皆哭泣之貌。「宅」，墓穴。「兆」，塋域也。「安厝」，猶言安置也。當親之始死也，爲之棺以周衣，槨以周棺，衣衾以周身，然後舉而斂之；其將葬也，陳其簠簋，奠以素器，則傷痛而哀戚之；其祖餞也，女擗男踊，號哭涕泣，則悲哀而往送之；爲墓于郊，則卜其宅兆，必得吉，而安厝之。四者，慎終之禮也。爲廟於家，則三年喪畢，遷主於廟，以鬼而禮享之。及其久也，寒暑變遷，益用增感；春秋祭祀，以寓時思。二者，追遠之禮也。此皆聖人之政，因人之情，而爲之節文者也。

生事

愛敬，死事哀戚，生民之本盡矣，死生之義備矣，孝子之事親終矣。此又合始終而言之，以結一書之旨。謂孝子之事親，生則事之以愛敬，死則事之以哀戚。如此，生民之道，以孝爲本，於此而盡矣；養生送死，其義爲大，於此而備矣；孝子事親之道，於是而終矣。○或問：「孝子之事親終矣，豈自是而後可遂已乎？」曰：「非也。孝子之心無窮，身在一日，則思在一日。古者大孝，所以有終身之慕也。此云『終』者，畢之謂也。謂生盡其養，死永其思，然後子職畢盡無遺。非謂從今日後，遂不必容心也。」

附《御纂孝經集註》四庫提要

御纂孝經集註一卷

雍正五年世宗憲皇帝御定。《孝經》書止一卷，而虞淳熙稱，作傳註者自魏文侯而下至唐宋，有名可紀者，凡九十九部，二百二卷，元明兩代不預焉。其書雖歲久多佚，近時曹庭棟《孝經通釋》所引，尚於唐得五家，宋得十七家，元得四家，明得二十六家，國朝得十家。然宋以前遺文緒論，傳者寥寥。宋以後之所説，大抵執古文以攻今文，又執朱子《刊誤》以攻古文，於孔、曾大義微言，反視爲餘事，註愈多而去經愈遠。世宗憲皇帝以諸註或病庸膚，或傷蕪雜，不足闡天經地義之理，爰指授儒臣，精爲簡汰，刊其糟粕，存其菁華。仿朱子《論語》《孟子》集註之體，纂輯此編。凡斧藻群言，皆親爲鑒定，與世祖章皇帝《御註》并發明聖教，齊曜儀璘。蓋我世祖章皇帝四海會同，道光纘緒。我世宗憲皇帝九重問視，禮備承顔。孝治覃敷，臚驩萬國。以聖契聖，實深造至德要道之原。故能衡鑒衆論，得所折衷，於以建皇極而立人紀，固非儒生義疏所能比擬萬一矣。

孝經通釋

【清】曹庭棟 撰

孝經通釋例說

古文《孝經》二十二章，與《尚書》《論語》同出孔壁。孔氏安國讀而訓傳其義者。今文《孝經》十八章，顔芝所藏，出自芝子貞。鄭氏康成爲之傳，唐明皇朝，題其章名如《開宗明義》之類是也。二本章第不侔，因彼此分合而異。古文所多者，《閨門》一章耳。至字句互有增損，亦非懸絶。自唐以十八章之今文爲定，而二十二章之古文幾廢。然以孔氏之經出孔氏之壁，古文之信而有徵明甚。兹恪遵古文，其與今文章第及字句有異者，悉註於本章、本節下。後儒分經、别傳，删節原文，更易章次，亦摭其説以備考。若夫歷代註家，或從古文，或從今文，不過沿習其名。案之全經實義，初無古今文之異。特註者各出己見，其説因之而别。猶夫觀天者，此窺其一角，彼識其一隅，然而無非天也。

故統古今文註，而兼采之，不爲分析。其顯背於理及膚淺衍説者，則從删。或前人已言，而後人複出者，亦從削。乃復申以鄙説。不扶同，不矯異，并不是非前人。要之，寧闕疑，無臆斷，因文釋義，並俟讀者之論定。顧自漢迄隋，註家原本俱亡，其零章斷句，於宋邢氏昺疏中見之。考唐開元時，明皇集六家以作註，韋昭、王肅、劉邵、虞翻、陸澄、劉炫。元氏行冲博采諸家以作疏。邢氏所引，即本元氏所采。其中明著姓氏者六家，外又有十家。孔安國、鄭氏、謝萬、袁宏、殷仲文、梁王、皇侃、嚴植之、魏氏、劉獻。故兹所輯録，斷自唐始，而唐以前之説，略備於中焉。由唐以來，註家完本，猶有存者。他如語録、如雜著，凡有及於此經，悉爲摭入。唐得五家，明皇、魏徵、元行冲、陸德明、李嗣真。宋得十七家，邢昺、周子、程子、司馬光、尹焞、張子、范祖禹、朱子、陸九淵、真德秀、陳埴、吕大臨、胡宏、陳淳、蔡沈、楊簡、無名氏《直解》。元得四家，朱申、董鼎、吴澄、趙汸。明得二十有六家，宋濂、方孝孺、陳曉、丘濬、陳選、虞淳熙、蔡悉、王守仁、郝敬、楊時偉、程楚石、李彪、郭之章、羅汝芳、朱鴻、孫本、楊東明、方學漸、馮夢龍、周汝登、尤時熙、潘之祺、吕維祺、黄道周、孔尚熹、張雲鸞。其中又有雜引漢以來諸説，更十有二家。董仲舒、孔衍、班固、許慎、徐鉉、陵陽李氏、東陽許氏、賈昌朝、項氏、晁氏、焦竑、歸熙甫。欽惟我朝順治十三年，世祖章皇帝御註《孝經》，康熙二十九年，聖祖仁皇帝欽定《孝經衍義》，天語煌煌，闡千古未發之微言，頒諸天下，昭於萬世，何敢妄爲輯録，與群説相參。爰訪當代學士、大夫之著述，擇而采之，得十家，毛奇齡、葉鈖、李光地、朱軾、吴隆元、趙起蛟、周起鳳、耿介、張步周、姜兆錫。合前共九十家，而鄙説次其後。析爲十卷，卷末另附《總論》一卷，詳考古今文之始末，及談經者之辯證，凡以明經文之可信，與古文之當遵，題曰《孝經通釋》。

恭遇我皇上孝治天下，法祖尊經，遵奉世宗憲皇帝雍正元年諭旨，鄉會科二場，以《孝經》作論試士。伏讀世宗憲皇帝諭旨，云我聖祖仁皇帝欽定《孝經衍義》，以闡發至德要道，誠化民成俗之本也。謹案，《衍義》從古文，則古文爲功令所當遵，抑又可知。

庭棟草茅蕪學，竊據見聞所及，并據一得，彙而爲編，極知疎漏尚多，而於聖世崇孝尊經之至意，庶無獲戾云爾。乾隆二十一年元旦，嘉善曹庭棟書於慈山草廬。

孝經篇目　古文

卷一

第一章　今文爲「開宗明義章第一」

卷二

第二章　今文爲「天子章第二」

第三章　今文爲「諸侯章第三」

卷三

第四章　今文爲「卿大夫章第四」

第五章　今文爲「士章第五」

第六章　今文合下第七章，爲「庶人章第六」

第七章

卷四

第八章　今文爲「三才章第七」

第九章　今文爲「孝治章第八」

卷五

第十章　今文合下第十一章、第十二章，爲「聖治章第九」

第十一章

第十二章

卷六

第十三章　今文爲「紀孝行章第十」

第十四章　今文爲「五刑章第十一」

卷七

第十五章　今文爲「廣要道章第十二」

第十六章　今文爲「廣至德章第十三」

卷八

第十七章　今文爲「感應章第十六」，次於「諫争章」之後

第十八章　今文爲「廣揚名章第十四」

卷九

第十九章　今文無此章

第二十章　今文爲「諫争章第十五」

卷十

第二十一章　今文爲「事君章第十七」

第二十二章　今文爲「喪親章第十八」

孝經通釋卷第一

嘉善曹庭棟學

仲尼閒居，曾子侍坐。尼，女基切，又音夷，字作𡰥，古「夷」字也。閒，音閑。居，《説文》作凥。○今文無「閒」字、「坐」字。

陸氏德明曰：仲尼，取象尼丘山。鄭康成云：「居，居講堂也。」孔安國云：「静而思道也。曾，姓。子，男子美稱。孔子弟子也，名曑，或作參，音同義别。卑在尊者之側曰侍。」

邢氏昺曰：夫子以六經設教，隨事表名。雖道由孝生，而孝綱未舉，將欲開明其道，垂之來裔。以曾參之孝先有重名，乃假因閒居，爲之陳説。自標己字，稱「仲尼居」；呼參爲子，稱「曾子侍」。建此兩句，以起師資問答之體，似若别有承受而記録之。○古文云「仲尼閒居」，蓋謂乘閒而坐，與《論語》「居，吾語女」同義。古文云「曾子侍坐」。凡侍，有坐有立。今文「曾子侍」，即侍坐也。

吴氏澄曰：居，坐也。曾氏子者，曾氏門人稱其師也。古文「居」上有「閒」字。案：許慎《説文》所引古文無。「侍」下有「坐」字。案：居，即坐也，與上句義重。《禮小戴記·仲尼燕居》「子張、子貢、子游侍」，《孔子閒居》「子夏侍」，《大戴記·孔子閒居》「曾子侍」，並無「坐」字，此經當爲一例。

毛氏奇齡曰：古居皆有名，如二《戴記》所稱「仲尼燕居」「孔子閒居」類，各有處所。故劉向《别録》中載，鄭《目録》註云「退朝而處曰燕居，退燕避人曰閒居」，未有祇出「居」一字以記處所者。《字書》：「居者，處也。」但曰處，知處在何所耶？若侍則有侍立、侍坐之分。侍立曰侍，側曰侍。《論語》「顔淵、季路侍」，「閔子侍側」是也。侍坐者，必曰侍坐。「子路、曾晳、冉有、公西華侍坐」是也。蓋侍立在正席之側請業，必膝於席端，請畢即起。故《禮記·孔子閒居》：「子夏侍。」此侍立者。立則膝席問業，問畢便起。起者，起立也。故曰：「子夏蹶然而起，負牆而立。」侍坐在正席之前之側，《曲禮》所謂「席函丈者」，東西設席，而坐於席間，請業則起跪，請畢還坐，故曰：「侍坐於先生，請業則起。」請益則起，起者，起跪也。而至於辟席，則不止起跪，而反越席而起，立以致敬。故《哀公問》篇，初祇稱「哀公問於孔子曰」，此侍立也；既而坐，則特稱「孔子侍坐於哀公」，然後稱「孔子蹴然辟席而對」，此明明者。今下文儼有「曾子辟席」，有「復坐」語，則非侍立，而侍坐矣。侍坐，可無坐字乎？且澄但知「居」字可解「坐」字，而不知「居」是居，「坐」是坐。「孟子居鄒」、「子思居於衛」，皆作居處解，即「燕居」「閒居」，皆是「處」，不是「坐」。《曲禮》曰：「居不主奥，坐不中席。」明明以「居」字、「坐」字彼此各出，而乃曰「居」「坐」義重乎。若謂許慎《説文》無「閒」「坐」二字，慎於和帝時襲賈逵字學，以作《説文》，自稱受《古文尚書》，而其所受者，實東漢初杜林僞造古文漆書之學，並非孔氏壁中本。至《孝經》，則《説文序》亦云：「慎又學《孝經》孔氏古文説。」其書皆建武時給事中議郎衛宏所授。宏是杜林弟子，正漆書本也。林嘗謂「漆書恐絶，何幸有東海子宏得傳其學」。是宏所授本並是漆書，與孔壁何與，而欲其有「閒」「坐」字乎？

庭棟案：此經乃曾氏門人所記。章首揭「仲尼」二字，所以垂示萬世，明有宗也。與《中庸》稱「仲尼曰」同例。「閒」者，閒暇無事之時居處也。與《論語》「居則曰」之「居」同。稱「曾子」者，曾氏門人稱其師。古者稱師爲子，冠以氏，以别於下文稱孔子爲子也。「侍」，有坐有立。曰「侍坐」者，所以别於立也。今文無「閒」字、「坐」字。唐明皇註曰：「居，謂閒居。侍，謂侍坐。」即以古文釋今文。

子曰:參,先王有至德要道,以順天下,民用和睦,上下無怨。女知之乎?參,所金切,又七南切,下同。楊氏時偉曰:「曾子,名參,字子輿。蓋義取參乘也。當音驂,讀作森誤。」女,音汝,下同。○今文無「參」字,女作汝,下同。陸氏德明曰:「汝,水名。音同,義别。」

唐明皇曰:孝者,德之至道之要也。言先代聖德之王能順天下人心,行此至要之化,則上下臣人和睦無怨。

陸氏德明曰:鄭康成云:「禹,三王最先者」。案:五帝官天下。三王,禹傳於殷,殷配天,故爲孝之始。王,謂文王也。至德,孝悌也。要道,禮樂也。

邢氏昺曰:王肅云:「德以孝而至,道以孝而要,是道德不離於孝。」殷仲文云:「窮理之至,以一管衆爲要。」

司馬氏光曰:聖人之德,無以加於孝,故曰「至德」;可以治天下,通神明,故曰「要道」。天地之經而民是則,非先王强以教民,故曰「以順天下」。孝道既行,則父父、子子、兄兄、弟弟,故「民和睦」。下以忠順事其上,上不敢惡慢其下,故「上下無怨」。

范氏祖禹曰：因民之性而順之，故曰順。民用和睦，上下無怨，順之至也。上以善道順下，故下無怨。下以愛心順上，故上無怨人。

董氏鼎曰：德者，人心所得於天之理，仁、義、禮、智、信是也，五者皆謂之德，而此獨舉其德之至。道者，事物當然之理，而其大目，則君臣、父子、夫婦、昆弟、朋友五者。即仁、義、禮、智之性，率而行之以爲天下之達道者也，皆謂之道，而此獨舉其道之要。道也，德也，一理也。見於通行者，謂之道；本於自得者，謂之德。德之至，即所以爲道之要。

陳氏淳曰：道與德不是判然二物。道是公共的，德是實得於身，爲我所有的。

陳氏埴曰：道謂事事物物當然之理。德乃行是道而實得於心者，在一人身子只自一箇物事。

朱氏申曰：孝爲德之至、道之要，言先代聖王有此至德要道。孝者，人心自然之理。故先王用此德此道，以順天下人心；天下之民，用此至德要道，皆相和睦。上之爲人君，順者，不過因人心天理所固有，而非有所强拂爲之也。蓋天下之怨，每生於不和；不和之患，常起於不順。今有一箇道理，能使之和順而無怨，誠學者所當知也。引而不發，重其事，而未欲遽言之也。

下之爲臣民，皆相無怨。

吴氏澄曰：子，孔子也。孔門諸弟子，稱師曰子。諸弟子之門人，稱其師，則著氏以別之。此經，曾氏門人所記，稱其師既冠以氏，故於其師之師，得專稱子。至，極也。德者，得也。要，總會也。道，猶路也。德，謂己所得；道，謂人所共由。蓋己之所得，人之所共由者。其理，曰仁義禮智，而仁兼統之。仁之發爲愛，而愛先於親，故孝爲德之至、道之要也。孝者，其心有順而無逆。以孝教天下，使皆化而爲順，故曰以順天下。民，謂庶人。上，謂天子在諸侯之上，諸侯在卿大夫之上，卿大夫在士之上；下，謂士在卿大夫之下，卿大夫在諸侯之下，諸侯在天子之下也。孝，順德順道也。以順德順道順天下者，天子也。順達於庶人，則其内之兄弟、夫婦，外之比閭族黨，靡有乖争。順達於諸侯、卿大夫、士，則爲下者順事其上，而上無怨於下；爲上者順使其下，而下無怨於上。天地間一順充塞，人人親其親，長其長，而天下平。

朱氏鴻曰：孝根於心，謂之德；孝事於親，謂之道。

孫氏本曰：呼曾子之名而告之，正謂以《孝經》屬參也。「至德要道」，一篇大旨。然不曰君子有「至德要道」，而稱先王，以見孝治天下，非王者不能也。使夫子得王者而輔之，當執此往矣。

呂氏維祺曰：所謂「先王有至德要道」者，見孝雖人所固有，而不能全盡，惟先王能有之也。

黃氏道周曰：順天下者，順其心而已。因心而立教，謂之德。得其本，則曰至德。因心而成治，則曰道。得其本，則曰要道。夫子見世之立教者，不反其本，故發端於此焉。

李氏光地曰：德者，五常之德也。德莫先於仁，仁莫先於孝。故孝爲至德道者，五品之道也。道莫先於父子，故孝爲要道。用至德以行要道，舉斯心而推之，則足以順天下而效，至於和睦無怨矣。

朱氏軾曰：此節甚言孝道之大。下文「德之本」申「至德要道」，「教所由生」申「順天下」而「民和睦」。屬之先王者，猶云君子之道，聖人之道也。舊註以「上下無怨」爲順達於諸侯、卿大夫。愚意當緊承上句，謂民之一家長幼尊卑也，惟上下和睦，故無怨。

周氏起鳳曰：和睦，謂和其心，以睦親也。

張氏步周曰：言孝而推尊先王，見從古已然，於今未改。孝爲秉彝固有之良，德極其至。孝爲五常百行之首，道極其要。惟先王能身體力行，而著爲法則，以教天下。順者，因性利導也。父子有親，民用和睦矣。親心、子心，兩無抱憾，自天子以達於庶人，皆得隨分以盡情，故上下無怨也。

姜氏兆錫曰：德者，所性之德，得之於心者也，而惟孝之德爲至德道者，所行之道，見之於事者也，而惟孝之道爲要道。《論語》謂「孝弟爲行仁之本」。此下亦告以德本、教生，其意同也。乃首言此，而不直言孝以告者，蓋先以發其意而後導之與！

庭棟案：夫子欲與曾子言孝，而先呼其名，猶《論語》欲傳一貫而先呼「參乎」之意。蓋曾子孝行素著，知其足以闡明斯理也。言孝而首稱先王，舉其實能盡孝者，孝惟先王能盡，故曰「先王有」也。至，極至也。自其得於心者言，謂之德。要，切要也。自其行於身者言，謂之道。德之至，即所以爲道之要，非有二也。順者，順其性。用，因也。和者，情相洽。睦者，誼相親。謂此至德要道，非先王所獨有，天下人性所共有者，順其所有而導之，民即因而和睦焉。上下，就民之一家言。怨者，有所冀望而未慊之意。民用和睦，則父父、子子、兄兄、弟弟，各得尊卑之分，而無不慊矣，何怨之有？此一節總冒全經，謂此至要之理，貴賤同具，而今古無殊者也。

曾子辟席，曰：參不敏，何足以知之？辟，音避，與「避」通。○今文「辟」

作「避」。

唐明皇曰：禮，師有問，避席起答。敏，達也。言參不達，何足以知此至要之義。

邢氏昺曰：劉炫云：言性未達也。

吴氏澄曰：席，坐席也。曾子侍師而坐，師有問，故起避坐而立。敏，速也。不敏，猶言遲鈍。此辭讓而對也。

周氏汝登曰：耿恭簡向有一問頭，曰道莫妙於一貫，曾子聞之。唯至論孝，却曰：「參不敏，何足以知之？」此何以故？舉莫能對。焦太史竑爲之語曰：理須頓悟，事則漸修。頓悟易，漸修難。

庭棟案：曾子以不敏對，固弟子答問之體也。然至德要道之爲孝。夫子既引而不發，曾子言「何足以知之」者，所謂不知爲不知，非謙辭也。

子曰：夫孝，德之本，教之所由生。復坐，吾語女。夫，音「扶」，下同。坐，在果切，舊如字。語，魚據切。○今文之「本」、「由生」下，並有「也」字。

唐明皇曰：人之行，莫大於孝，故爲德本。教從孝而生。曾參起對，故使復坐。

邢氏昺曰：夫孝，德行之根本也，釋「先王有至德要道」，謂至德要道元出於孝，孝爲之本也。「教之所由生」也者,釋「以順天下,民用和睦,上下無怨」,謂王教由孝而生也。孝道深廣,非立可終,故使復坐。○案:《禮記·祭義》稱:曾子云:「衆之本教曰孝。」《尚書》:「敬敷五教。」解者謂教父以義,教母以慈,教兄以友,教弟以恭,教子以孝。舉此,則其餘順人之教皆可知也。

司馬氏光曰:人之修德,必始於孝而後仁義生。先王之教,亦始於孝而後禮樂興。

范氏祖禹曰:人之爲德,必以孝爲本。先王所以治天下,亦本於孝而後教生焉。孝者五常之本,百行之基也。未有孝而不仁者也,未有孝而不義者也,未有孝而無禮者也,未有孝而不智者也,未有孝而不信者也。以事君則忠,以事兄則悌,以治民則愛,以撫幼則慈。德不本於孝,則非德也。教不生於孝,則非教也。

胡氏宏曰:德有本,故其行不窮。

朱子曰:以愛親而言,則爲仁之本也。其順乎親,則爲義之本也。敬乎親,則爲禮之本也。其知此者,則爲智之本也。其誠此者,則爲信之本也。

董氏鼎曰:至此方言出一孝字,即謂「至德要道」也。仁、義、禮、智,皆謂之德,而仁爲本心之全德。仁主於愛,愛莫大於愛親,故孝爲德之至。父子、君臣、夫婦、昆弟、朋友之交，皆謂之道。而親生之膝下，行之最先，故孝爲道之要。本，猶根也。行仁必自孝始。君子親親而仁民，仁民而愛物，一念之發，生生不窮，猶木之有根也。聖人以五常之道立教。本立則道生，移以事君則忠，資以事長則順，施於閨門則夫婦和，行於鄉黨則朋友信。充拓得去，無一物不在吾仁中，無一事不從吾孝中出，故曰「教之所由生」也。

吴氏澄曰：孝爲至德，故己之德，此爲本。孝爲要道，故教人之道，由此而生。

陳氏選曰：人有百行，如後章所言忠順、敬讓之類。凡得於心者，無在非德。然一孝立而百善從，是孝爲百行之根基，故曰「德之本」。能盡孝於親，所以教家、教國、教天下者，又靡不自此。推之，舉天下之大，事事皆從吾孝中出，故曰「教之所由生」也。

虞氏淳熙曰：夫子説這孝，不只是孝德。凡是道德都是他資助，都是他推移出來。譬如樹木有根本，就生枝葉，誰止遏得住？

孫氏本曰：夫子標題孝字，則所以興東周之教，而繼帝王之治統在是矣。

黄氏道周曰：本者，性也。教者，道也。本立則道生，道生則教立。先王以孝治天下，本諸身而徵諸民，禮樂教化於是出焉。《周禮》：至德以爲道本，敏德以爲行本，孝德以知逆惡。雖有三德，其本一也。

李氏光地曰:「德之本」,釋所以爲至德也。「教之所由生」,釋所以爲要道也。教者,修道之謂。道之所自始者,教之所由生也。

趙氏起蛟曰:此二句,乃全經綱領。《祭義》篇:曾子有言:「仁者,仁此者也;禮者,履此者也;義者,宜此者也;强者,强此者也。樂自順此生,刑自反此作。」豈非「德之本,教之所由生」二語有以啟之乎?朱子嘗謂世儒之訓詁詞章,管商之權謀功利,老佛之清浄寂滅,與夫百家之支離偏曲,皆不得謂之教。誠惡其理與孝悖,業與孝違也。然則舍孝無所爲德,舍孝無所爲教。夫子早發明其旨,以防閑夫邪僻,意深哉。

姜氏兆錫曰:言德不言道者,道之藴爲德,德之行爲道。德與道非二物,從省文與。

庭棟案:上文先言「至德要道」,至此方曰「夫孝」者,所以鄭重其説,不輕發也。不曰「夫孝德之至」,而曰「德之本」者,又以明教之由德而生也。教者,如禮樂、刑政之屬,即《中庸》修道之謂。以一己言,則德爲體,而道爲用;以己對人而言,則德爲體,而教爲用。道即統於德,故言德不言道也。云「德之本」者,明「至德要道」之實;「教之所由生」者,明德之所以至、道之所以要也。此二句,亦是總冒全經。既而謂曾子曰「吾語女」,乃切指曾子而謂之,如下文所云是也。

身體髮膚，受之父母，不敢毀傷，孝之始也。膚，方于切。

唐明皇曰：父母全而生之，己當全而歸之，故不敢毀傷。

陸氏德明曰：《蒼頡》篇云：毀，破也。《廣雅》云：虧也。

邢氏昺曰：身，謂躬也。體，謂四支也。髮，謂毛髮。膚，謂皮膚。○鄭註引《祭義》樂正子春之言，謂子之初生，受全體於父母，故當常自念慮，至死全而歸之。若曾子啓手、啓足之類是也。毀謂虧辱。傷謂損傷。故夫子云「不虧其體，不辱其身」，可謂全矣。

司馬氏光曰：身體，言其大。髮膚，言其細。細猶愛之，而況大乎？夫聖人之教，所以養民而全其生也。苟使民輕用其身，則違道以求名，乘險以要利，忘生以決忿，如是而生民之類滅矣。故聖人論孝之始，而以愛身爲先。或曰：孔子云「有殺身以成仁」，然則仁者固不孝與？曰：非此之謂也。此之所言常道也，彼之所論遭時不得已而爲之也。仁者，豈樂殺其身哉？顧不能兩全，則舍生而取仁，非謂輕用其身也。

范氏祖禹曰：君子之行，必本於身。《記》曰：「身也者，親之枝也，可不敬乎？」身體髮膚，受之於親而愛之，則不敢忘其本。不敢忘其本，則不爲不善以辱其親。此所以爲孝之始事也。

楊氏簡曰：人咸以身體髮膚爲己，忘卻受之於父母。孔子於是破其私有之窟宅，而復其本心之大公。人莫切於己，莫愛於己。因其愛己而啟之以「受之父母」，則愛出於公；因其不肯毁傷而轉曰「不敢」，則公而不私，因而不拂。

吴氏澄曰：孝者愛親，而身者親之枝，故愛親必自愛身始。以身之百體，有髮有膚，皆父母所與也。

尤氏時熙曰：人苟知父母之生成此身甚難，則所以愛其身者不容不至，而義理不可勝用矣。

郭氏之章曰：案，曾子易簀之語曰：「而今而後，吾知免夫。」非謂免於毁傷也，謂此戰兢之心至疾革乃免，即仁以爲己任，死而後已之意。戰兢者何？不敢之謂也。

李氏光地曰：身體髮膚，必體所受者，而歸其全，則性分所固有者可知也。故修德以爲孝，而孝之爲至德，益可見矣。

耿氏介曰：「不敢」二字，便是一箇「敬」字。「孝之始」者，孝之始基也。

張氏步周曰：守身爲守之本，而守身乃以事親，是孝之始也。

庭棟案：「身體髮膚，受之父母」，明非己所自有，非僅不毁傷，而實不敢也。髮膚至微，並云不敢者，無所不慎。可知「孝之始」者，謂子之所以事親，賴此身耳。保其身，乃得盡其孝，故爲孝之始。下文言「始於事親」是也。

立身行道，揚名於後世，以顯父母，孝之終也。

唐明皇曰：言能立身行此孝道，自然名揚後世，光榮其親，故行孝以不毀爲先、揚名爲後。

邢氏昺曰：孝行非唯不毀而已，須成立其身，使善名揚於後代，以光榮其父母，此孝行之終也。若行孝道不至揚名榮親，則未得爲立身也。○皇侃云：若生能行孝，没而揚名，則身有德譽，乃能光榮其父母也。《祭義》曰：「孝也者，國人稱願然曰：『幸哉，有子如此。』」又《哀公問》：「孔子對曰：『君子也者，人之成名也。百姓歸之名，謂之君子之子，是使其親爲君子也。』」此則揚名榮親也。○夫不敢毀傷，闔棺乃止；立身行道，弱冠須明。經雖言其始終，非謂不敢毀傷，唯在於始；立身行道，獨在於終也。明不敢毀傷、立身行道，從始至末，兩行無怠。此於次有先後，非於事理有始終也。

司馬氏光曰：人之所謂孝者，有事弟子服其勞，有酒食先生饌。聖人以爲此特養耳，非孝也。所謂孝，國人稱願然，曰：「幸哉，有子如此。」故君子立身行道，以爲親也。

范氏祖禹曰：善不積，不足以立身。身不立，不足以行道。行修於内，而名從之矣。故以身爲法於天下而揚名，於後世以顯其親者，孝之終也。

董氏鼎曰：始言保身之道，終言立身之道。蓋不敢毁傷者，但是不虧其體而已。必不虧其行，而後方可立身，故以是終之。

吴氏澄曰：立，樹立也。揚，傳播也。身存之時，所行者道，使吾身之名傳播於没世之後，而父母之名亦因以顯，此爲能立其身也。孝之始終，皆在此身。蓋人子之身，即父母之身。始則保其身，以全所有；終則成其身，以彰所自，可謂孝矣。

方氏孝孺曰：養有不及，謂之死其親；没而不傳道，謂之物其親。斯二者，罪也。物之，尤罪也。是以孝子脩德、脩行，以令聞加乎祖考。

蔡氏悉曰：身也，道也，皆父母所以與我，而我與父母一者也；皆父母與我，所以肖天地而一者也。不敢毁傷，敬其身體髮膚已爾。天地之塞，吾其體；天地之帥，吾其性，所謂道也。身任此道，道立此身，身與親庶幾不朽乎！事親曰始，自孩提愛敬，左右就養而言也。立身曰終，自父母全而生之，子全而歸之言也。

王氏守仁曰：子爲賢人也，則其父爲賢人之父矣；子爲聖人也，則其父爲聖人之父矣。夫叔梁紇之名至今不朽，則亦以仲尼爲子邪。

羅氏汝芳曰：立身者，立天下之大本，首柱天，足鎮地，以立極於宇宙之間。行道者，行天下之達道，負荷綱常，發揮事業，出則治化天下，處則教化萬世。必如《大學》所謂「明德，親民，止至善」。蓋丈夫之所謂身聯屬天下國家，而後成者也。

吕氏維祺曰：或問：立與行，是兩事否？答：立身行道，非兩事。立得定，方行得不差。又問：指得位事君否？答：得位事君，固是行道。所謂達可行於天下，而後行之者也。道必如此而後大行。然亦不必專指得位。孟子曰：「得志，與民由之；不得志，獨行其道。」

趙氏起蛟曰：前言事親以守身爲本，此言守身以行道爲急，能行道則身自立。

張氏步周曰：身立，而德之本與之俱立；本立，而道之要與之俱行。至德要道，兼總於一身矣。不特法今，兼可傳後，顯其父母，爲至孝者之父母。夫非孝之終乎？

庭楝案：此所謂道者，事物當然之則，而要道在其中，即是所以立身者。蓋此身不能憑空而立，必以道爲依據。能立而後可行，故下文止言立身而義兼行道也。行者，由親而疏，由家而國，確見諸措施。夫如是，則足以揚名後世矣。推本所自，歸美於親，所謂「以顯父母」也。揚名後世，非爲近名，乃立身行道，至於極處，故云「孝之終也」。邢氏曰：「天子、庶人，雖列貴賤，而立身行道，無限高卑。」然下文言「中於事君」，則此「立身行道」，夫子蓋爲曾子言之耳。

夫孝，始於事親，中於事君，終於立身。

唐明皇曰：言行孝以事親爲始，事君爲中者。忠孝道著，乃能揚名榮親，故曰「終於立身」也。

邢氏昺曰：夫爲人子者，先能全身，而後能行其道也。夫行道者，先能事親，而後能立其身也。前言立身，未示其跡。始者在於內事其親，中者在於出事其主。忠孝皆備，揚名榮親，是「終於立身」也。○事親、事君，理兼士庶，此終於立身，則通貴賤言。鄭氏以爲「父母生之，是事親爲始；四十强而仕，是事君爲中；七十致仕，是立身爲終也」。劉炫駁云：「若以始爲在家，終爲致仕，則兆庶皆能有始，人君何以無終。若以年七十者始爲孝終，不仕者皆爲不立，則中壽之輩盡曰不終，顏子之流亦無所立矣。」

司馬氏光曰：此言中於事君，明孝非直事親而已。

范氏祖禹曰：居則事親者，正家之孝也；出則事長者，在邦之孝也；立身揚名者，永世之孝也。盡此三道者，君子所以成德也。

朱氏申曰：始於孝以事親，中則移其忠以事君，忠孝兩全，乃能揚名顯親，故「終於立身」也。

吴氏澄曰：「事親」者，不敢毁傷其大也，左右就養等事在其中矣。「事君」者，推愛親之心，以愛君也。「立身」者，行道揚名之謂。○前言「至德要道」，蓋言在上者之孝，而通乎下。「夫孝」以下二句，結前意也。後言孝之終始，蓋言在下者之孝，而通乎上。「夫孝」以下三句，結後意也。

陳氏選曰：所謂孝者，始於聚百順以事親，中於盡一心以事君，而終於敦百行以立身。蓋孝以事親，猶爲人子之常，必得君而事，能以親之身，廣親之志，移孝以爲忠，乃全事親之道。然一行未敦，則身有不立，而即爲忠孝之虧。故有終，尤在能立其身而爲孝道之備也。

虞氏淳熙曰：欲要立身，不從太虚渺茫處做起。今人一離腹中，便在膝下，此時承受父母的身子，思量不敢毁傷他，唤做「始於事親」。天子看上帝就是父母，諸侯以下看天子就是父母。既是父母，敢不竭力奉事？這唤做「中於事君」。把這大道行得盡，聲名播得遠,就喚做「終於立身」。若只説始終不説中間一節,我這立身之法,不空虚便偏辟矣,如何是孝?

朱氏鴻曰:此總論孝之始終也。上文止言孝之始終,而此又兼言「中於事君」者,蓋行道顯揚,非事君如何能得?況四十始仕,而移孝爲忠,亦理之常。又陳氏曰:上言孝之始終,而不言「中於事君」者,謂行道揚名,則事君之道在其中矣。然所以如此立言者,蓋世之人或有隱居以求志、修身以俟命者,豈必皆事君哉?案:「立身行道,揚名於後世」,説得最廣,不專指事君者而言。

吕氏維祺曰:事親、立身循環無端。事君者,所以光大其始終也。

黄氏道周曰:「始於事親」,道在於家;「中於事君」,道在天下;「終於立身」,道在百世。爲人子而道不著於家,爲人臣而道不著於天下,身没而道不著於百世,則是未嘗有身也。未嘗有身,則是未嘗有親也。

葉氏鈖曰:孝以不毁爲先,故曰孝之始;揚名爲後,故曰孝之終。始以致終,終以如始,原自合轍,何待轉繹?夫孝乎,因孩提天性,只慕父母。自幼學壯行,漸有事君之任,故中在始終之間。立則統始、中、終而全其德之本,以見事親、事君非兩事,親身、己身非兩身也。

李氏光地曰：君臣者，道之極也。非立身無以行道，非事君行道亦無以立吾身而事吾親也。故行道以爲孝，而孝之爲要道，益可見矣。

朱氏軾曰：上言始終，此又添出「中於事君」，蓋始終之間，有此一層轉接。身體雖無毁傷，然不能推愛親之心以愛君，終是愛之分量有虧，如何能立身行道？立身者，成己之事；行道者，成物之事，成己、成物，斯修道之教行，而至德無虧，故曰孝之終也。

趙氏起蛟曰：人之有身，親生之，君成之，親與君無二道，移孝可以作忠。故求忠臣必於孝子之門。則事親者，即所以事君。有事親而不得事君者矣，未有能事親而不能事君者也。蓋始之事親，所以全夫孝之體；中之事君，所以顯夫孝之用。君、親大倫，兩全無愧，則由此類推，事事不愧。又何身之不立，而孝不盡於是乎？

耿氏介曰：非立身，則事親、事君者無本，故終於立身。「終」字作「本」字看。

姜氏兆錫曰：始之言端，語其切要也。終之言竟，語其完備也。若循職事君，則其間分所當爲而已，故謂之中也。孝自天子下達，而以事君爲職任者，惟公卿大夫則然耳。此所以始、中、終，雖列爲三，而首止言始終，而不及中與。

庭棟案：不敢毁傷，行道揚名，是二者不必皆事君之人，故復申言始終之説，欲明「中於事君」一節也。始、中、終非分作三層。所謂中者，即在事親、立身之中。言人能守身以事親矣，行道以立身矣。由是，忠可移於君，實爲事親、立身中之事，不在孝外也。兹特拈出爲曾子告者，蓋以曾子之學，惟務守己，故因論孝始終而爲之廣其義也。

《大雅》云：「毋念爾祖，聿脩厥德。」

毋，音「無」。聿，餘律切。○毋，《詩》本作「無」，今文亦作「無」。○朱子《刊誤》删此節。○黄氏道周曰：近儒皆疑四孝俱有引《詩》及《書》，而庶人獨否，似有闕文。又謂「聿脩」之義，《大雅》所告天子；「無忝」之詠，《小宛》以勖庶民。欲移《大雅》以發天子之端，推「無忝」以起庶民之例，於説亦通。然於首章文義未終，於過節發端都礙。《小宛》之賦雖通於庶人，「有慶」之義反疎於侯國矣。

唐明皇曰：無念，念也。聿，述也。厥，其也。義取恒念先祖，述脩其德。

陸氏德明曰：鄭康成云：毋念，無忘也，《爾雅》云「勿念也」。聿者，《爾雅》云：「循也，述也。」

邢氏昺曰：夫子既敘述立身行道揚名之義，乃引《大雅·文王》之詩以結之。言爲人子孫者，當念爾之先祖，述脩其功德也。○此經有十一章引《詩》及《書》。劉炫云：「夫子敘經，申述先王之道，《詩》《書》之語，事有當其義者，則引而證之，示言不虛發也。七章不引者，或事義相違，或文勢自足，則不引也。五經唯《傳》引《詩》，而《禮》則雜引《詩》《書》及《易》，並意及則引。若汎指，則云『《詩》曰』『《詩》云』；若指四始之名，即云《國風》《大雅》《小雅》《魯頌》《商頌》；若指篇名，即言『《勺》曰』『《武》曰』，皆隨所便而引之，無定例也。」鄭註云：「雅者，正也。方始發章，以正爲始。」亦無取焉。

司馬氏光曰：毋念，念也。言毋亦念爾之祖乎，而不脩德也。引此以證人之脩德者，皆恐辱先也。

范氏祖禹曰：《記》云：「必則古昔，稱先王。」故孔子言孝，每以《詩》《書》明之，言必有稽也。

葉氏鈐曰：脩德乃是念祖明證，立身乃是事親。

李氏光地曰：德脩而道行，故引《詩》，但以脩德言之。

張氏步周曰：周公追述文王之德，以戒成王云，豈可不念爾祖文王之德，益脩己之德乎？引之以明當脩德以行孝也。

庭楝案：毋，猶云將毋，發問之辭。聿，亦發語辭。言將毋念爾之祖，而自脩其德乎？又案：《詩》本作「無」。朱子曰：「無念，猶言豈得無念也。」説亦互通，引之以見。不敢毀傷及事君行道，皆爲念其父母，非直一己之事而已。夫子之語曾子者如此，以下申論孝道之大，次第分言之。

右第一章

今文十八章，以此爲「開宗明義章第一」。邢氏昺曰：「言開張一經之宗本，顯明五孝之義理也。諸家疏並無章名。《援神契》自天子至庶人五章，唯皇侃標其目。御註依古今，集詳議，儒官連狀題其章名，重加商量，遂依所請。言天子、庶人雖列貴賤，而立身行道無限高卑，故次首章，先陳天子，等差其貴賤，以至庶人。次及《三才》《孝治》《聖治》三章，竝敘德教之所由生也。《紀孝行章》敘孝子事親爲先，與《五刑》相因，即『夫孝始於事親』也。《廣要道章》《廣揚名章》即『先王有至德要道』，『揚名於後世』也。揚名之義因諫争之臣、從諫之君必有感應，三章相次，不離於揚名。《事君章》即『中於事君』也。《喪親章》繼於諸章之末，言孝子事親之道終也。皇侃以《開宗》及《紀孝行》《喪親》等三章通於貴賤。今案《諫争章》大夫已上皆有争臣，而士有争友、父有争子，亦該貴賤，則通於貴賤者有四焉。」案：今文章第少於古文者，以合古文之六章、七章爲《庶人章》，合十章、十一章、十二章爲《聖治章》，又删《閨門》一章，故爲十八章。○朱子據古文二十二章作《刊誤》，自第一章至第七章合爲經一章，其下爲傳，敘次不依原本。内十一章、十二章合爲傳一章，通計經一章，傳十四章，説見第七章及各章下。○吴氏澄據今文十八章别爲《定本》，以首章及五孝章合爲經，從《刊誤》。其下傳文，敘次又不同。内《聖治章》分作兩章，《紀孝行章》《五刑章》合爲一章，通計經一章，傳十二章。○姜氏兆錫據今文，又參入古文作《本義》。此爲第一章，謂孔子因曾子侍坐，首明孝爲至德要道，順天下之本務，而因原始要終，以總發之也。其自《天子》至《庶人》五章，合爲一章。《聖治章》依朱子，分作兩章。第十二章之後，增古文《閨門》一章。通計全經十六章。以爲其間第一章、第二章，乃開示之首段；第三章、第四章，乃次段問答；第五章至第十三章，乃三段問答；第十四章、第十五章，乃四段問答；而末段第十六章，則又不待其問而語之，以終全經焉。蓋又通十六章而分爲五段也。

孝經通釋卷第一終

孝經通釋卷第二

嘉善曹庭棟學

子曰：愛親者，不敢惡於人。敬親者，不敢慢於人。惡，烏路切，舊如字。○司馬氏光曰：語更端，故以「子曰」起之。○朱子《刊誤》删「子曰」字。○孫氏本曰：此蓋孔子已答復言。猶《禮記》孔子已告哀公，而「遂言曰」之例。後凡無問辭而有「子曰」字者，並放此。

唐明皇曰：博愛也，廣敬也。

邢氏昺曰：魏註：言君愛親、敬親，又施德教於人，使人皆愛敬其親，不敢有惡慢其父母者，是博愛、廣敬也。○孔傳：言君愛敬己親，則能推己及物。謂有天下者，愛敬天下之人；有一國者，愛敬一國之人也。案《禮記·祭義》「有虞氏貴德而尚齒，夏后氏貴爵而尚齒，殷人貴富而尚齒，周人貴親而尚齒」，虞、夏、殷、周，天下之盛王也，未有遺年者。年之貴乎天下久矣，次乎事親也，斯亦不敢惡慢於人也。○韋昭云：「天子居四海之上，爲教訓之主。其教易行，故以易行者先〔一〕之。」○袁宏云：「親至結心爲愛，崇恪表跡爲敬。」劉炫云：「愛惡俱在於心，敬慢並見於貌。愛者隱惜而結於内，敬者嚴肅而形於外。」皇侃云：「愛、敬各有心、迹。烝烝至惜，是爲愛心；温清搔摩，是爲愛迹；肅肅悚悚，是爲敬心；拜伏擎跪，是爲敬迹。」舊説云：「愛生於真，敬起自嚴，孝是真性，故先愛後敬也。」

司馬氏光曰：不敢惡慢，明出乎此者，返乎彼者也。惡慢於人，則人亦惡慢之。如此，辱將及親。

范氏祖禹曰：天子之孝，始於事親，以及天下。愛親，則無不愛也，故不敢惡於人。敬親，則無不敬也，故不敢慢於人。

《直解》云：天子愛自家的父母，見别箇愛父母的人，也不敢嫌惡他；天子敬自家的父母，見别箇敬父母的人，也不敢輕慢他。

真氏德秀曰：孝子之爲孝，不出愛、敬二者而已。推愛親之心以愛人，而無所疾惡；

〔一〕「先」，《孝經注疏》作「宣」。

推敬親之心以敬人，而無所慢易。則天下之人，皆在我愛敬中矣。

董氏鼎曰：惡者，愛之反；慢者，敬之反。愛其親者，必於人無不愛，而不敢有所惡於人；敬其親者，必於人無不敬，而不敢有所慢於人。

吴氏澄曰：自王宫、王族以至臣庶，皆是不敢惡者，愛之也；不敢慢者，敬之也。

方氏學漸曰：愛親者，必愛身；愛身者，必愛天下。敢有惡於人乎？敬親者，必敬身；敬身者，必敬天下。敢有慢於人乎？我無惡慢於人，人亦無惡慢於我，無弗愛且敬焉。合天下之愛敬，歸之於我親，是爲大孝。

黄氏道周曰：天子者，立天之心。立天之心，則以天視其親，以天下視其身。以天視親，以天下視身，則惡慢之端無由而生也。○又曰：《中庸》言：「敬其所尊，愛其所親。」言父母所敬愛，亦敬愛之。其不可敬愛，如之何？曰：不敢惡慢焉已矣。

孔氏尚熹曰：試思天子而不敢惡慢於人，其至德爲何如？然皆自孝推之，是合天下之孝，以爲孝也。然則草菅其民者，其不孝甚矣。

葉氏鈖曰：愛親者，即推此心以與天下，同其愛而不敢疾惡於人之親矣；敬親者，即推此心以與天下，合其敬而不敢慢易於人之親矣。

李氏光地曰：愛親則能推其愛以愛於人，敬親則能推其敬以敬於人，是以孝而修德行道之説也。不敢惡於人以愛其親，不敢慢於人以敬其親，是修德行道以爲孝之説也。二者相爲終始。而所謂不敢惡慢者，其説有二焉。一曰惡慢於人者，情必薄於親也；二曰惡慢於人者，辱將逮於親也。此二説者，自天子至於庶人，一也。雖然，自天子言之，則由前；自諸侯、大夫、士言之，則由後。尊卑之辭也。由前，故下文以德教之及言之；由後，故以保社稷宗廟禄位言之。其理則互相備也。

趙氏起蛟曰：愛敬爲生人所同，而惡慢惟天子最易。大抵愛敬有時而疎，則惡慢即乘於不覺，故驗之於無所惡慢，而愛敬之功方密。兩「不敢」字，正推見至隱處。

張氏步周曰：吾愛吾親，人亦愛其親，則因愛及愛，何敢以所惡者加於人之親？吾敬吾親，人亦敬其親，則因敬及敬，何敢以所慢者加於人之親？

姜氏兆錫曰：案邢氏引魏、孔二説，俱可通。但如孔傳謂君自推愛推敬於天下之衆人，以曲盡其愛敬吾親之道而教法之，及天下者，亦如之。此正下章先之博愛、敬讓，而民莫遺、不争之義，而第四章「不敢遺」「不敢侮」「不敢失」之類。萃歡心以事親，尤於此極相發者。若如魏説，以不敢惡慢於人爲廣愛敬於人之親，則下文「愛敬盡於事親」句，止謂君自愛親敬親；而「德教加於百姓」二句，乃謂君不敢惡慢於人之親，而教人愛親敬親也。恐於「先以博愛」之屬，義並難通。學者幸以全經體之。

庭棟案：愛親者，愛心所發，其於人也亦不敢惡；敬親者，敬心所發，其於人也亦不敢慢。此乃形容愛親、敬親之心至乎其極，非謂愛親、敬親者盡人而愛之、敬之也，故不曰愛親者愛人，敬親者敬人，其義可知矣。若夫愛人、敬人，亦即由此愛敬其親而推，如第九章言「明王孝治天下」，是推愛敬以及人，乃不敢惡慢以後一層事。

愛敬盡於事親，而德教加於百姓，刑於四海，蓋天子之孝。盡，津忍切。刑，又作「形」。案唐明皇《序》：庶幾廣愛，形於四海。邢氏昺曰：「刑」，法也；「形」，猶見也。義得兩通。○今文之「孝」下，有「也」字。

唐明皇曰：君行博愛、廣敬之道，使人皆不惡慢其親，則德教加被天下，當爲四夷所法則也。「蓋」，猶畧也。孝道廣大，此畧言之。

邢氏昺曰：《釋詁》文。云「君行博愛、廣敬之道，使人皆不惡慢其親」者，是天子愛敬盡於事親，又施德教，使天下之人皆不敢惡慢其親也。云「則德教加被天下」者，釋「刑於四海」也。○孔傳云：「『蓋』者，辜較之辭。」劉炫云：「辜較，猶梗概也。孝道既廣，此纔舉其大畧也。」劉瓛云：「『蓋』者，不終盡之辭。明孝道之廣大，此畧言之也。」皇侃云：「畧陳如此，未能究竟。」是也。鄭註云：「『蓋』者，謙辭。」據此而言，「蓋」非謙也。劉炫駁云：「若以制作須謙，則庶人亦當謙矣。苟以名位須謙，夫子曾爲大夫，於士何謙而亦云『蓋』也？斯則卿士以上之言，『蓋』者並非謙辭可知也。」〇舊問曰：「天子以愛敬爲孝，及庶人以躬耕爲孝，五者並相通否？」梁王答云：「天子既極愛敬，必須五等行之，然後乃成。庶人雖在躬耕，豈不愛敬及不驕、不溢已下事邪？」「以此言之，五等之孝互相通也。然諸侯言保社稷，大夫言守宗廟，士言保其禄位而守其祭祀。以例言之，天子當云保其天下，庶人當言保其田農，此畧之不言，何也？」「《左傳》曰『天子守在四夷』，故言『德教加於百姓，刑於四海』。保守之理已定，不煩更言保也。庶人用天之道，分地之利，謹身節用，保守田農，不離於此。既無守任，不假言保守也。」

司馬氏光曰：愛敬人者，懼辱親也。然愛人，人亦愛之；敬人，人亦敬之。人愛之，則莫不親；人敬之，則莫不服。以天子而行此道，則德教可以加於百姓，刑於四海矣。

范氏祖禹曰：天子者，天下之表也，率天下以視一人。天子愛親，則四海之内無不愛其親者矣；天子敬親，則四海之内無不敬其親者矣。《詩》曰：「群黎百姓，徧爲爾德。」

《直解》云：愛敬兩般奉侍父母，都盡了這德行教化，卻纔加在百姓身上。四海的人，都將來做法度，便是天子行的孝道。

真氏德秀曰：愛敬盡於事親，非求以律人也。躬行於上，而德教自形於下，天下之人無不皆愛敬其親矣。其守豈不約乎？其施豈不博乎？故曰：「蓋天子之孝。」

董氏鼎曰：愛者，仁之端；敬者，禮之端。我之愛既盡，則人亦興於仁，而知所愛矣；我之敬既盡，則人亦興於禮，而知所敬矣。況孩提之童，無不知愛其親；及其長也，無不知敬其兄。愛敬本人心天理之固有。天子亦順其所固有而利導之耳。安有感之而不應者哉？所謂「先王有至德要道，民用和睦，上下無怨」者如此。

吴氏澄曰：己所得、人所效曰德教加被及也。百姓以國言。刑，儀法也。四海以天下言。以天子之貴，而不敢惡慢於人，則平日能盡愛敬於事親可知矣。有諸內，必形諸外。近而國中，遠而天下，皆視效而無不愛敬其親矣。

陳氏選曰：惟不敢惡人，而以無所不愛之心愛其親；不敢慢人，而以無所不敬之心敬其親，然後爲愛敬盡於事親。

虞氏淳熙曰：愛敬父母之身，便不敢惡慢衆人與我同受之身，所以立起萬物一體之意。連四海百姓都不敢惡他、慢他，然後是愛敬的盡處。到盡處時，人人學做孝子，人人都無怨心。此事非天子不能，故曰「天子之孝」。

孫氏本曰：孝不外愛敬，愛敬乃此經之脈絡，靡不貫通。故始於愛敬其親，而終於加百姓、刑四海者，天子之孝也。

呂氏維祺曰：五等之孝，惟天子足以刑四海，而諸侯以下，漸有差焉。夫子之意，蓋有重焉者。以是知《孝經》乃孔子所以繼帝王而開萬世之治統者，非沾沾於家庭定省間也。

耿氏介曰：天子先愛敬盡於事親，而本德爲教，以加於百姓，而百姓刑之。不惟百刑之，而且刑於四海。天下之大，無不愛敬其親者，此天子之孝也。蓋天子以四海爲家，使天下人人皆愛敬其親，這便是愛敬天下之人。

姜氏兆錫曰：盡者，由己及人，而無不盡之謂也。

庭棟案：愛親而至不敢惡於人，方盡得愛親之心；敬親而至不敢慢於人，方盡得敬親之心。所謂愛敬盡於事親也。德即愛敬之盡諸己也；教即本此愛敬之德，教人各盡愛敬於父母也。百姓以中國言，教之所及，故曰「加」；四海以四夷言，教所不及，亦聞風而則效之，故曰「刑」。愛敬至於盡處，其德教乃能加百姓，刑四海，使天下爲子者各盡愛敬於父母，則孝之所被者大，故曰：「蓋天子之孝。」且以見事親以愛敬爲先，即天子亦不外是，故特舉而極言之。「蓋」之云者，言不盡意之辭，謂舉其大概而言耳。以下三章義並同。

《甫刑》云：「一人有慶，兆民賴之。」朱子《刊誤》删此節。

唐明皇曰：《甫刑》，即《尚書・吕刑》也。一人，天子也。慶，善也。十億曰兆。義取天子行孝，兆人皆賴其善。

邢氏昺曰：善則愛敬是也。「一人有慶」，結「愛敬盡於事親」已上也；「兆民賴之」，結「而德教加於百姓」已下也。○《尚書》有《吕刑》而無《甫刑》。案《禮記・緇衣》篇，孔子兩引《甫刑》辭，與《吕刑》無别。然則孔子之代以《甫刑》命篇明矣。今《尚書》爲《吕刑》者，孔安國云：「後爲甫侯，故稱《甫刑》。」以《詩・大雅・崧高》之篇宣王之詩云「生甫及申」，《揚之水》平王之詩云「不與我戍甫」，明子孫改封爲甫侯，不知因吕國改作「甫」名，不知别封餘國而爲「甫」號。然子孫封甫，穆王時未有「甫」名，而稱爲《甫刑》者，後人以子孫之國號名之也。猶叔虞初封於唐，子孫封晉，而《史記》稱《晉世家》也。○諸章皆引《詩》，此章獨引《書》者,義當《詩》意則引《詩》,義當《易》意則引《易》。此章引《書》,意義相契,故引爲證。鄭註以《書》録王事,故證《天子》之章,以爲引類得象。然引《大雅》證《大夫》,引《曹風》證《聖治》,豈引類得象乎?此不取也。

司馬氏光曰:慶,善也。一人爲善,而天下賴之。明天子舉動所及者遠,不可不慎也。

朱氏鴻曰:天子能愛敬其親,而不敢惡慢於人,即一人有慶也。德教遠被,四海典刑,即兆民賴之也。

孫氏本曰:引《書》以見孝感之機,係於天子,非諸侯以下者同也。

潘氏之淇曰:引《書》雖是頌辭,然將「兆民賴之」一語諷詠起來,便凛凛有任大責重、馭朽集木之思。

黄氏道周曰:《易》曰:「來章,有慶譽,吉。」慶譽,皆孝也,皆福也。天子以孝事天,天以福報天子。兆民百姓則其髮膚也,何不利之有?

耿氏介曰:慶,作善降祥也。引此以見天子能盡孝,而天下之人皆賴之以盡孝。吉祥善事,莫大於此。

庭棟案：《國語》：「天子曰兆民，諸侯曰萬民。」「十萬爲億，十億爲兆。」兆民統百姓四海而言也。天子一人盡孝，至於兆民之衆，猶莫不感被德教，而賴以各盡愛敬於父母，則諸侯、卿大夫、士可知。故引之，冠五孝之首。

右第二章

今文以此爲《天子章》第二。邢氏昺曰：前《開宗明義章》雖通貴賤，其跡未著，故此以下至於「庶人」，凡有五章，謂之五孝。各說行孝、奉親之事，而立教焉。天子至尊，故標居其首。○姜氏兆錫曰：承上章，歷舉自天子至於庶人之孝，以明孝之始終之意。俗本誤分《天子》至《庶人》爲五章者，當合爲一章，説詳第七章下。

在上不驕，高而不危。制節謹度，滿而不溢。

唐明皇曰：諸侯列國之君，貴在人上，可謂高矣。而能不驕，則免危也。費用約儉，謂之制節。慎行禮法，謂之謹度。無禮爲驕，奢汏爲溢。

邢氏昺曰：諸侯在一國臣人之上，其位高矣。高者危懼，若能不以貴自驕，則雖處高位，不至傾危也。積一國之賦稅，其府庫充滿矣。滿者盈溢，若制立節限，慎守法度，則雖充滿而不至盈溢也。滿，謂充實。溢，謂奢侈。《書》稱：「位不期驕，禄不期侈。」是知貴不與驕期，而驕自至；富不與侈期，而侈自來。言諸侯貴爲一國之主，富有一國之財，故宜戒也。○不驕，言其爲國以禮，能不陵上慢下。○鄭註釋「制節」，謂費國之財，以供己用，每事儉約，不爲華侈；釋「謹度」，謂不可奢僭，當須慎行禮法，無所乖越，動合典章。皇侃云：「謂宫室、車旗之類，皆不奢僭也。」○皇侃云：「在上不驕以戒貴，應云溢財不奢以戒富。若云制節謹度以戒富，亦應云制節謹身以戒貴。此不例者，互其文也。」但驕由居上，故戒貴云「在上」；溢由無節，故戒富云「制節」也。

司馬氏光曰：高而危者，以驕也；滿而溢者，以奢也。

范氏祖禹曰：貴者易驕，驕則必危；富者易盈，盈則必覆。故聖人戒之。

吴氏澄曰：驕，矜肆也。危，謂勢將隕墜。制，以刀裁物也。節，如竹節度、如尺度有分限也。溢，如水之溢出。貴爲一國之主，其位之崇，如自高臨下，處之者易以危；富有一國之財，其禄之豐，如水滿器中，持之者易以溢。在臣民之上，能不自驕，則雖高不危。謂不以陵傲召禍，而致卑替。制財用之節，能謹侯度，則雖滿不溢。謂不以僭侈費財，而致虚耗。

李氏光地曰：不驕不溢，似但以敬而不慢言之。雖然，愛在其中矣。

趙氏起蛟曰：此固爲列邦之君致警。然上而天子，下而大夫、士庶，高滿或過乎諸侯，或不及乎諸侯，其能共凛不驕制謹之義，庶乎有安而無危，日益而勿溢矣。又案：張能麟衍「不驕」之義曰：慎世守，恪侯度，祀宗廟，交鄰國，皆所以廣謙德也。衍「不溢」之義曰：遵王制，節工作，省遊觀，謹師旅，皆所以廣儉德也。又案：《易》「地山爲謙」，朱子曰：「止乎内而順乎外，謙之意也。山至高而地至卑，乃屈而止於其下，謙之象也。」謙卦六爻皆吉，能謙者，無往不益。然謙不中禮，不又踵浮來盟莒之失乎？故胡安國曰：「太卑湎河，踰非謙德也，水澤爲節。」朱子曰：「上兑下坎，澤上有水，其容有限，故爲節。然節以防其過，非以阻其不及。苟一於節，是曰苦節，何可貞乎？」風人所以刺譏於蟋蟀也。爲謙爲儉，又必以禮爲歸，非其明徵歟？

庭棟案：「不驕」，謂不傲。下「謹度」，謂不僭上。「高而不危」「滿而不溢」，乃取譬以明其義。言諸侯在一國之上，而不驕其臣民，如登高者無孤危之患；制財用之節，而謹守其侯度，如持滿者無汎溢之失也。

高而不危，所以長守貴。滿而不溢，所以長守富。富貴不離其身，然後能保其社稷，而和其民人，蓋諸侯之孝。離，力智切。○今文「守貴」「守富」「之孝」下，並有「也」字。

唐明皇曰：列國皆有社稷，其君主而祭之。言富貴常在其身，則長爲社稷之主，而人自和平也。

邢氏昺曰：又覆述不危、不溢之義。言居高位而不傾危，所以常守其貴；財貨充滿而不爲溢，所以常守其富。富貴長久，不去離其身，然後乃能安其國之社稷，而協和所統之民人。謂社稷以此安，民人以此和也。○皇侃云：「民是廣及無知，人是稍識仁義，即府史之徒，故言『民人』，明遠近皆和悅也。」○《周書·作洛》篇云：「天子大社，東方青，南方赤，西方白，北方黑，中央黄土。若封四方諸侯，各割其方色土，苴以白茅而與之。諸侯以此土封之爲社，所以明受於天子也。」社即土神也。經典所論，社稷皆連言之。皇侃以爲稷五穀之長，亦爲土神。據此，稷亦社之類也。言諸侯有社稷乃有國，無社稷則無國也。

范氏祖禹曰：貴而不驕則能保其貴，富而不奢則能保其富。國君不可以失位，惟勤於德，則富貴不離其身，故能保其社稷而和其民人。社稷民人所受於天子、先君者也，能保之，則爲孝矣。○夫位愈大者，守愈約；民愈衆者，治愈簡。《中庸》曰：「君子篤恭而天下平。」故天子以事親爲孝，諸侯以守位爲孝。事親而天下莫不孝，守位而後社稷可保，民人乃和。天子者，與天地參，德配天地，富貴不足以言之也。

董氏鼎曰：自其始封之君，受命於天子而有社稷、有民人，以傳之子孫。所謂國君積行累功以致爵位，豈易而得之哉！則爲諸侯之先公者，其身雖没，其心猶願有賢子孫世世守之而不失也。爲其子孫，果若循理奉法，足以長守其富貴，則能保先公之社稷、先公之民人矣。諸侯之所以爲孝，莫大於此。

吴氏澄曰：位不卑替，財不虚耗，然後能長有其國，使社稷不至於失亡，而民人不至於乖離也。諸侯，謂五等國君。公九命，侯伯七命，子男五命。

虞氏淳熙曰：班固云：「《孝經》言：『保其社稷而和其民人，蓋諸侯之孝。』稷者，得陰陽中和之氣，而用尤多，故爲長也。」此蓋以和召和，盛德通靈之一驗也。

朱氏鴻曰：此諸侯繼述之孝，蓋社主土，稷主穀，民生所賴以安養者。今諸侯爲社稷之主，而以時致祭，自然風雨調，生理順，人心無不和悦矣。國其有不永保者乎？民是無位者，人是有位者。

孫氏本曰：國家傳自先世，子孫不能保而守之，恒以驕奢之習勝，禮法之防疎也，其爲不孝大矣。故始於戒驕溢，循節度，而終於保社稷者，諸侯之孝之始終也。

方氏學漸曰：居上不驕，非以爲貴也。制節謹度，非以爲富也。諸侯之道，宜爾也，而可以長守其富貴。故君不患禄位之不永，而患吾道之不修。

潘氏之淇曰：「和其民人」，亦有不敢惡慢之意，亦有民用和睦之意。

黄氏道周曰：諸侯受命於天子，天子受命於天。故天子之於天，諸侯之於天子，其事之皆如子之事親也。《周頌》曰：「來見辟王，曰求厥章。」言制度出於天子，非諸侯所得自與也。夫以天子不敢惡慢於人，以諸侯而驕溢，則禍適隨之矣。諸侯之有耕籍、蠶桑、泮宫、庠序、宗廟、社稷、人民，道皆侔於天子。其稍殺者，謹節之耳。諸侯而不謹節，猶支庶子之僭濫於父祖也。《商頌》曰：「不僭不濫，不敢怠遑。」是則庶乎可言愛敬者矣。

張氏步周曰：諸侯之孝，與士庶不同。孝不獨在一身一家，而在一國。況社稷民人，乃親所垂裕，以示世守者。故諸侯以持盈守成爲孝，所以承宣一人之愛敬，而表率卿大夫之孝者與。

庭棟案：守富守貴，非爲富貴也，爲社稷也。富貴不去其身，則能保其社稷矣。和，猶安也。民人，謂百姓。和其民人者，民人不能自和，即不驕、謹度，有以和之。既言保社稷，而復言和民人，以見民人爲社稷所倚重。其所以能保者，正惟有以和之也。能保社稷而和民人，則無失其世守，故曰「蓋諸侯之孝」。

《詩》云：「戰戰兢兢，如臨深淵，如履薄冰。」兢，棘冰切。○朱子《刊誤》刪此節。

唐明皇曰：戰戰，恐懼。兢兢，戒慎。臨深恐墜，履薄恐陷。義取爲君恒須戒懼。

邢氏昺曰：引《小雅·小旻》之詩以結之。案《毛詩傳》云：「戰戰，恐也。兢兢，戒也。臨深恐墜，履薄恐陷。」恐墜，謂如入深淵，不可復出。恐陷，謂没在冰下，不可拯濟也。

司馬氏光曰：謂不敢爲驕奢。

范氏祖禹曰：言處富貴者，持身當如此。

虞氏淳熙曰：言諸侯當戰戰的恐懼，兢兢的戒慎，恰似在深水邊頭立，生怕跌下去；恰似在薄冰兒上行，生怕陷下去。這般謹慎，方得免患。可見這富貴、社稷、民人，不是安逸受享的，就如深水薄冰無有兩樣。所以必須不驕不侈，然後爲孝。○又案：《詩》旨是全孝心法，故曾子詠此詩以傳弟子，不但諸侯當然也。

潘氏之淇曰:「一人有慶」,上冒下之辭。「以事一人」,下承上之辭。諸侯上凛天子之威,下有民人之責,故曰「戰戰兢兢」。

黄氏道周曰:甚矣!諸侯之危也。爲人子而負驕寵,又遠於膝下,則其危也,不亦宜乎?故臨深、履薄。諸侯之學,無以異於曾氏之學也。

姜氏兆錫曰:此本大夫憂國之詞,引之以見去驕謹度,而保之之難也。

庭楝案:居高思危,持滿防溢,與臨深、履薄同義,故引之以結上文。

右第三章

今文以此爲「諸侯章第三」。邢氏昺曰:案《釋詁》云:「公、侯,君也。」不曰「諸公」者,嫌涉天子三公也。故以其次稱爲諸侯,猶言諸國之君也。皇侃云:「以侯是五等之第二,下接伯、子、男,故稱諸侯。」今不取也。

孝經通釋卷第二終

孝經通釋卷第三

嘉善曹庭棟學

非先王之法服不敢服，非先王之法言不敢道，非先王之德行不敢行。德行之行，下孟切，下「擇行」「行滿」同。

唐明皇曰：服者，身之表也。先王制五服，各有等差。言卿大夫遵守禮法，不敢僭上偪下。法言，謂禮法之言。德行，謂道德之行。若言非法，行非德，則虧孝道，故不敢也。

邢氏昺曰：《尚書·臯陶》篇曰：「天命有德，五服五章哉。」孔傳云：「五服，天子、諸侯、卿大夫、士之服，尊卑章采各異。」言卿大夫遵守禮法，不敢過制僭擬於上，不敢儉固偪迫於下也。法言，《論語》「非禮勿言」是也。德行，《論語》「志於道，據於德」是也。若言非法，行非德，即《王制》云「言僞而辯，行僻而堅」是也。

司馬氏光曰：君當制義，臣當奉法。故卿大夫奉法而已。

《直解》曰：卿大夫衣服、言語、德行，都是依着在上的人。不是帝王制下合法度的衣服，不敢做來穿；不是帝王説過合法度的言語，不敢將來説；不是帝王行過的好德行，不敢將來行。

董氏鼎曰：「法服」，法度之服。先王制禮，異章服以别品秩，卿有卿之服，大夫有大夫之服。「法言」，法度之言。「德行」，心有實得而見之躬行者也。「不敢」者，服之不中，身之災也；言輕而招辜，行輕而招辱也。

吴氏澄曰：凡服，上得兼下，下不得僭上。服，服之也。言爲世則，曰法言。道，言之也。率德而行，曰德行。

吕氏維祺曰：卿大夫所居之位，乃輔翼人主，秉持世教，以爲斯民表的者也。衣冠、言動之際，不敢不謹如此。

黄氏道周曰：服者，言行之先見者也。未聽其言，未察其行，見其服而其志可知也。仁人孝子，一舉足不敢忘父母，一發言不敢忘父母。雖不言法，而法見焉。

葉氏鈖曰：章内三言「不敢」，即「不敢毁傷」之謂。而況服者，身之表；言行者，身之樞機，立身事親莫大焉。

李氏光地曰：卿大夫者，法紀之守，故以法服、法言、德行言之。然能卒於無口過怨惡者，則皆愛人、敬人之效也。

耿氏介曰：一服、一言、一行，稍違法度，則不免於罪廢，便於孝道有虧，故不敢也。

姜氏兆錫曰：法，謂禮法。德，謂道德。此言德，下言道，互文也。

庭棟案：「先王」，謂開國之明王。「法服」，國制也。「法言」、德行，國典也。卿大夫爲國紀綱，服與言行不敢有悖乎先王，其常存奉法之心可知。先云服，次言行者，服章於身，言行措於世，由近及遠，由輕及重也。又案：此言德，下文言道。德者，就先王之身而言，故曰「先王之德行」。下文「非道不行」，就後人行此德行而言，故謂之道。

是故非法不言，非道不行；口無擇言，身無擇行；言滿天下無口過，行滿天下無怨惡。 惡，烏路切，又如字。

唐明皇曰：言必守法，行必遵道。言行皆遵法、道，所以無可擇也。禮法之言，焉有口過？道德之行，自無怨惡。

邢氏昺曰：服、言、行三事之中，言、行尤須重慎。是故非禮法則不言，非道德則不行。所以口無可擇之言，身無可擇之行也。使言滿天下無口過，行滿天下無怨惡。

司馬氏光曰：「非法不言，非道不行」，謂出於身者也。「口無擇言，身無擇行」，謂接於人者也。擇謂或是或非，可擇者也。「言滿天下無口過，行滿天下無怨惡」，謂及於天下者也。言行雖遠及天下，猶無過差，爲人怨惡。

尹氏焞曰：服至卿大夫，則有降而無益，益則是王侯。故只説言、行，不説服也。

范氏祖禹曰：言、行，君子所以動天下也。然則言滿天下亦不必多，行滿天下亦不必著。一言一行，皆足以塞乎天下，其可不慎乎？

吴氏澄曰：「非法不言」，法即上文所謂法言。「非道不行」，道即上文所謂德行。「口過」，謂言不合法，出口有差。「怨惡」，謂行不合道，召怨取惡。所言皆法言，則口無可揀擇之言，雖言滿天下，在己亦無口過。所行皆德行，則身無可揀擇之行，雖行滿天下，在人亦無怨惡。卿大夫立朝，則接對賓客；出聘，則將命他邦，故言「行滿天下」。人之相與，先觀容飾，次交言辭，後考德行。《孟子》言：「服堯之服，誦堯之言，行堯之行。」意與此同。上文首服，次言，次行者，蓋先輕而後重。「是故」以下申言言行，而不及服者，蓋詳重而畧輕。

孔氏尚熹曰：聖賢皆以服在言行之先。《中庸》修身，先言「齊明盛服」。《孟子》云：「服堯之服。」蓋服之不衷，則言行俱非。觀《玉藻》深衣之制，則知先王之法服各有矩度，一被於躬，即一語、一默、一動、一静，皆不敢苟矣。

葉氏鈖曰：擇以決臧否，審取舍耳。能鑒先王之成憲，則臧否不待決，取舍不待審，而踐修立訓自無畔於先王矣。

朱氏軾曰：惟道法言，故言皆善而無可擇。無可擇，又何言過之有？「言滿天下」二句，猶云「蠻貊之邦行矣」。

吴氏隆元曰：無擇，謂言行皆善，無可指摘，與《吕刑》「罔有擇言在身」同意。

耿氏介曰：此但申言言行，而不及服者，以言行既謹，而服即在其中也。

庭棟案：「非法不言，非道不行」，其未言未行之先存諸心者如此。「口無擇言，身無擇行」，其方言方行之際見諸身者如此。「言滿天下無口過，行滿天下無怨惡」，其既言既行之後驗諸世者如此。不申言「服」者，上文云「非先王之法服不敢服」，則服先王之法服，可知更無餘義也。

三者備矣，然後能守其宗廟，蓋卿大夫之孝也。廟，或作「庿」。○吴氏澄曰：古文天子、諸侯、卿大夫、士、庶人之「孝」下俱無「也」字。庭棟據朱子《刊誤》，乃古文原本天子、諸侯之「孝」下無「也」字，卿大夫、士、庶人之「孝」下俱有「也」字。案徐氏鉉曰：凡言「也」，則氣出口下而盡。

唐明皇曰：三者，服、言、行也。禮，卿大夫立三廟，以奉先祖。言能備此三者，則能長守宗廟之祀。

邢氏昺曰：言、行，君子所最謹，出己加人，發邇見遠。出言不善，千里違之；其行不善，譴辱斯及。故首章一敘不毁，而再敘立身；此章一舉法服，而三復言行也。則知表身者以言、行不虧，不毁猶易，立身難備也。○皇侃云：「初陳教本，故舉三事。服在身外可見，不假多戒。言行出於内府難明，必須備言。最於後結，宜應總言。」○舊説云：天子、諸侯各有卿大夫。此章既云言行滿天下，又引《詩》云「夙夜匪懈，以事一人」，是舉天子卿大夫也。天子卿大夫尚爾，則諸侯卿大夫可知也。

司馬氏光曰：三者，謂出於身，接於人，及於天下。

董氏鼎曰：古者宗廟之制，天子七廟，諸侯五廟，大夫三廟，卿與大夫同。若服非法之服，是僭也。道非法之言，是妄也。行非德之行，是僞也。三者有其一，則不免於罪，而宗廟有所不能守矣。

孫氏本曰：始則致謹於容服、言行之間動遵法度，而終於守宗廟者，卿大夫之孝之始終也。

庭棟案：上文歷明言行而不及服，故此復申之曰「三者備矣」，則臣職之大端方無闕失，乃能常守宗廟，得以追榮其祖考，故曰「蓋卿大夫之孝」。宗，尊也。宗廟者，尊祖廟之稱。禮，大夫三廟，卿同。故得稱宗廟。

《詩》云：「夙夜匪懈，以事一人。」懈，《詩》作「解」，同，古隘切。○朱子《刊誤》刪此節。

唐明皇曰：夙，早也。懈，惰也。義取爲卿大夫能早夜不惰，敬事其君也。

邢氏昺曰：引《大雅·烝民》之詩，言卿大夫當早起夜寐，以事天子，不得懈惰。匪，猶不也。註云「敬事其君」，釋「以事一人」。不言天子而言君者，欲通諸侯卿大夫也。

司馬氏光曰：言謹守法度以事君。

虞氏淳熙曰：仲山甫修其威儀，爲王喉舌。早晚小心翼翼，式於古訓，不敢懈惰，專心以事君王。其明哲保身、不辱父母的道理，卻盡於此。○案：衣服、言、行，與《詩》中

「威儀」「喉舌」相合。法先王，與《詩》中「古訓是式」相合。守宗廟，與《詩》中「明哲保身」相合。

陳氏選曰：王朝、侯國、卿大夫之位分雖不同，然章中乃統論其當行之孝，不必泥引《詩》「以事一人」之辭，而謂專指王國之卿大夫而言也。

張氏步周曰：當時君弱臣强，僭越禮法，所以貽父母憂者多矣。非法非德，舞佾歌《雍》，守宗廟者固如是乎？「夙夜匪懈」，所以特引著於卿大夫之孝。

庭棟案：守其宗廟，卿大夫之所以爲孝。而守宗廟在於守法，「夙夜匪懈」之義也；守法所以事君，「以事一人」之義也。

右第四章

今文以此爲「卿大夫章第四」。邢氏昺曰：《王制》云：「上大夫，卿也。」又《典命》云：「王之卿六命，其大夫四命。」則爲卿與大夫異也。今連言之者，以其行同也。

資於事父以事母而愛同，資於事父以事君而敬同。故母取其愛，而君取其敬，兼之者父也。

唐明皇曰：資，取也。言愛父與母同，敬父與君同。事父，兼愛與敬也。

邢氏昺曰：士始升公朝，離親入仕，故此敘事父之愛敬，宜均事母與事君，以明割恩從義也。資，取也。取於事父之行以事母，則愛父與愛母同；取於事父之行以事君，則敬父與敬君同。母之於子，先取其愛；君之於臣，先取其敬，皆不奪其性也。若兼取愛敬者，其惟父乎？愛與敬俱出於心，君以尊高而敬深，母以鞠育而愛厚。○劉炫曰：「夫親至則敬不極，此情親而恭少；尊至則愛不極，此心敬而恩殺也。故敬極於君，愛極於母。」又曰：「母親至而尊不至，豈則尊之不極也；君尊至而親不至，豈則親之不極也。惟父既親且尊，故曰『兼』也。」○劉巘曰：「父情天屬，尊無所屈，故愛敬雙極也。」○梁王曰：「《天子章》陳愛敬以辨化也。此章陳愛敬以辨情也。」

司馬氏光曰：取於事父之道以事母，其愛則等矣，而敬有殺焉。以父主義、母主恩故也。取於事父之道以事君，敬則等矣，而愛有殺焉。以君臣之際，義勝恩故也。父者，愛敬之至隆。

范氏祖禹曰：人莫不有本。父者，生之本也。事母之道，取於事父之愛心也。事君之道，取於事父之敬心也。其在母也，愛同於父，非不敬母也，愛勝敬也。其在君也，敬同於父，非不愛君也，敬勝愛也。愛與敬，父則兼之。是以致隆於父，一本故也。致一而後能誠，知本而後能孝。

吴氏澄曰：愛心生於所親，敬心生於所尊。母之親，與父同。君之尊，與父同。故一取其愛，一取其敬。惟父尊親並至，則愛敬兼隆也。

朱氏鴻曰：父母皆親，故取其事父者以事母，則愛母亦同。君父一理，故取其事父者以事君，則敬君亦同。但父嚴而母慈，愛生於慈，故母資其愛；親親而君尊，敬起於尊，故君資其敬。若夫父，以恩則天親，以義則嚴君，故愛與敬兼之。

吕氏維祺曰：資，藉也。言愛敬其父，而藉以愛母、敬君，皆同也。此本人性自然而然，非有所强，故移孝爲忠之道所由生也。

黄氏道周曰：父則天也，母則地也，君則日也。受氣於天，受形於地，取精於日。此三者，人之所由生也。地亦受氣於天，日亦取精於天。此二者，人之所原始反本也。故事君、事母，皆資於父；履地、就日，皆資於天。

李氏光地曰：資，即取也。非誠取此以爲彼也。凡人之情，愛敬兼者，惟父。母則專愛，君則專敬。若各取其一者，士。君子則不然。義詳下節。

庭棟案：愛生於恩，敬生於義。母以恩勝，君以義勝。故各有所取，而父則恩義並至，故愛敬兼之。此言士之孝。而原其愛敬之情，於合處辨其分，於分處明其合。總之，愛敬無偏用，事親與事君無二道。故下文申言之。

故以孝事君則忠，以敬事長則順。忠順不失，以事其上，然後能保其爵禄，而守其祭祀，蓋士之孝也。 長，之丈切。○今文「爵禄」作「禄位」。

唐明皇曰：移事父孝以事於君，則爲忠矣。移事兄敬以事於長，則爲順矣。能盡忠順以事君長，則常安禄位，永守祭祀。

邢氏昺曰：既説愛敬取舍之理，遂明出身入仕之行。「故」者，連上之辭也。長，謂公卿大夫，言其位長於士也。上，謂君與長也。○舊説云：「入仕本欲安親，非貪榮貴也。若用安親之心，則爲忠也。若用貪榮之心，則非忠也。」○嚴植之曰：上云君父敬同，則忠孝不得有異。言以至孝之心事君必忠也。○案《左傳》曰：「兄愛弟敬。」又曰：「弟順而敬。」則知悌之與敬，其義同焉。《尚書》云：「邦伯師長。」安國曰：「衆長，公卿也。」則知大夫已上皆是士之長。○士亦有廟，經不言耳。大夫既言宗廟，士可知也；士言祭祀，則大夫之祭祀亦可知也。皆互以相明也。諸侯言「保其社稷」，大夫言「守其宗廟」，士則「保」「守」並言者，皇侃云：「稱『保』者安鎮也，『守』者無逸也。社稷、禄位是公，故言『保』；宗廟、祭祀是私，故言『守』也。士初得禄位，故兩言之也。」〇《白虎通》云：「天子之士獨稱元士。蓋士賤，不得體君之尊，故加『元』以别於諸侯之士也。」此直言士，則諸侯之士。前言大夫，是戒天子之大夫，諸侯之大夫可知也。此章戒諸侯之士，則天子之士亦可知也。

司馬氏光曰：君言社稷，大夫言宗廟，士言祭祀，皆舉其盛者也。禮，庶人薦而不祭。

董氏鼎曰：移事父之孝以事君，則爲忠矣。移事父之敬以事長，則爲順矣。

吴氏澄曰：士之位卑，在上有天子、諸侯爲之君，有卿大夫爲之長，皆己所當事者。孝即愛也。母，至親也，故愛同於父。君則非如父與母之親也，然亦當以愛父愛母之孝而愛之。君，至尊也，故敬同於父。長則非如父與君之尊也，然亦當以敬父、敬君之敬而敬之。愛君爲忠，敬長爲順。「忠」，謂盡心無隱。「順」，謂循理無違。「上」，謂君與長在己之上也。「禄」，所食之俸。「位」，所居之官。士有田禄，則得祭祀其先。故庶人薦而不祭。士無田，則亦不祭。其禄位與祭祀相關。士謂王朝侯國之小臣，及卿大夫之家臣。

王之上士三命，中士再命，下士一命。公侯伯之士一命，子男之士不命。

虞氏淳熙曰：「愛」「敬」二字，愛之極便是敬，敬之立原於愛。敬兼得愛，愛兼不得敬。事君敬，同於父，亦應愛同於父。故取父子之愛事君，就喚做不忍欺君之忠；取資父之敬事君，就喚做不敢慢君之順。合這兩般，不遺失了一件去事君，就能保全禄位，安守祭祀了。總來只是一孝。孝君時連着孝親，孝親時連着孝君，無二道也。

潘氏之淇曰：五等皆兼全身、顯身二義。然天子以天下爲身，士以致身爲訓，故皆不言身也。

吕氏維祺曰：「以敬」之「敬」，即承上「敬」字。蓋以敬父之敬事其長也。言敬父，而敬兄之敬亦在其中。

李氏光地曰：天子、諸侯之愛敬，自上而下，故以不惡人慢人、不驕不溢言之。士之愛敬自下而上，故以愛君、敬長言之。君不專敬，而以孝事之，可謂忠矣。長不虚長，而以敬事之，可謂順矣。此經原欲使人推其愛敬父母之心以及於人，故首説資父事母，特爲起下句「事君」耳。至此，事君、事長乃是本意，蓋皆自父母之愛敬推之也。事長本用敬，而曰「以敬事長」者，世固有以長長不由敬者，如告子之論是也。

趙氏起蛟曰：案《王制》：「適士一廟。」《祭法》：「適士二廟、一壇：曰考廟，曰王考廟，享嘗乃止。皇考無廟，有禱焉，爲壇祭之。官師一廟：曰考廟。」官師謂諸有司之長。東陽許氏曰：「蓋中士、下士也，雖立一廟事禰，卻於禰廟並祭祖，則又有祭祀之典矣。」禄位之保不易，祭祀之守殊難，而忠順即能保之、守之。忠順之原，由於愛敬，則愛敬可或忽乎哉？

姜氏兆錫曰：孝與敬分言者，孝自兼敬，而敬次於孝。猶忠自兼順，而順次於忠也。

庭棟案：愛敬兼盡曰孝。以愛敬兼盡之孝事其君，則克盡乃心而爲忠矣。「長」謂同朝之位尊於己者。事君猶父，則事長猶君。故以敬事長，則克致其恭而爲順矣。忠順不失，然後爵禄能保，而祭祀可守，故曰「蓋士之孝」。云「保爵禄」者，士之位卑故也，非所語於卿大夫可知。《祭義》：「適士二廟，官師一廟，庶士無廟。」此蓋指庶士無廟者言，故但云祭祀。又《王制》：「有田則祭，無田則薦。」《孟子》：「惟士無田。」則亦不祭是也。無位則無田，故以能保爵禄爲言耳。上章言卿大夫，此章言庶士，而適士、官師包舉於中矣。

《詩》云：「夙興夜寐，無忝爾所生。」朱子《刊誤》删此節。

唐明皇曰：忝，辱也。所生，謂父母也。義取早起夜寐，無辱其親也。

邢氏昺曰：夫子述士行孝畢，乃引《小雅·小宛》之詩以證之也。

司馬氏光曰：言當夙夜爲善，毋辱父母。

吕氏維祺曰：《繁露》云：「戰兢」三詩，皆寓不敢之意，而頌天子、關庶人。謂教兆民者，無取加儆；賴一人者，無待申戒耳。

庭棟案：忝，辱也，亦歉也。引《詩》之意，謂夙興夜寐以事君，當盡其愛敬同於所生，而無歉也。無歉於事君，斯無歉於事父母矣。

右第五章

今文以此爲「士章第五」。邢氏昺曰：次卿大夫者，即士也。《白虎通》曰：「士者，事也。任事之稱也。」

子曰：因天之道，因地之利。今文無「子曰」字，「因天」作「用天」，「因地」作「分地」。〇朱子《刊誤》删「子曰」字。

唐明皇曰：春生夏長，秋斂冬藏，舉事順時，此用天道也。分別五土，視其高下，各盡所宜，此分地利也。

邢氏昺曰：《爾雅·釋天》云：「春爲發生，夏爲長嬴，秋爲收成，冬爲安寧。」「安寧」，即閉藏之義也。謂舉農畝之事，順四時之氣，春生則耕種，夏長則芸苗，秋收則穫割，冬藏則入廩也。《周禮·大司徒》云：五地，一曰山林，二曰山澤，三曰丘陵，四曰墳衍，五曰原隰。謂庶人須能分别，視此五土之高下，隨所宜而播種之，則《職方氏》所謂青州「其穀宜稻麥」，雍州「其穀宜黍稷」之類是也。

范氏祖禹曰：「因天之道」，用其時也。「因地之利」，從其宜也。天有時，地有宜，而財用於是乎滋殖。聖人教民因之，以厚其生。

董氏鼎曰：「天之道」，謂天道流行，四時之運也。「地之利」，謂土地生植，農桑之利也。蓋順天道而不辨地利，則物無以成；辨地利而不順天道，則物無以生。必天道、地利二者皆得，而後生植成遂，有以足於衣食矣。

虞氏淳熙曰：農工商賈，皆爲庶人。農順時耕穫，百工無悖於時。商賈日中爲市，是用天之道。農隨五土之宜，百工順川谷之制，商旅通九州之貨，是分地之利。

趙氏起蛟曰：庶人以勤四體爲業，必上乘天時，下因地利，而後用力省而成功速。若上違寒燠之候，是天有顯教而人自背之；下失高下之宜，是地有美利而人自棄之，其不爲飢寒所困者幾希。

庭棟案：天之道，如雨暘寒燠之候；地之利，如魚鹽種植之宜，兼農工商賈而言。天地之化，滋生物産，以濟民命。所以「因天之道，因地之利」者，順其自然，則事半而功倍也。庶人以治生爲本，若失天之道，失地之利，則先無以治生矣，何以言孝？

謹身節用，以養父母，此庶人之孝也。養，羊尚切。

唐明皇曰：身恭謹則遠耻辱，用節省則免飢寒，公賦既充則私養不闕。庶人爲孝，唯此而已。

邢氏昺曰：魏註：天子、諸侯、卿大夫、士皆言「蓋」，而庶人獨言「此」。謂天子至士，孝行廣大，其章畧述宏綱，所以言「蓋」也。庶人用天分地，謹身節用，其孝行已盡，故曰「此」，言唯此而已。《庶人》不引《詩》者，義盡於此，無贅辭也。

司馬氏光曰：謹身則無過，不近兵刑。節用則不乏，足供甘旨。能此二者，養道盡矣。明自士以上，非直養而已，要當立身揚名，保其家國。

吴氏澄曰：謹其身，不爲非僻，不犯刑戮，用財有節，量入爲出，以給父母之衣食，俾無闕供也。庶人謂王畿、國都、家邑之民。

朱氏鴻曰：處事得宜，用財有道。既不陷於刑戮，而又能免於飢寒。不惟能養父母之口體，而養志亦在其中矣。

程氏楚石曰：以養爲孝，便是今之孝者。「謹身」二字，多少道理便該「敬」字在内。

葉氏鈐曰：庶人養父母，以謹身節用爲孝。謹身即立身也。

李氏光地曰：庶人非無愛人、敬人之理，然所及者狹，故畧之。且謹身節用，則亦無怨而不争矣。

趙氏起蛟曰：以，用也。從上「謹身節用」來。故必謹身節用以養，而後可言孝；不謹身節用，而妄作妄費，父母對此有食不正咽者矣。雖日用三牲之養，不得謂之孝也。

庭棟案：謹身，猶言安分；節用，不妄用也。上文「因天之道，因地之利」，即財用所由來。然不能安分，必至犯法喪厥身家，尚何言節之有？故必先能謹其身，而後能節其用也。養兼衣食居處之事以養父母者，承上節及本節而言。生財之道既因乎自然，則以養父母者不憂其不繼；用財之道克謹乎常分，則以養父母者不虞其不給，故曰「此庶人之孝」。云此者，明言養父母之事，故直指之。養爲孝之一端，庶人能此，便可云孝，非謂庶人之孝以此爲限也。

右第六章

今文合下第七章爲「庶人章第六」。邢氏昺曰：庶者，衆也。謂天下之衆人也。皇侃云：「不言衆民者，兼包府史之屬，通謂之庶人也。」嚴植之以爲士有員位，人無限極，故士以下皆爲庶人。

故自天子已下，至於庶人，孝無終始，而患不及者，未之有也。「已」「以」通，一本亦作「以」。○今文無「已下」字。吴氏澄曰：依《大學》經文例，不應有。吕氏維祺曰：「天子已下」，指諸侯、卿大夫、士，與《大學》不同。○吴氏隆元曰：邢氏謂，「故」者，逮下之辭，既是章首，不合言「故」。然以「故」字爲章首，如《中庸》「故至誠無息」亦然，不必致疑也。

唐明皇曰：始自天子，終於庶人，尊卑雖殊，孝道同致。「而患不能及者，未之有也」，言無此理，故曰未有。

邢氏昺曰：五等尊卑雖殊，至於奉親，其道不別，故從天子至於庶人，其孝道則無終始，貴賤之異也。或有自患己身不能及於孝，自古及今未有此理，蓋是勉人行孝之辭也。○孝道包含之義廣大，塞乎天地，横乎四海。經言「孝無終始」，謂難備終始，但不致毁傷、立身行道，安其親、忠於君，一事可稱，則行成名立，不必終始皆備也。此言行孝甚易，無不及之理，固非孝道不終始致必及之患也。○謝萬以爲「無終始」，恒患不及；「未之有」

者，少賤之辭也。劉巘云：「禮不下庶人。若謂我賤而患行孝不及己者，未之有也。」此但得憂不及之理，而失於歎少賤之義也。○鄭曰：「諸家皆以爲患及身，今註〔一〕以爲自患不及，將有説乎？」答曰：「案《説文》云：『患，憂也。』《廣雅》曰：『患，惡也。』又若案註説，釋『不及』之義凡有四焉，大意皆謂有患貴賤行孝無及之憂，非以患爲禍也。《論語》：『不患人之不己知。』又曰：『不患無位。』又曰：『不患寡而患不均。』《左傳》曰：『宣子患之。』皆是憂惡之辭也。惟《蒼頡篇》謂患爲禍。孔、鄭、韋、王之學，引之以釋此經。故皇侃曰：『無始有終，謂改悟之善惡，禍何必及之。』則無始之言，已成空設也。《禮·祭義》：『曾子説孝曰：衆之本教曰孝，其行曰養。養可能也，敬爲難；敬可能也，安爲難；安可能也，卒爲難。父母既没，慎行其身，不遺父母惡名，可謂能終矣。』夫以曾參行孝，親承聖人之意，至於能終孝道，尚以爲難，則寡能無識，固非所企也。今爲行孝不終，禍患必及。此人偏執，詎謂通經？」鄭曰：「《書》云：『天道福善禍淫。』又曰：『惠迪吉，從逆凶，惟影響。』斯則必有災禍，何得稱無也？」答曰：「來問指淫凶悖慝之倫，經言戒不終美善之輩。

〔一〕「註」，原作「詳」，今據《孝經注疏》改。

《論語》曰：『今之孝者，是謂能養。』曾子曰：『參，直養者也，安能爲孝乎？』又此章云『以養父母，此庶人之孝也』。儻有能養而不能終，只可未爲具美，無宜即同淫慝也。古今凡庸，詎識孝道？但使能養，安知始終？若今皆及於災，便是比屋可貽禍矣。而當朝通識者，以爲鄭註非誤。故謝萬云：『言爲人無終始者，謂孝行有終始也。患不及者，謂用心憂不足也。能行如此之善，曾子所以稱難。故鄭註云：善未有也。』諦詳此義，將謂不然。何者？孔聖垂文，包於上下，盡力隨分，寧限高卑？則因心而行，無不及也。如依謝萬之說，此則常情所昧矣。子夏曰：『有始有卒者，其惟聖人乎？』若施化惟待聖人，千載方期一遇，『加於百姓』『刑於四海』，乃爲虛說者與。」《制旨》曰：「嗟乎！孝之爲大，若天之不可逃也，地之不可遠也。朕窮五孝之說，人無貴賤，行無終始，未有不由此道而能立其身者。然則聖人之德，豈云遠乎？我欲之而斯至，何患不及於己者哉！」

司馬氏光曰：始則事親也，終則立身行道也。患，謂禍敗。言雖有其始而無其終，猶不得免於禍敗，而羞及其親，未足爲孝也。

范氏祖禹曰：庶人以養父母爲孝。自士已上，則莫不有位。士以守祭祀爲孝，卿大夫以守宗廟爲孝，諸侯以保社稷爲孝。至於愛敬之道，則自天子至於庶人，一也。「始於事親,終於立身」者,孝之終始自天子至於庶人。孝不能有終有始,而禍患不及者,未之有也。天子不能刑四海,諸侯不能保社稷,卿大夫不能守宗廟,士不能守祭祀,庶人不能養父母,未有災不及其身者也。

董氏鼎曰:夫子既條陳五孝之用,具言孝道之極至,謂以此之故,上自天子,下至庶人,各盡其孝,而有終始,則福必及之,如前所云者;苟或雖知爲孝而無終始,則禍必及之,不得如前所云者。蓋孝雖有五等之别,其始於事親,終於立身,則天子至於庶人,一而已矣。故夫子通設此戒,以結上文。

朱氏申曰:貴賤雖殊,孝道則一,而謂有始無終,而以不及爲患者,天下必無是理。

吴氏澄曰:患,禍難也。不能事親立身,則禍難必及之,甚則天子不能保天下,諸侯不能保其國,卿大夫不能保其家,士庶人不能保其身也。

虞氏淳熙曰:這孝遺了一人,停了一刻,就有不到處,如何稱「至德要道」?今看五等人,没一箇不行這孝。有事親時節,有事君時節,有立身時節,時時更改,種種不同,卻元來是不變不遷的真體。要尋他歇尾處不得,尋他起頭處不得。真是無物不有,無時不然。世人只因日用平常,忽畧了他。每每患他有不到處,他豈有不到處也?

蔡氏悉曰：夫孝，天性也。始何所始，終何所終？本乎至情，隨分自盡，無有患其不及者也。大舜養以天下，曾子養以酒肉，其道一也。

朱氏鴻曰：夫孝，因乎心者也。所存所發而無間於内外，無久無暫而頃刻不可離，何嘗有終始乎？人病不求耳。因心以爲孝，則愛日之誠，自有不可已者，而諉諸力不能，豈有此理乎？夫子列五等之孝，而教人因其分之所得爲，與力之所可爲者而行之，亦甚易易耳。故終之以「孝無終始，而患不及者，未之有也。」

吕氏維祺曰：「患」作禍患之患，與下「災害」「禍亂」、《五刑》「大亂」等語相合，令人悚然起畏。

李氏光地曰：「孝無終始」者，言孝無間於終始也。孝無間於終始，而患不能及乎孝，則無是理也。

姜氏兆錫曰：患之言害。凡五孝，皆言立身行道之實，而守身事親之意具其中矣。此所以孝有終始而患自無也。故反言以總結之。或疑庶人無位，雖立身，豈能顯揚其親？曰：人第患不能立身耳，以禄養，不如以善養。「無忝所生」，即是揚名顯親也，庸待外乎？首章「孝之始」「孝之終」，及此「孝無終始」，皆不言「中於事君」，以此學者詳之。

庭棟案：「故」者，總承上五孝而言，所以古文别爲一章也。「已下」指諸侯、卿大夫、士。「無終始」者，承上五孝章「蓋」字、「此」字而申其義，謂五孝之目，不過舉其大概，孝道廣大，無窮盡，無端倪，非名言所可竟也。「患」，憂也。「及」，謂及於孝。孝固人心所自具，隨分盡力，亦無不及。而苟憂其不足以及於孝者，理所未有也。與《論語》「我未見力不足者」義同。又案：首章「孝之始」「孝之終」，邢氏曰：「次有先後，非事理有始終。」此云「無終始」，正所以發明事理之無終始也。凡言「始終」，則先後有次之謂；言「終始」，則循環無已之謂。義本不同，非「終」指立身，「始」指事親可知矣。

右第七章

今文連上章，爲《庶人章》，説見前。○朱子《刊誤》自首章至七章合爲一章。朱子曰：「此一節，夫子、曾子問答之言，而曾氏門人所記也。疑所謂《孝經》者，其本文止如此，其下則或者雜引傳記，以釋經文，乃《孝經》之傳也。竊嘗考之傳文，固多傅會，而經文亦不免有離析增加之失。顧自漢以來，諸儒傳誦，莫覺其非。至或以爲孔子之所自著，則又可笑之尤者。蓋經之首，統論孝之終始，中乃敷陳天子、諸侯、卿大夫、士、庶人之孝，而其末結之曰：『故自天子已下，至於庶人，孝無終始，而患不及者，未之有也。』其首尾相應，次第相承，文勢連屬，脈絡貫通，同是一時之言，無可疑者。而後人妄分以爲六、七章，又增『子曰』，及引《詩》《書》之文以雜乎其間，使其文意分斷間隔，而讀者不復得見聖言全體大義，爲害不細。故今定此六、七章者合爲一章，而刪去『子曰』者二，引《書》者一，引《詩》者四，凡六十一字，以復經文之舊。其傳文之失，又別論之如左方。」○吴氏澄曰：澄謂以上經文，朱子合其離析，去其增加，以復於舊，既得之矣。然細味之，則與《大學》經文純是聖言者，頗覺不侔。「終於立身」下敷陳五孝，語辭、體段各異，似非同出一時；「諸侯」「卿大夫」「士」三節，尤爲繁複，疑亦有掇取他書傅會其間者。但自周末先秦時已有之，蓋如二《記》三《傳》所載聖言，雖皆出於七十子之徒，而所傳所聞，不無失實失當者爾。○姜氏兆錫：《本義》自《天子章》至此合爲第二章，以爲德教。自天子始，至諸侯以下，則奉而行之者耳。諸侯去驕泰、謹節度，則服、言、行可知。但卿大夫禄位不必言高危、滿溢，故止云服、言、行也。忠順，卿大夫、士同。而移孝作忠，自士始，故士特言忠順。若庶人，則躬耕以養足矣。五孝分不同，而愛敬之教則同。故此以下，各章多言愛敬之德。

孝經通釋卷第三終

孝經通釋卷第四

嘉善曹庭棟學

曾子曰：甚哉！孝之大也。子曰：夫孝，天之經，地之義，人之行。天地之經，而民是則之。夫，音「扶」。行，下孟切，下同。○今文「之經」「之義」「之行」三句下，並有「也」字。

唐明皇曰：參聞行孝無限高卑，始知孝之爲大也。經，常也。利物爲義。孝爲百行之首，人之常德，若三辰運天而有常，五土分地而爲義也。天有常明，地有常利，言人法則天地，亦以孝爲常行也。

邢氏昺曰：經，常，書傳通訓也。《易・文言》曰：「利物足以和義。」是利物爲義也。鄭注《論語》云：「孝爲百行之本，言人之爲行，莫先於孝。」《易》曰：「常其德，貞。」孝是人之常德也。則知貴賤雖别，必資孝以立身，皆貴法則於天地。云「天之經，地之義」，又云

「天地之經」而不言「義」者，地有利物之義，亦是天常也。分而言之則爲義，合而言之則爲常也。

程子曰：或問：「孝，天之經，地之義」，何也？曰：本乎天者，親上，輕清者是也。本乎地者，親下，重濁者是也。天地之常，莫不反本。人之孝，亦反本之謂也。

司馬氏光曰：言孝者，天地之常，自然之道，民法之以爲行耳。其爲大，不亦宜乎？

范氏祖禹曰：《易》曰：「大哉乾元，萬物資始。」資始，則父道也。又曰：「至哉坤元，萬物資生。」資生，則母道也。天施之，萬物莫不本於天，故孝者天之經。地生之，萬物莫不親於地，故孝者地之義。天地之道，順而已矣。經者，順之常也。義者，順之宜也。不順，則物不生。天地順萬物，故萬物順天地。民生於天地之間，爲萬物之靈，故能則天地之經以爲行。在天地則爲順，在人則爲孝，其本一也。

《直解》曰：這箇孝，在天是經常的道理，在地是合宜的道理，在人是百行中頭一件事。天上運轉日月星辰，地上發生草木萬物，不會停住。人將天地做法則行的孝道，也不會停住了。

楊氏簡曰：「夫孝，天之經，地之義，民之行」，此道通明，無可疑者。人堅執其形，牢執其名，而意始分裂不一矣。意雖不一，其實未始不一。人心無體，無所不通，無所限量。是故事親之道，即事君事長之道，即慈幼之道，即應事接物之道，即天地生成之道，即日月四時之道，即鬼神之道。

董氏鼎曰：天以陽生物，父道也。地以順承天，母道也。天以生覆爲常，故曰經。地以承順爲宜，故曰義。人生天地間，稟天地之性，如子之肖像父母也。得天之性而爲慈愛，得地之性而爲恭順。慈愛恭順，即所以爲孝。故孝者，天之經，地之義，人之行也。

吴氏澄曰：經，如布帛在機之直縷條理一定者也。義，裁制得宜者也。蓋孝者，天地之理，民效法而行之。既分言天經地義，又總言天地之經，而義在其中矣。

虞氏淳熙曰：孝在混沌之中，生出天來，天就是這箇道理；生出地來，地就是這箇道理；生出人來，人就是這箇道理。因他常明，唤作天經；因他常利，唤作地義；因他常順，唤作民行。○河間獻王問董仲舒曰：「『夫孝，天之經，地之義』，何謂也？」對曰：「天有五行，春木主生，夏火主長，季夏土主養，秋金主收，冬水主成。是故父之所生，其子長之；父之所長，其子養之；父之所養，其子成之。諸父所爲，其子皆奉承而續行之，乃天之道也。故曰『夫孝，天之經』也，此之謂也。風雨者，地之爲。地不敢有其功名，必上之於天，可謂大忠矣。土者，火之子也。五行莫貴於土。土之於四時無所命者，不與火分功名，此爲孝者『地之義』也。」王曰：「善哉。」

張氏雲鸞曰：孝之爲道，豈自先王有之哉？人生有常之德，若日月星辰運行於天而有常，山川原隰分别土地而爲利也，而民是則之者。言天有日月星辰明臨於下、紀乎四時之常，人事則之以「夙興夜寐，無忝所生」；地有山川原隰、動植物産之常，人事因之以晨羞夕膳、色養無違。此皆人能法則天地，以爲孝行者。

李氏光地曰：曾子既聞夫子之教，故歎孝之大。夫子因極言之，謂天地爲萬物之父母，故事父母如事天地。是孝乃天之經，地之義，而民之行也。

朱氏軾曰：經是總名，義是纖悉不紊處。

吴氏隆元曰：立天之道曰陰與陽，立地之道曰柔與剛，立人之道曰仁與義，此爲三極大中之矩。孝者，仁義之實，非孝則人極不立矣。

耿氏介曰：經者，常也。天以生物爲常。這生物之心在天爲元，賦於人爲仁，仁主愛，而愛莫先於事親。可見這孝之原頭，是本天之常道來，故曰「天之經」。義者，宜也。地以利物爲宜。地統於天，而義本於仁。物得天之元氣以生，大以成大，小以成小，使物物各得其所宜。人得天之仁理以爲孝，親親，仁民，愛物，使事事各得其所宜。可見這孝之發用，便與地之利物相似，故曰「地之義」。民，統人而言。民戴天履地，居仁由義，而孝爲百行之原，故曰「民之行」。「天地之經，而民是則之」，總束上文順敘之辭。

趙氏起蛟曰：曾子曰：「甚哉，孝之大也。」此聞言有得而歎美之辭。夫子前言「夫孝，德之本，教之所由生」，不過即其用之係於一身者而言。此言「夫孝，天之經，地之義，民之行」，從本體合一處示人，明人與天地無二者，無二理也。無二理者，無二孝也。自夫動違其經，而天地與人始判然有二。今能一一則效，便復與天地爲一。其則到盡處，即是聖人踐形惟肖之功，而參天地，贊化育亦不難矣。

張氏步周曰：天心仁愛，而一本之愛，爲秉彝之愛，豈非天經？地道順承，而大孝順親，爲利物之和，豈非地義？人道無不知愛敬，而孩提稍長，具愛敬之良，豈非民行？是則孝在天地爲經常不易之理，而民秉以爲性，則而效之。天效其能，地生其順，人固以孝仰法乎天地也。

姜氏兆錫曰：「經」之言紀，謂日月星辰之成象，燦然其有紀，而孝之爲經如之。「義」之言理，謂山川原隰之成形，秩如其有理，而孝之爲義如之。行之言德，謂仁愛敬讓之成性，温乎其有德，而孝之爲行於是見焉。「是則之」，則自烝民同具而言也。

庭棟案：論孝而推本於天地，明其所以大也。「天之經」，謂自然之常理；「地之義」，謂當然之正道；「人之行」，謂循乎自然之常理，由乎當然之正道。「天地之經，而民是則之」，乃申明上文之意。天地俱謂之經者，天統乎地，當然即本乎自然正道，莫非常理也。民猶人也，兼聖凡而言。則，法也。天地之經，而人即法之，以爲孝行者也。

因天之明，因地之義，以順天下，是以其教不肅而成，其政不嚴而治。

治，直吏切。○今文「因天」作「則天」，「義」作「利」。

唐明皇曰：法天明以爲常，因地利以行義，順此以施政教，則不待嚴肅而成理也。

邢氏昺曰：《制旨》云：「天無立極之統，無以常其明；地無立極之統，無以常其利；人無立身之本，無以常其德。然則三辰迭運而一以經之者，大利之性也；五土分植而一以宜之者，大順之理也；百行殊塗而一以致之者，大中之要也。夫愛始於和而敬生於順，是以因和以教愛，則易知而有親；因順以教敬，則易從而有功。愛敬之化行，而禮樂之政備矣。聖人則天之明以爲經，因地之利以行義，故能不待嚴肅而成可久可大之業焉。」

司馬氏光曰：王者逆於天地之性，則教肅而民不從，政嚴而事不治。今上則天明，下則地義，中順民性，又何待於嚴肅乎？

范氏祖禹曰：則天地以爲行者，民也。則天地以爲道者，王也。故上則因天之明，下則因地之義，教不肅而成，政不嚴而治，皆因人心也。

董氏鼎曰：衆人之中，又有聖人者出，法天道之明，因地道之義，以此順天下愛親敬長之心而治之。是以其爲教也，不待戒肅而自成；其爲政也，不假威嚴而自治。無他，孝者，天性之自然，人心所固有，是以政教之速化如此。

吴氏澄曰：上文言民以天地之理而爲行，此言聖人以天地之理而爲教也。明理之顯著者，即所謂經也。「因」，遵依也。「教」者，化誨而使之效。「政」者，勸禁而使之正也。「肅」，言其聲容。「嚴」，言其法令。信從其教之謂「成」。服從其政之謂「治」。

虞氏淳熙曰：前説「有至德要道，以順天下」，正爲根原，係天地人之自然故也。

蔡氏悉曰：乾以易知，「則天之明」，不慮之良知也。坤以簡能，「因地之利」，不學之良能也。利即《坤》「不習無不利」之利。良知良能，民之行也。愛敬生於孩提，仁義達之天下，沛然而不可禦也。教成而政治矣，以順天下，豈有驅迫勉强於其間哉！

潘氏之淇曰：乾知大始主知言，故曰「明」。坤作成物以作言，故曰「利」。明有炯然常照意，利有隤然善下意。

吕氏維祺曰：民不能自則，聖人乃則之也。經故常明，義故利物。則其明，因其利，以順天下愛敬之心而立之政教，是以其化之神如此。

黄氏道周曰：法之則明，因之則利，舍是則無以和睦於上下。是故孝也者，天下之大順也。

葉氏鈖曰：順如水之就下，是以其爲教也，不令而行，不疾而速。

李氏光地曰：天經曰明，所謂「天之明命」，嚴之稱也。地義曰利，所以利養萬物，慈之意也。因天地生物本然之理以制民行，所以爲順也。「教不肅而成」者，以其身先之也。「政不嚴而治」者，以其教化之也。身先之者，教之本。政治之者，教之輔。

吴氏隆元曰：天有常明，日月是也。地有常宜，山澤是也。日月順乎天，山澤順乎地，人子順乎親，皆萬古不易之常理。故聖人則天明，因地義，以順天下也。

趙氏起蛟曰：民必以經爲則，而始成其爲人。而有不盡則者，聖人憂焉，爰立爲則天、因地之教，蓋即以其人之道還治其人之身，無一毫矯揉造作於其間。

庭棟案：「因」，依也，猶「則」也。此自聖人立極者而言。承上文言天地之經惟爲民則，所以聖人因天之明、因地之義，其則天地以盡孝如此。而即以之順天下之民，亦順其所同則者而已。變經曰明，極言其理之顯著，如七政之麗天而迭運是也。義不更言明者，五土燥濕之宜，地有實象可驗故也。而其順之之術曰教，曰政。惟其順也，故教可不肅，政可不嚴。教主勸導，故曰「成」；政主法令，故曰「治」。

先王見教之可以化民也，是故先之以博愛而民莫遺其親，陳之以德義而民興行，先之以敬讓而民不争，道之以禮樂而民和睦，示之以好惡而民知禁。道，音「導」。好，呼報切；惡，烏路切，又並如字。○今文「道」作「導」。○司馬氏光曰：「教」當作「孝」，聲之誤也。○朱子《刊誤》删此節及下節，凡六十九字。

唐明皇曰：見因天地教化人之易也。君愛其親，則人化之，無有遺其親者。陳説德義之美，爲衆所慕，則人起心而行之。君行敬讓，則人化而不争。禮以檢其跡，樂以正其心，則和睦矣。示好以引之，示惡以止之，則人知有禁令，而不敢犯也。

邢氏昺曰：鄭註：言先王見天明、地利有益於人，因之以施化，行之甚易也。○王

註：言君行博愛之道則人化之，皆能行愛敬，無有遺忘其親者，即《天子章》之「愛敬盡於事親，而德教加於百姓」是也。○《易》稱：「君子進德修業。」又《論語》云：「義以爲質。」又《左傳》説趙衰薦郤縠云：「説禮樂而敦《詩》《書》。《詩》《書》，義之府也；禮樂，德之則也。德義，利之本也。」且德義之利，是爲政之本也。言大臣陳説德義之美，是天子所重，爲群情所慕，則人起發心志而效行之。○魏註：案《禮記・鄉飲酒義》云：「先禮而後財，則民作敬讓，而不争矣。」言君身先行敬讓，則天下之人，自息貪競也。又《禮記》云：「樂由中出，禮自外作。」「中」，謂心在其中也。「外」，謂跡見於外也。由心以出者，宜聽樂以正之；自跡以見者，當用禮以檢之。「檢之」，謂檢束也。心跡不違於禮樂，則人當自和睦也。○案《樂記》云：「先王之制禮樂也，將以教民平好惡，而反人道之正也。」故示有好必賞之，令以引喻之，使其慕而歸善也；示有惡必罰之，禁以懲止之，使其懼而不爲也。

司馬氏光曰：言知孝爲天地之經，易以化民也。「其親」，謂九族之親，疎且愛之，況於親乎？「陳」，謂陳列以教人。「興行」，起爲善行。禮以和外，樂以和内。君好善而能賞，惡惡而能誅，則下知禁矣。五者皆孝治之具。

范氏祖禹曰：「先之博愛」者，身先之也。博愛者，無所不愛，況其親族，其可遺之乎？

上之所爲，不令而從。故君能博愛，則民不遺其親矣。「陳之以德義」，德者，得也；義者，宜也。得於己，宜於人，必可見於天下，則民莫不興行矣。爲上者不可不敬，爲國者不可不讓。「先之以敬讓」，所以教民不争也。「禮」，非玉帛之謂；「樂」，非鐘鼓之謂。禮以修外，主於節；樂以修内，主於和。天叙有典，天秩有禮，五典五禮，所以奉天也。有序則和樂，故樂由是生焉。有序而和，未有不親睦者也。上之所好，不必賞而勸；上之所惡，不必罰而懲。好善而惡惡，則民知所禁甚於刑賞。故人君爲天下，示其好惡所在而已。

朱氏申曰：先王見得孝之爲教可以化民，所以先推愛親之心以博愛其民，而民無有遺其親者。陳説德義之美，而民皆興起於所行。先以恭敬遜讓率民，而民無有相争鬭者。「道」，引也。道民以禮，而防其僞；道民以樂，而防其情，而民自然和睦。示之以好，使民趨之；示之以惡，使民避之。則民知有禁令，不敢犯也。

虞氏淳熙曰：先王把愛父愛母極大的愛來順天下，天下人自然不忍遺棄二親。就將此仁愛之所統唤做德義的與他陳説一番，衆人便都全修百行矣。先把這敬父敬母的敬讓來順天下，天下人自然不敢好勇鬭狠。就將此敬讓之文唤做禮樂的與他開導一番，衆人卻都和順親睦矣。又將禮樂之情唤做好惡的與他披露一番，衆人便都怕犯禁令矣。曰博愛，曰德義，曰敬讓，曰禮樂，曰好惡，乃孝之支。先王之教也，曰莫遺親，曰興行，曰不争，曰和睦，曰卻禁，乃先王之化民也。

吕氏維祺曰：教承上「不肅而成」之教，言政教皆可化民。而以孝立教，其化尤神。是以先王有見於此，而必以身先之也。博愛、敬讓，以身前乎民，故兩曰「先之」；德義之美可布，故陳之；禮節樂和，有節文、聲容可引，故導之；善當好，惡當惡，善有慶，惡有刑，可以昭明勸戒，故示之。此五者，則天地之經，以孝教民之目也。

黄氏道周曰：孝而可以化民，則嚴肅之治何所用乎？孝，教也。教以因道，道以因性，行其至順，而先王無事焉。博愛者，孝之施也；德義者，孝之制也；敬讓者，孝之致也；禮樂者，孝之文也；好惡者，孝之情也。五者，先王所以教也。《虞書》曰：「百姓不親，五品不遜，汝作司徒，敬敷五教，在寬。」敬寬在於上，親遜著於下。二者，唐虞之所以成治也。

毛氏奇齡曰：或問：孝本天地之經，而民是則之。故其教不肅而成，政不嚴而治。是成教者，孝之效也。而曰「先王見教之可以化民」，則所云「不肅而成」「不嚴而治」者，非孝之效，而教之效矣。故温公改「教」爲「孝」。然則改之豈過乎？答云：聖人之言，矢口成文，無邊無幅，非可量其短長，而齊其參錯。《中庸》「取人以身」，脩身之效也；既而曰「思脩身不可以不知人」，則取人又脩身之功矣。故此章初言孝，繼言教，而其言教，則又雜出之以德義、敬讓、禮樂、好惡諸名。如《中庸》初言人存，繼言脩身，而其言脩身，則又雜出以仁道、義禮、事親、知人諸名也。

葉氏鈖曰：天經、地義、人行，天人一理。博愛、德義、敬讓、禮樂、好惡，聖凡一心。

李氏光地曰：「見教之可以化民」，舉中之辭也。「先之以博愛」「敬讓」者，推其孝以行愛敬身先之事，教之本也。陳以德義、導以禮樂者，教之博愛；敬讓，教之具也。示以好惡，則有賞罰懲勸、法制禁坊之設，政之事而教之輔也。

耿氏介曰：博愛謂百方去歡愛其親，張子所謂聚百順以事親是也。「博愛」句，是孝主腦，下四句推開説。

姜氏兆錫曰：承上文言「先王見孝之可以化民」如此，故既先之，因以陳之，導之，示之，而民無不化也。先王非謂化民而始身先以孝，蓋明帥下之理如此，以起陳之、導之、示之之意耳。讀者不以詞害意可也。○或問：「先之博愛」之下，繼以「陳之德義」，「先之敬讓」之下，繼以「導之禮樂」，何也？曰：非謂博愛不關禮樂、敬讓無與德義也。但愛敬同原而異用。仁者，心之德、愛之理也，故繼愛以德義。禮者，敬而已矣，故繼敬以禮樂。後章亦云：「不愛其親而愛他人者，謂之悖德；不敬其親而敬他人者，謂之悖禮。」以此推之，其義可見。

庭棟案：上文「教不肅而成，政不嚴而治」，但言其理如此，尚未明指政教之實事，及治成之明效，故復申言之。先王即因天因地之人。教，教孝也。上言政教，而此獨言教者，教可該政也。化，猶成也，治也。「先王見教之可以化民」者，惟其因天因地，以順天下，所以確見其如此也。「是故」二字，推原之辭。先之，身先之也。愛敬，即愛敬其親。愛而曰博，仁民愛物，廣而推之；敬而曰讓，事兄事長，類而及之。陳者，陳説。德，謂仁義禮智之德。義，謂君臣、父子、夫婦、昆弟、朋友之義。德義者，博愛之原，故先之，而又陳之。道者，引導。禮以修外，檢束其體；樂以修内，和平其志。禮樂者，敬讓之跡，故先之，而又道之。其教之不肅可知，而民莫有遺棄其所親，則已化於博愛矣，且更興起而敦行，則化於德義有然；而民不相争鬭，則已化於敬讓矣，且更各相和睦，則化於禮樂有然。教之不肅而成如此。示之，謂立法以示之。率教之民則當好，好者，有賞以爲勸；不率教之民則當惡，惡者，有罰以爲懲。是所謂政也，示之不過好惡，其不嚴可知。禁，止也，言不敢犯也。民知禁者，知不率教之有罰，而不敢犯，則又化於所示之中矣。政之不嚴而治又如此。此一節，皆申明上文之意。其詳於教而畧於政者，政特輔乎教之所不及，故畧言之也。

《詩》云：「赫赫師尹，民具爾瞻。」赫，一本作「赤」，同，火白切。

唐明皇曰：赫赫，明盛貌也。尹氏爲太師，周之三公也。義取大臣助君行化，而人皆瞻仰之也。

邢氏昺曰：《毛傳》：「太師、太傅、太保，周之三公。」尹氏時爲太師，故曰師尹也。○孔安國曰：「具，皆也。爾，女也。」「人具爾瞻」，謂人皆瞻女也。○此章再言「先之」，是君身行率先於物也；「陳之」「導之」「示之」，是大臣助君爲政也。夫政之不中，君之過也；政之既中，令之不行，職事者之罪也。引《詩》是明下民從上之義。師尹，大臣也。人君爲政，有身行之者，有大臣助行之者。人之從上，非唯從君，亦從大臣，故引以結之也。皇侃以爲無先王在上之詩，故斷章引太師之什，今不取也。

司馬氏光曰：具，俱也。言上之所爲，下必觀而化之。

《直解》云：赫赫，是威嚴光顯的意思。夫子引《詩》來説道。周朝的太師尹氏，百姓都瞻望着他。這箇正説在上面的人，百姓都看着，不可不先行孝道。

虞氏淳熙曰：夫子引《節南山》詩，謂尹氏不過是太師，百姓且瞻望他，況明明天子爲四海具瞻，可不立教以化民乎？

吕氏維祺曰：此章與天子之孝互相發明。先王，天子也。教，德教也。「博愛」「敬讓」者，「愛敬盡於事親」也，「德義」，三者皆德教也；先之、陳之、導之、示之，加於百姓也；「民莫遺其親」之五者，刑於四海也。引《詩》之言師尹者，況一人也。民，兆民也。具瞻者，賴之也。○案《大學·平天下章》亦引此詩。朱子註曰：「言在尊位者，人所觀仰，不可不謹。」又曰：「古人引《詩》，多斷章取義，或姑借其辭以明己意，未必皆取本文之義。」

黄氏道周曰：言夫嚴肅之不可爲治也。「具瞻」，所以教慎也。

葉氏鈖曰：此詩刺幽王用尹氏以致亂。孔子引之，隱然謂幽王不能以孝治天下，爲後世炯戒也。《大學》引《節南山之什》，爲不能絜矩之戒，其意亦同。

趙氏起蛟曰：此詩周家父刺幽王用尹氏以致亂而作，此則言其係天下之望之辭也。以見居高者，不可徒恃爵禄之崇，而以民之視聽爲可忽也。

庭棟案：引詩言師尹者，借以明「具瞻」之意。蓋孝爲天地之經，民則之以爲行。但民不能自則，皆瞻仰在上之人，有政教以化之也。

右第八章

今文以此爲「三才章第七」。邢氏昺曰：天地謂之二儀，兼人謂之三才。曾子見夫子陳説五等之孝既畢，乃發歎曰：「甚哉，孝之大也！」夫子因其歎美，乃爲説天經、地義、人行之事，可教化於人，故以名章，次五孝之後。○朱子曰：此以下皆傳文，而此一節蓋釋「以順天下」之意，當爲傳之三章，而今失其次矣。但自其章首以至「因地之義」，皆是《春秋左氏傳》所載子太叔爲趙簡子道子産之言，唯易「禮」字爲「孝」字，而文勢反不若彼之通貫，條目反不若彼之完備。明此襲彼，非彼取此，無疑也。其曰「聖人見教之可以化民」，又與上文不相屬，故温公改「教」爲「孝」，乃得粗通，而下文所謂德義、敬讓、禮樂、好惡者，却不相應。疑亦裂取他書之成文，而强加粧綴，以爲孔子、曾子之問答，但未見其所出耳。然其前段文雖非是，而理猶可通，存之無害。至於後段，則文既可疑，而謂聖人見孝之可以化民，而後以身先之，於理又已悖矣。况先之以博愛，亦非立愛惟親之序，若之何而能使民不遺其親邪？其所引《詩》，亦不親切。今定「先王見教」以下凡六十九字並删去。○

吴氏澄曰:右傳之四章,釋「教之所由生」。删去六十九字,依《刊誤》。〇姜氏兆錫以此爲第三章,謂孔子因曾子歎孝之大而首明其所以大者,由於法天地以施大順之教也。

子曰:昔者明王之以孝治天下也,不敢遺小國之臣,而況於公、侯、伯、子、男乎?故得萬國之歡心,以事其先王。今文「歡」作「懽」,下並同。

唐明皇曰:言先代明聖之王,以至德要道化人,是爲孝理。小國之臣,至卑者耳,王尚接之以禮,況於五等諸侯?是廣敬也。萬國,舉其多也。言行孝道以理天下,皆得懽心,則各以其職來助祭也。

邢氏昺曰:章首稱「子曰」者,事訖,更別起端首也。《尚書·洪範》云:「睿作聖。」《左傳》:「照臨四方曰明。」明王,則聖王之稱也。是汎指前代聖王。經言明王,還指首章之先王也。以代言之謂之先王,以聖明言之則爲明王。案:五等,公爲上等,侯、伯爲次等,子、男爲下等。小國之臣,謂子、男卿大夫。言雖至卑,盡來朝聘,天子以禮接之,是皆廣敬之道也。得諸侯之懽心,以事其先王者,謂天下諸侯,各以其所職貢來助天子之祭也。經稱先王有六，皆指先代行孝之王。此章云「以事其先王」，指行孝王之祖考。

司馬氏光曰：遺謂簡忽，使之失所也。莫不得所欲，故皆有歡心以之事先王，其孝孰大焉！

范氏祖禹曰：天子不敢遺小國之臣，則待公、侯、伯、子、男以禮可知矣。上以禮待下，下以禮事上，而愛敬生焉。愛敬所以得天下之歡心也。以萬國歡心，而事先王，此天子孝之大者也。

董氏鼎曰：小國之臣，謂土地褊小，不能五十里，附於諸侯，曰附庸是也。夫子言，昔者明哲之王，以孝道而治理天下，推其愛敬之心，至於附庸；小國之臣，尚不敢遺忘，而況公、侯、伯、子、男大國之臣乎？以此之故，所以得天下萬國之歡心。天子建國，公侯地方百里，伯七十里，子男五十里。五十里以下，皆小國也。合大小之國，極言其多，故曰萬國。皆得其歡悦之心，則尊君親上，人心和而王業固。以此事奉其先王，則孝道至矣。蓋明足以有見，而知事理之必然；誠足以有行，而不忘於微賤。則萬國歸心，先王世享矣。蓋夫子所以首稱明王，而繼言其不敢。蓋不敢之心，則祗懼之誠也。即經言「天子之孝，不敢惡慢於人」是也。

吴氏澄曰：以孝治天下者，謂天子能孝於先王，而推其愛敬於一家、一國，以及天下之萬國也。遺，謂忘之而不省録。小國之臣，謂子男之卿大夫。萬國，統五等君臣而言。蓋能孝於先王，然後能推之以及天下，而得萬國之懽心。否則，是其所以事先王者，有未至也。天子無生親可事，故以事其先王爲孝。

孫氏本曰：承上章言民之感化在下，而樞機在上。故先王以孝治天下，惟推愛敬其親之心，不敢惡慢於人。不遺者，愛也；不敢遺者，敬也。

黄氏道周曰：《易》曰："雷出地奮，先王以作樂崇德，殷薦之上帝，以配祖考。"夫得萬國而不得其懽心，雖得萬國，安用乎？

李氏光地曰：上章所謂"先之以博愛""敬讓"者，推孝之心以行其愛敬者也。此章所言，則以愛敬而得人之懽心，以成其孝者也。自有天下國家者，皆然。足以發明自天子至庶人之孝之説。

孔氏尚熹曰：只此"孝治天下"之一言，該盡帝王之道矣。漢室諸帝，皆謚曰"孝"，得古人之遺意。

趙氏起蛟曰：公、侯、伯、子、男與小國之臣，皆人之屬。以言天子，故特舉君長而言，不及細民也。事其先王而得萬國之懽心，可見上之施愛敬於下者，及身而止；下之致愛敬於上者，兼隆乎祖考。治天下誠貴夫孝，而孝誠在乎愛敬也。

張氏步周曰：明王欲以孝治天下，便灼見萬國之懽心。止此不遺其親，一點孝思所注，故雖小國之臣，且令之各得隨分，以自展其孝思；而況五等諸侯，各有定制，以守宗廟之典籍者乎？所以國無大小，皆得其孝親之懽心，玉帛來同，以助祭乎先王，而事先王之孝思始展，天下之孝思與之俱展。此天子之孝也。

姜氏兆錫曰：明，猶聖也。前二章稱先王，以世言之。此章稱明王，後章稱聖人、君子，以德言之也。事者，各以其職來助祭也。

庭棟案：此章言明王孝治天下之驗。遺，猶忘也。小國之臣者，小國之君對明王而言，故曰臣。稱先王者，謂事死如此，事生可知。末節云「生則親安之，祭則鬼享之」是也。言以我愛親、敬親之心，推及乎臣下，而不敢或遺，則有以得萬國之歡心，還致愛敬於我，而即以愛我、敬我之心，并而致之於我親，乃爲孝之極。下二節言諸侯、卿大夫，分位有尊卑，故人各以類舉。至於感應之間，其義一也。

治國者不敢侮於鰥寡，而況於士民乎？故得百姓之歡心，以事其先君。

唐明皇曰：理國，謂諸侯也。鰥寡，國之微者，君尚不敢輕侮，況知禮義之士乎？諸侯能行孝理，得所統之懽心，則皆恭事助其祭享也。

邢氏昺曰：魏註：案《周禮》云「體國經野」，《詩》云「生此王國」，是天子亦言國也。《易》曰「先王以建萬國、親諸侯」，是諸侯之國。上言明王「理天下」，此言「理國」，諸侯之國也。《王制》云：「老而無妻者謂之鰥，老而無夫者謂之寡。」此天下之窮民而無告者也。」《詩》云「彼都人士」，《左傳》云「多殺國士」，此皆指有知識之人，不必居官授職之士。舊解：「士，知禮義。」又曰：「士，丈夫之美稱。」謂民中知禮義者。此言諸侯孝治其國，得百姓之懽心也。一國百姓，皆君所統理，故以「所統」言之。孔安國曰「亦以相統理」是也。

祭享，四時及禘祫也。於祭享之時，恭其職事，獻其所有以助於君。

司馬氏光曰：侮謂輕棄之也。士謂凡在位者。

范氏祖禹曰：治國者不敢侮鰥寡，則無一夫不獲其所矣。以百姓歡心事其先君，此諸侯孝之大者也。伊尹曰：「匹夫匹婦，不獲自盡，民主罔與成厥功。」天子之於天下，諸侯之於一國，有一夫不獲其所，一物不得其養，則於事先王、先君有不至者矣。

董氏鼎曰：侮，慢忽也。一命以上謂之士，民則農工商賈也。諸侯有卿大夫，只言士民，亦舉小以見大耳。百姓或謂百官族姓，或謂民之族姓。然以上文「萬國」例之，當是官族大夫之家。先君，始受命爲國君者也。此與經言「諸侯之孝」相發明。不敢侮鰥寡，即不驕不奢之極；得百姓之歡心，即長守富貴之本也。

吴氏澄曰：治國者，以孝治其國也。言諸侯能孝於先君，而推其愛敬於一家，以及一國之百姓也。侮謂忽之而不矜恤。士，民之秀也。百姓，通士民、鰥寡而言。窮民且不侮，則凡衆民與夫秀於民而爲士者，有以得其懽心可知矣。如是乃所以事其先君也。蓋能孝於先君，然後能推之以及一國，而得百姓之懽心。否則，是其所以事先君者有未至也。諸侯亦無生親可事，故以事其先君爲孝。○或曰：子謂天子、諸侯無生親可事，獨無母存者乎？曰：聖人立言，舉尊以包卑，故上章及此章，與《中庸》論武王、周公，皆以宗廟事死之孝而言。若有母存，則事生之孝固在其中矣。

朱氏軾曰：案言先王、先君，則生存者可知。先儒謂天子、諸侯無生親可事，故言先王、先君未當。

趙氏起蛟曰：此申明諸侯愛敬之推於一國者而言。蓋鰥寡、士民皆天子所寄托而先君所保護者，一念及此，則愛敬之不暇，而敢侮乎？觀於不侮，百姓咸發其愛敬之懽心，以及夫先君。誰謂鰥寡、士民可侮哉？

庭棟案：治國者，以孝治其國也，不敢侮鰥寡。《書》云「無虐煢獨」是也。士爲四民之一。曰士民者，兼四民而言。鰥寡、士民統謂之百姓。百姓言其衆。《大學》云：「得衆則得國，失衆則失國。」國之所重者百姓，故不言卿大夫而言百姓也。稱事其先君者，天子稱先王，則諸侯稱先君矣。餘義並同上節。

治家者不敢失於臣妾，而況於妻子乎？故得人之歡心，以事其親。失，舊本誤作「侮」。案：古文傳自劉炫。炫解經作「失」，可據。見下邢氏疏。

唐明皇曰：理家，謂卿大夫。臣妾，家之賤者；妻子，家之貴者。卿大夫位以材進，受禄養親，若能孝理其家，則得小大之懽心，助養其親。

邢氏昺曰：案《尚書·費誓》曰：「竊牛馬，誘臣妾。」孔安國云：「誘偷奴婢。」既以臣妾爲奴婢，是「家之賤者」也。《禮記》哀公問於孔子，孔子對曰：「妻者，親之主也，敢不敬與？子者，親之後也，敢不敬與？」是「妻子，家之貴者」也。「若能孝理其家，則得小大之懽心」者，小謂臣妾，大謂妻子也。天子、諸侯繼父而立，故言先王、先君。大夫唯賢是授，居位之時，或有俸禄以逮於親，故言「其親」也。此言事親生之義也。若親以終没，亦當言助其祭祀也。○劉炫云：「遺，謂意不存録。侮，謂忽慢其人。失，謂不得其意。小國之臣位卑，或簡其禮，故云『不敢遺』也。鰥寡，人中賤弱，或被人輕侮欺陵，故曰『不敢侮』也。臣妾營事産業，宜須得其心力，故云『不敢失』也。明王『況公侯伯子男』，諸侯『況士民』，卿大夫『況妻子』者，以王者尊貴，故況列國之貴者；諸侯差卑，故況國中之卑者。以五等皆貴，故況其卑也；大夫或事父母，故況家人之貴者也。」

范氏祖禹曰：治家者，必御臣妾以道，待妻子以禮，然後可以得人之歡心而不辱其親矣。

董氏鼎曰：此言卿大夫之孝治，士庶人亦并舉矣。古者，卿置側室，大夫有貳宗，士有隷子弟，庶人、工商各有分親，皆所謂臣妾也。臣妾賤而疎，妻子貴而親。人之情，常厚於親貴，而薄於疎賤。而昔之卿大夫以孝治其家者，推其愛敬之心，曾不敢失於臣妾之心。彼疎賤者尚如此，而況於妻子之親貴者乎？

吴氏澄曰：謂卿大夫能孝於親，推其愛敬於一家之人也。失，謂不得其心。人，通妻子、臣妾言。於臣不失，則子可知；於妾不失，則妻可知。如是，乃所以事其親也。蓋能孝於父母，然後能推之於一家之人，而得其懽心。否則，所以事其親者有未至也。

吕氏大臨曰：君子之道，莫大乎孝。孝之本，莫大乎順親。故仁人、孝子欲順乎親，必先妻子不失其好，兄弟不失其和，然後可以養父母之志而無違也。故「身不行道，不行於妻子」。文王「刑於寡妻，至於兄弟」，則治家之道，必自妻子始。

吕氏維祺曰：上節及此節言明王孝治天下之教，有以感化之。非上節爲諸侯之孝，此節爲卿大夫之孝也。觀末節云「故明王之以孝治天下如此」可見。

庭楝案：治家者以孝治其家也。失，謂失其待之之道。臣，家臣。妾，媵妾。《儀禮·喪服》傳曰：「貴臣、貴妾，明臣妾亦有貴賤。」此就賤者言之。妻者，齊也；子者，嗣也。家之貴者也。妻子、臣妾，盡乎一家之人矣。以事其親者，就生事言，則死事又可知。與前二節稱先王、先君者，其意互見也。餘義並同前二節。又案：小國之臣曰「遺」者，偏隅蕞爾，易於忽忘故也。鰥寡曰「侮」者，窮民無告，易於凌虐故也。臣妾曰「失」者，左右近習，易於脱畧故也。而乃並云「不敢」，皆其愛親、敬親之所推焉者。夫是之謂「孝治」。前章「不敢惡慢於人」，形容愛敬其親之極至。此章不敢遺與侮與失，推此愛敬以及人也。

夫然，故生則親安之，祭則鬼享之。是以天下和平，災害不生，禍亂不作。故明王之以孝治天下如此。夫，音「扶」。享，如字。又賈氏昌朝曰：「享，獻也，呼兩切。神受其獻曰享，呼亮切。」災，一本作「灾」。司馬氏光曰：古文「亂」作「䜌」，舊讀作「變」，非。○今文「孝治天下」之下有「也」字。

唐明皇曰：「夫然」者，然上孝理皆得懽心，則存安其榮，没享其祭。上敬下懽，存安没享，人用和睦，以致太平，則災害禍亂，無因而起。言明王以孝爲理，則諸侯以下化而行之，故致如此福應。

邢氏昺曰：此總結天子、諸侯、卿大夫之孝治也。言明王孝治天下，則諸侯以下各順其教，皆治其國家也。如此各得懽心，親若存則安其孝養，没則享其祭祀。故得和氣降生，感動昭昧。是以普天之下和睦太平，災害之萌不生，禍亂之端不起。此爲明王之以孝治天下，故能致如此之美。○皇侃云：「天反時爲災，謂風雨不節；地反物爲妖，妖即害物，謂水旱傷禾稼也。善則逢殃爲禍，臣下反逆爲亂也。」

司馬氏光曰：治天下國家者，苟不用此道，則近於危辱，非孝也。災害不生，天道和。

禍亂不作，人理平。明王之以孝治天下者，使國以孝治其國，家以孝治其家，以致和平之應也。

范氏祖禹曰：知幽莫如顯，知死莫如生。能事親，則能事神。故生則親安之，祭則鬼享之，其理然也。災害，天之所爲也；禍亂，人之所爲也。夫孝，致之而塞乎天地，溥之而横乎四海。至於陰陽和、風雨時，故災害不生；禮樂興、刑罰措，故禍亂不作。

真氏德秀曰：人和，則天地之和也。應其始，推愛敬親之心以及人；其終，獲愛敬人之應以及親，所謂「孝治天下」者如此。後世之君，虐民稔禍，至危親以及宗廟，然後知聖言真蓍龜也。

董氏鼎曰：夫然，猶言惟其如此也。故，猶言是以如此也。安者，其心無憂。享者，其魂來格。人死曰鬼，氣屈而歸也。「明王之以孝治天下如此」，蓋由天子身率於上，所以諸侯以下化而行之。

朱氏申曰：和則災害無由而生，平則禍亂無由而作。

吴氏澄曰：親安，指事親而言。鬼享，指事先王、先君而言。「享」「饗」通，謂歆享其祭。舉「天下」，則國家在其中。和平，謂各得其懽心，而無有乖戾偏頗也。天災之甚者爲害，人禍之甚者爲亂。由鬼享而上達，則天道順而無災害。由親安而下達，則人道順而無禍亂。此以孝治天下之極功也。

虞氏淳熙曰：凡人含怨忍辱，屈意服事於人，受他服事享用，終不安樂。如今聚着這許多懽心，事生存的父母，父母心裏也懽喜，有甚不安樂處？聚着許多懽心，去事亡過的父母，父母的神靈也懽喜，有甚不歆享處？

趙氏起蛟曰：天下有天下之災害禍亂，國家有國家之災害禍亂。而能各盡其愛敬，以成夫孝治，則不生不作，天下國家一而已矣。

張氏步周曰：普天之下人用和睦以致太平，天災人害自然不生，内禍外亂自然不作。明王孝治天下如此，其神效也。

庭棟案：此承上文三節。「夫」，發語辭。「然」者，猶云如是。指不敢遺與侮與失而言。「安之」「享之」，兩「之」字，指得歡心以奉事者而言。「和平」即和睦。以一家言曰和睦，以天下言曰和平。和，故平也。災害起於不測，故言「生」。禍亂致之有故，故言「作」。至於天下和平，天地間皆愛敬所充塞，則皆和氣所充塞矣，尚何災害禍亂之爲患哉？末又結之曰「故明王之以孝治天下如此」，「如此」二字，總括全章，以見治國、治家，莫非明王孝治所統也。

《詩》云：「有覺德行，四國順之。」行，下孟切。

唐明皇曰：覺，大也。義取天子有大德行，則四方之國順而行之。

邢氏昺曰：夫子述昔時明王孝治之義，乃引《大雅·抑》篇贊美之。○鄭《詩》箋云：「有大德行，則天下順從其教。」

司馬氏光曰：覺，大也，直也。言王者有大直之德行。謂以孝治天下，故四方之國無敢逆之。

范氏祖禹曰：以天下之大，而莫不順於一人，惟能孝也。

虞氏淳熙曰：孔子恐曾子尚疑人各一心，因甚這等通貫，便露出箇「覺」字來，見得良知交徹的妙處。乃引《詩》言人能抑抑敬慎，做得恭人，方做得哲人。哲人有覺悟處，德行從覺悟處成就。他的靈覺之心，就是四方臣民的靈覺之心。心心相通，有何隔礙？因此四國順之也。

黃氏道周曰：覺者，所謂教也。教者，所謂孝也。民心不懽，天下不順，雖貞子無以順於父母。故災害禍亂，則民心之不順爲之也。和氣生則衆志平，衆志平則怨惡息。天人交應，而鬼神從之。《書》曰：「協和萬邦，黎民於變時雍。」蓋言順也。

庭楝案：覺者，如先覺[一]後覺之覺。德行猶孝行。謂有覺民以孝行者，孝本順德，則四方之民無不順從之。上以順感，下以順應，所以得歡心者此也。

右第九章

今文以此爲「孝治章第八」。邢氏昺曰：夫子述此明王以孝治天下也，前章明先王因天地、順人情以爲教，此章言明王由孝而治，故以名章，次《三才》之後也。○朱子曰：此一節釋「民用和睦，上下無怨」之意，爲傳之四章。其言雖善，而亦非經文之正意。蓋經以孝而和，此以和而孝也。引《詩》亦無甚失，且其下文語已更端，無所隔礙，故今得且仍舊耳。後不言合删者，放此。○吴氏澄曰：右傳之二章，釋「以順天下，民用和睦，上下無怨」。以孝治者，順天下也；得懽心者，和睦無怨也。朱子云：「此言雖善，而非經文正意。蓋經以孝而和，此以和而孝。」澄謂此傳，正是發明經中以孝而和之意。所謂以事先王、以事先君、以事親者，言己有是孝，愛敬一念，由親及疎，由尊及卑，上下兩間，同乎一

[一]「先覺」下原衍「覺」字，今删。

順。故家國天下，無一不得其懽心，未有不得於親而能得於人者。孝子之效驗，至此乃所以見其事先、事親之孝云爾。非謂先得他人之懽心，而後以之事其先、事其親也。舊註以爲得彼懽心以助祭享、助奉養，蓋害於辭而失其意。朱子亦牽於舊註之説，故云。○姜氏兆錫以此爲第四章，謂承上章博愛、敬讓之意，以申愛敬盡於事親之實，而因以著天下大順之驗也。

孝經通釋卷第四終

孝經通釋卷第五

嘉善曹庭棟學

曾子曰：敢問聖人之德，其無以加於孝乎？今文無「其」字。

唐明皇曰：參聞明王孝理以致和平，又問聖人德教，更有大於孝不。

邢氏昺曰：「乎」，猶否也。

司馬氏光曰：言聖人之德，亦止於孝而已邪？

董氏鼎曰：曾子既聞明王以孝治，其極致之效如此，於是又推廣而言：敢問夫子，聖人之所以爲治者，固皆本於孝矣。不知聖人之所以爲德者，果無以加於孝乎？抑亦有在於孝之上，可以致理成化而過於此者乎？

虞氏淳熙曰：曾子聞前章引《詩》之言，已知孝爲至德，還疑是哲人之德，未是聖人之德，所以又問。

葉氏鈖曰：前章言明王之治莫大於孝，指有天子之位者。此章言聖人之德無加於孝，指有天子之德者。

姜氏兆錫曰：加之，言尚也。曾子聞孝治之大，又問聖德無尚於孝，以探其本也。前告以明王，而問乃稱聖人者，語教化則稱王，而考德行則稱聖，其實一也。

庭棟案：上章夫子言明王之治，以及於人者而言。此曾子問聖人之德，以盡諸己者而言。故下文夫子即嚴父而極言之，云其無以加於孝。「乎」者，謂聖人之德，果無有大於孝否。蓋聖者，神明不測之號。疑若聖人之德，有加於孝，故以是問。

子曰：天地之性，人爲貴。人之行莫大於孝，孝莫大於嚴父，嚴父莫大於配天，則周公其人也。行，下孟切。

唐明皇曰：人爲貴者，貴其異於萬物也。孝者，德之本也。萬物資始於乾，人倫資父爲天。故孝行之大，莫過尊嚴其父也。謂父爲天，雖無貴賤，然以父配天之禮，始自周公，故曰「其人」也。

邢氏昺曰：性，生也。言天地之所生，唯人最貴也。鄭註云：「夫稱貴者，是殊異可重之名。」案《禮運》曰：「人者，五行之秀氣也。」《尚書》曰：「惟天地，萬物父母。惟人，萬物之靈。」是異於萬物也。嚴，敬也。以父配天之禮，始自周公。案《禮記》有虞氏尚德，不郊其祖，夏殷始尊祖於郊，無父配天之禮也，周公大聖而首行之。禮無二尊，既以后稷配郊天，不可又以文王配之。五帝，天之别名。因享明堂，而以文王配之。是周公嚴父配天之義也，亦所以申文王有尊祖之禮也。

司馬氏光曰：「人爲貴」者，人爲萬物之靈。「莫大於孝」，孝者，百行之本。嚴謂尊顯之。聖人之孝，無若周公事業著明，故舉以爲説。

范氏祖禹曰：天地之生萬物，惟人爲貴。人有天地之貌，懷五常之性，故人之行莫大於孝。聖人者，人倫之先也，惟孝爲大。嚴父，孝之大者也。天子有配天之禮。配天，嚴父之大者也。自周公始行之。

朱子曰：「嚴父」，只是周公於文王如此稱纔是，成王便是祖。此等處，儘有理會不得處。又或問：先生説「孝莫大於嚴父，嚴父莫大於配天」。必若此而後可以爲孝，豈不啟人僭亂之心？而《中庸》説舜、武之孝，亦以「尊爲天子，富有四海之内」言之，如何？曰：《中庸》是著舜、武王言之，何害？若汎言人之孝，而必以此爲説，則不可。

陸氏九淵曰：人生天地之間，禀陰陽之和，抱五行之秀，其爲貴孰得而加焉？使能因其本然,全其固有,則所謂貴者固自有之,自知之,自享之,而奚以聖人之言爲?惟夫陷溺於物欲而不能自拔,則其所貴者類出於利欲,而良貴由是以寖微。聖人憫焉,告之以「天地之性,人爲貴」,則所以曉之者至矣。

董氏鼎曰:人稟天地之性,不過仁義禮智信五者而已。專言仁,又爲人心之全德,禮義智信包括於其中。仁主於愛,愛莫先於愛親。故仁之發見,如水之流行。親親爲第一坎,仁民爲第二坎,愛物爲第三坎,此人所行之。行莫大於孝也。人惟不知孝之大也,而失於自小。惟不知人之貴也,而失於自賤。自賤則雖有人之形,無以遠於禽獸矣。自小則雖有聖賢之資,無以拔於凡庶矣。此夫子答曾子之問,先之曰「天地之性,人爲貴。人之行莫大於孝」。若夫孝於親之道無所不至,而莫大於尊敬其父;尊敬其父亦無所不至,而莫大於配享上天。惟天爲大,尊無與對,而能以己之父與之配享,所以尊敬其父者至矣,極矣,不可以復加矣。然仁人孝子愛親之心雖無窮,而立綱、陳紀、制禮之節則有限,求其能盡孝之大,而嚴父以配天者,則惟周公其人也。

朱氏申曰:人物皆稟天地之理以爲性,人獨得其秀而爲萬物之靈。

吴氏澄曰:性者,人物所得以生之理。行者,人之所行也。人物均得天地之氣以爲質，均得天地之理以爲性。然物得氣之偏，而其質塞，是以不能全其性；人得氣之正，而其質通，是以能全其性，而與天地一。故得天地之性者，人獨爲貴，物莫能同也。

虞氏淳熙曰：直把父親配了無聲無臭的天，再尊嚴不去了，纔是大孝。

蔡氏悉曰：「天地之性，人爲貴」，父子之道天性也。率性而愛敬之，謂之孝。是曰性善至於配天，而性無毫髮不盡矣。夫子言性，切近精實如此。

朱氏鴻曰：命諸天則謂之性，體諸身則謂之行。

黄氏道周曰：聖人之道，顯天而藏地，尊父而親母。父以嚴而治陽，母以順而治陰。嚴者職教，順者職治。教有象，而治無爲。故曰嚴父，不曰順母；曰配天，不曰配地。是聖人之道也。禽獸知母而不知父，衆人知父而不知天。有知嚴父配天之説者，則通於聖人之道矣。

李氏光地曰：此章申「夫孝，天之經」之意也。天地之性，純粹至善，萬物得之，惟人最全。五常之發，百行共貫，孝爲之先，是以獨大。

朱氏軾曰：人爲萬物之靈，以其得於天地者全也。仁義禮智，性所自有。子臣弟友，道所共由。人者仁也，親親爲大，故曰「人之行莫大於孝」。

吴氏隆元曰:「周公其人也」,此「人」字與上文兩「人」字照應,謂周公能立人之極。

趙氏起蛟曰:人爲萬物之靈,故貴。孝爲百行之原,故大。聖人亦人耳,豈能加毫末於是哉?「孝莫大於嚴父,嚴父莫大於配天」者,承上「莫大」之意而節舉其一端也。蓋孝以嚴父爲大者,見孝之節文雖多,總莫出於敬也;敬父以配天爲大者,見敬之條目不一,而總無加於配天也。

張氏步周曰:兩「莫大」字,正與「無加」相承。言孝而説天地之性,正以孝爲天經地義民行。故又説「人爲貴」,非以人之靈萬物爲貴,正以人之克盡天地之性爲貴也。以此性率而由之,即爲人之行。而百行皆以孝爲宗,莫大乎孝也。而孝何爲大?莫大於嚴父矣。孝子之視無形、聽無聲者,直見爲尊嚴而不可犯,是愛而以畏出之也。至尊嚴莫如天,嚴父者至配天而止矣。

姜氏兆錫曰:性則理也。所謂天命之性也,萬物同具此性,而人爲萬物之靈,故貴也。行,謂率性而行者,猶言率性之道也。五常之性,惟仁爲長,而五倫之行,惟孝爲大也。嚴即敬也。對文則因嚴之嚴,其義小;教敬之敬,其義大。散文則通也。配天,兼下文「配天」、「配上帝」而言。周公,后稷之十六世孫,文王之子,相王興禮定制,故不言周王，而直言周公也。

庭棟案：曾子以德爲問，夫子原其德之所自來，故先言性。性命於天地人物所共，故曰「天地之性」。德根於性，而能全是德者則惟人，故曰「人爲貴」。行，德行也。人之行，不止一端，而孝爲至德，此其所以莫大也。愛、敬二端，所以行孝。嚴者，敬之至也。「孝莫大於嚴父」者，言敬則愛可知。「配天」者，天子之禮。因言嚴父，而究其極至配天，而嚴之分量始完，故謂「嚴父莫大於配天」。曰「周公其人」者，所以實配天之事。

昔者周公郊祀后稷以配天，宗祀文王於明堂以配上帝，是以四海之内各以其職來助祭。夫聖人之德，又何以加於孝乎？夫，音「扶」。○今文「來」下無「助」字。

唐明皇曰：「后稷」，周之始祖也。「郊」，謂圜丘祀天也。周公攝政，因行郊天之祭，乃尊始祖以配之也。「明堂」，天子布政之宫也。周公因祀五方上帝於明堂，乃尊文王以配之也。君行嚴配之禮，則德教刑於四海，海内諸侯各修其職來助祭也。「何以加於孝」，言無大於孝者。

陸氏德明曰：后，社名。稷，官名。

邢氏昺曰：前陳周公以父配天，因言配天之事。自昔武王既崩，成王年幼即位，周公攝政，因行郊天之禮，乃以始祖后稷配天而祀之；因祀五方上帝於明堂之時，乃尊其父文王以配而享之。尊父祖以配天，崇孝享以致敬。○《毛詩·大雅·生民》之序曰：「生民，尊祖也。后稷生於姜嫄，文、武之功起於后稷，故推以配天焉。」是也。祀，祭也。祭天謂之郊。《郊特牲》曰：「郊之祭也，迎長日之至也。」又曰：「大報本反始也。」《公羊傳》：「郊則曷爲必祭稷？王者必以其祖配。王者則曷爲必以其祖配？自内出者無匹不行，自外至者無主不止。」言祭天，則天神爲客，是外至也。須人爲主，天神乃至，故尊始祖以配天神，侑坐而食之。明堂，天子布政之宫，明諸侯之尊卑也。案《史記》「黄帝接萬靈於明庭」，「明庭」即明堂。《考工記》曰：「夏后氏世室，殷人重屋，周人明堂。」先儒舊説，其制不同。周公因祀五方上帝於明堂，乃尊文王以配之，侑坐而食也。案鄭註《論語》云：「皇皇后帝，並爲太微五帝。在天爲上帝，分王五方爲五帝也。」東方青帝靈威仰，南方赤帝赤熛怒，西方白帝白招拒，北方黑帝汁光紀，中央黄帝含樞紐。○四海之内六服諸侯各修其職，貢方物。案《周禮》曰「侯服貢祀物」，註「犧牲之屬也」；「甸服貢嬪物」，註「絲帛也」；

「男服貢器物」，註「尊彝之屬也」；「采服貢服物」，註「玄纁絺纊也」；「衛服貢財物」，註「八材也」；「要服貢貨物」，註「龜貝也」。此六服諸侯「各修其職來助祭」。又若《尚書·武成》篇云「丁未祀於周廟，邦、甸、侯、衛駿奔走，執籩豆」，亦是助祭之義也。

司馬氏光曰：武王克商，則后稷、文王固有配天之尊矣。然居位日寡，禮樂未備，政教未洽，其於尊顯之道，猶若有闕。及周公攝政，制禮作樂，以致太平。四海之内，莫不服從，各率其職以來助祭。然後聖人之孝，於斯爲盛。

范氏祖禹曰：四海之内皆來助祭，所謂「得萬國之歡心，以事其先王」者也。

朱子曰：萬物本乎天，人本乎祖，故以所出之祖配天也。周之后稷，生於姜嫄，更推不去。文武之功，起於后稷，故配天須以后稷。「嚴父莫大於配天」，「宗祀文王於明堂以配上帝」，上帝即天也；聚天神而言之，則謂之上帝。○或問：帝即天，天即帝，分祭何也？曰：爲壇而祭，故謂之天；祭於屋下，而以神祇祭之，故謂之帝。

董氏鼎曰：郊祀，祭天也。祭天於南郊，故曰郊。宗祀，謂宗廟之祭也。天以形體言，上帝以主宰言。夫子答曾子之問，意已盡矣。下文復申言聖人教人以孝之故。

吴氏澄曰：郊，國門之外。宗者，文王之廟。天子七廟，祖廟一，昭廟三，穆廟三。祖廟百世不毁;昭穆六世後親盡則祧,其有功德當不祧者謂之宗。武王、成王時,文王居穆之第三廟。康王、昭王時,文王居穆之第二廟。穆王、共王時,文王居穆之第一廟。懿王時,文王親盡,在三穆之外。以其不當祧也,故於穆廟北別立一廟以祀文王,是名爲宗,不在七廟之數。穆王以前,文王雖未立廟,遞居三穆廟中,然即其所居之廟,亦名爲宗。蓋初祔廟時,已定爲百世不祧之宗故也。明堂者,廟之前堂。凡廟之制,後爲室,室則幽暗;前爲堂,堂則顯明,故曰明堂。享人鬼,尚幽暗,則於室;祀天神,尚顯明,故於堂也。上帝,即天也。祀之於郊,尊之而曰天。祀之於堂,親之而曰帝。冬至,於國門外之南郊築壇爲圜丘祀天,而以始祖后稷配。季秋,於文王廟之前堂祀帝,而以文王配。后稷封於邰,周家有國之始。文王三分天下有其二,周家有天下之始。故以后稷配天,文王配帝也。此禮一定,而周公之父,世世得配天帝,此周公所以獨能遂其嚴父之心也。然亦因其功德,禮所宜然,非私意也。○玉山汪氏嘗疑嚴父配天之文。陵陽李氏曰:「此言周公制禮之事耳。猶《中庸》言『周公成文武之德,追王太王、王季』也。」周公制禮,成王行之。自周公言,則嚴父;成王,則嚴祖也。謂嚴父,則明堂之配,當一世一易矣。豈其然乎?司馬温公曰:「周公制禮,文王適其父,故曰嚴父,非謂凡有天下者,皆當以父配天。」孝子之心，誰不欲尊其父？禮不敢踰也。祖己曰：「祀無豐於昵。」孔子論孝，亦曰：「祭之以禮。」漢以高祖配天，光武配明堂，文、景、明、章，德業非不美，然不敢推以配天。後世明堂皆以父配，此乃誤識《孝經》之意，違先王之禮，不可以爲法也。

虞氏淳熙曰：周公但制禮文，不敢身行禮節。後人止要明白禮義，豈宜僭用禮儀？悟得此，禮義透徹，人人可以事父配天，不必周家父子；時時可以事天事親，不必冬至、季秋。所謂「天地之經，而民則之」是也。〇案「宗祀」一語，鄭氏引《祭法》祖文宗武。王肅駁之曰：「審如鄭言，則經當言祖祀文王。」宗者，尊也。後儒言「宗」字有據。

朱氏鴻曰：周公以萬物本乎天，文武之功本於后稷，故冬至以后稷爲始祖，而配天祀於郊。冬至者，一陽始生，萬物之始，尊后稷，猶尊天也。萬物成形於帝，而人成形於父，故季秋以文王配上帝於明堂。季秋者，萬物之成，尊文王，猶尊上帝也。

馮氏夢龍曰：上帝即天也。五帝，五行也。萬物資始於天，然天實無爲，效其能者，五行也。周之王業，始於稷，而成於文王。故以稷配天，以文王配五帝。若謂明堂祀上帝，則與祀郊何別？

吕氏維祺曰：案此極論孝道之大，至於配天，即《中庸》孔子稱舜大孝、武達孝，極論之，至於爲天子、宗廟饗、子孫保、追王、上祀等事，非謂人人皆可，有今將之心也。蓋此章與《中庸》論「舜大孝」「文王無憂」「武王、周公達孝」例同看。

黄氏道周曰：夫道至於嚴父而至矣。周人祀后稷，而不祀姜嫄；配文王，而不配太姒。郊社、明堂，於此則必有取之也。郊社之義，三代異用也。社之言地，方澤之義也。郊之言天，圜丘之制也。后稷之配太社，則自夏商而始也。尊稷以配天，則獨周之制也。祖文王而宗武王，則自成、康而始也。太王、王季不敢言祧，《皇矣》之雅、《天作》之頌是也。故議禮者，不可不審也。郊后稷以配天，祀文王以配上帝，非周公之聖，則莫之爲也。不當周公之身，而議郊祀之禮，則禘嚳而郊稷，祖文王而宗武王，作者之意，於是止也。明堂之歲有六祀焉，四立五帝季秋大享是也。南郊有三，冬至迎長，上辛祈穀，龍見大雩是也。歲一祀后稷，而八享文王。聖人之尊親，不以疎數爲隆殺也。其敬益至，則其禮益簡。簡之者何？嚴之也。天嚴則曰父，父嚴則配天。后稷，祖也。以天之嚴，嚴之則亦曰父，故配天之父，非禰之謂也。以嚴而生敬，以敬而生孝，以孝而生順。不如是，不足以立教。故郊祀、明堂，性教之合也。四海於是觀嚴，則於是觀順焉。《詩》曰：「儀式型文王之典，曰靖四方。」蓋謂是也。夫當文王之身，躬集天命，則必配稷於南郊，配王季於〔一〕明堂。然且文王不爲之，而文王不以是損孝，留其緒以畀於周公。

邱氏濬曰：古者，聖人之於天尊而遠之，故祀於郊，而配以祖；親而近之，故祀於明堂，而配以父。蓋一歲之間，而有二祭。既於歲首一陽初生之月，祭天於泰壇，而以祖之有功者配祀。又於季秋萬寶告成之後，祀帝於明堂，而以宗之有德者配食。郊而曰天，所以尊之也。尊之，則祀之惟以其誠，故壇而不屋。以其形體稱之曰天。配天以祖，亦所以尊祖也。明堂而曰帝，所以親之也。親之，則祀之必備其禮，故屋而不壇。以其主宰稱之曰帝。配帝以父，亦所以親父也。朱子引陳氏説，謂：「郊者，古禮。而明堂者，周制也，周公以義起之也。」我聖祖初分祀天地，各爲之壇；其後乃合而祀之，共爲壇於南郊，其上則屋之焉。蓋泰壇、明堂爲一也。列聖相仍，皆以太祖、太宗並配，其於《孝經》之義並用以同行，脗合而無間，是蓋以義起者與！

毛氏奇齡曰：宗祀配位，祇開王主之，如《祭法》宗禹宗湯類，則周宜宗武。今反宗文

〔一〕「於」字原重，今删。

者，以鎬京明堂，武王既祀文王矣；至成王畢喪，周公攝政，則以武未禘祀，故《周頌·我將》仍以文王稱右享，而經云「嚴父〔一〕」「配天」「周公其人」，此周公爲之也。若洛邑明堂並祀文武，則烝祭、朝享，原非宗祀，嗣後或祀武，或並祀，則不可考矣。

李氏光地曰：推孝之極，至於父天母地而子天下，皆自父母推之也。如周公由文王而遡后稷，由稷而遡天與上帝，以至四海之内來祭如其孫、子，皆自其孝親而推極之。聖人之德，何以加於此乎？

張氏步周曰：「郊祀后稷以配天」，后稷，周之始祖。嚴父，所自出之祖也。「宗祀文王於明堂以配上帝」，正嚴父配天之實事也。

姜氏兆錫曰：后稷亦言嚴父者，凡祖皆有父，道統詞也。郊，謂南郊。宗，尊也。明堂，王者出政令之堂。一云宗爲宗廟之宗，明堂亦宗廟之屬。「各以其職來朝助祭」，此又所謂「得萬國之懽心，以事其先王」也。

庭棟案：此申言周公嚴父配天之事。《禮·祭法》：虞郊嚳，夏郊鯀，殷郊冥，周郊

〔一〕「父」原作「天」，據經文改。

稷。郊祀配天之禮，不自周公始之。故先言「郊祀后稷以配天」者，配天之常禮也。上帝即天也。謂既郊稷配天，而復以文王爲不祧之宗。而「宗祀文王於明堂以配上帝」者，嚴父配天之實，周公創制也。以，因也。職者，職守也。助，贊襄也。因其職守，貢其方物，以贊襄祀事也。助祭，亦禮之常。至於海内之國各以其職而來，非甚盛德，能感乎周徧如此乎？故德以孝而至，孝以嚴父配天而極。而謂聖人之德，尚有以加於此焉否也？《中庸》曰：「舜其大孝也與！德爲聖人。」蓋德爲聖人，止以成其孝之大，故聖人之德，非有以加於孝明矣。此二節，因論聖德無加於孝，而極之於嚴父配天；因論嚴父配天，而證之以周公。明非既爲常人之孝言也，故下文又即教敬、教愛以廣其義。

故親生之膝下，以養父母日嚴。聖人因嚴以教敬，因親以教愛。養，羊尚切。○司馬氏光曰：膝，一本作「育」。○吴氏隆元曰：「故親生之」爲句，「膝下以養」爲句。○吴氏澄《定本》以此節移入下章「厚莫重焉」之下。

唐明皇曰：親，猶愛也。膝下，謂孩幼之時也。言愛親之心生於孩幼，比及年長，漸識義方，則日加尊嚴，能致敬於父母也。聖人因其親嚴之心，敦以愛敬之教，故出以就傅、趨而過庭以教敬也，抑搔癢痛、懸衾篋枕以教愛也。

陸氏德明曰：日者，實也。日日行孝，故無闕也，象日。

邢氏昺曰：此更廣陳嚴父之由。言人倫正性，必在蒙幼之年。教則明，不教則昧。親愛之心，生在其孩幼膝下之時，於是父母則教示。比及年長，漸識義方，則日加尊嚴，能致敬於父母。聖人因其日嚴而教以敬，因其知親而教以愛。夫愛以敬生，敬先於愛，宜無待教。此言教敬愛者，案《樂記》曰「樂者爲同，禮者爲異。同則相親，異則相敬。樂勝則流」，是愛深而敬薄也；「禮勝則離」，是嚴多而愛殺也。不教敬則不嚴，不和親則忘愛，所以先敬而後愛也。舊註取《士章》之義，分愛、敬父母之别，此其失也。

司馬氏光曰：此下又明聖人以孝德教人之道也。親者，親愛之心。膝下，謂孩幼嬉戲於父母膝下時也。當是之時，已有親愛之心，而未知嚴恭。及其稍長，則日加嚴恭。明皆出其天性，非聖人强之。嚴親者，因心自然；敬愛者，約之以禮。

朱氏申曰：教敬因人嚴敬父母之心而教之，以廣其敬；教愛因人親愛父母之心而教之，以廣其愛。

董氏鼎曰：親，父母也。養，奉養也。嚴，尊嚴也。敬，禮敬也。親，親昵也。愛，慈愛也。聖人教人，非强之使然，乃順其自然。蓋親生膝下，其初固惟知有親昵而已，未嘗知有所謂尊嚴之道。然一體而分，則自然有親愛不容已之情，天之性也。雖曰親昵，而其尊卑已自有一定不可易之序存焉，天之分也。此蓋其本然之所固有，而聖人立教，亦非强其所無而爲之，故曰「因嚴以教敬，因親以教愛」。所以教之愛敬者，不過啓其良心、發其善性，而非有所待於外也。

陳氏選曰：夫子答曾子之問至矣，盡矣，此復申言教人以孝之故也。

朱氏鴻曰：膝下之時，正孩提之童也。便知親養父母，是愛之萌芽也；嚴畏父母，是敬之萌芽也。斯時愛、敬之念，不過親昵、畏懼之方形耳。聖人恐其後來挾恩恃愛，而失於不敬，故因嚴以教敬，使愛而不至於褻；又因親以教愛，使敬而不至於疏。此聖人所以有功於人心天理，而扶植彝倫於不墜也。

吴氏隆元曰：親生之謂父母生子也。養者，子爲父母所養也。膝下以養，人心自然之愛。父母日嚴，人心自然之敬。

張氏步周曰：配天之孝，成於嚴父之一念，則此知嚴之心即爲本心。嘗推人子愛親之心，生於膝下之孩提。自此而受養於父母，日漸以知嚴。是嚴與親之心，本心也。聖人因乎本心之嚴，以教人敬其親。敬固行乎心之嚴，而謹以將之者耳。因乎本心之親，以教人愛其親。愛固行乎心之親,而和以達之者耳。

姜氏兆錫曰:上文答聖德無加於孝之問,其義已極。而性以人爲貴,人莫大於孝,惟其爲德之本則然,而教之所從生者即此矣。親,猶愛也。嚴,即嚴父之嚴,猶敬也。所謂嚴父爲大者,亦豈待外求哉?

庭棟案:前言「孝莫大於嚴父」,孝固性之德,則嚴實根於性,爲人心所同具者也。而至性之發,必先親而後嚴。親者,戀慕也。膝下,孩提時也。戀慕之心生於孩提時者,性中有此愛之理也。以,因也。待後漸長,因奉養父母,而日加尊畏曰嚴,亦性中有此敬之理也。然止可謂之親、謂之嚴,其於愛父母、敬父母之道則未耳。聖人因其嚴而教以敬之道,因其親而教以愛之道,不過因其性而導之。而教之先敬後愛者,則以愛易能而敬難盡也。上文嚴父配天,乃由敬而生嚴,所以極其敬之量;此因嚴教敬,乃由嚴而生敬,所以引其嚴之端。其跡有先後、大小、貴賤、淺深之不同,而其義則一而矣。

聖人之教不肅而成,其政不嚴而治,其所因者本也。治,直吏切。○吴氏澄《定本》以此節移入下章「謂之悖禮」之下。

唐明皇曰:順群心以行愛敬,制禮則以施政教,亦不待嚴肅而成理也。「本」,謂孝也。

邢氏昺曰：聖人，謂明王。聖者通也，稱明王者，言在位無不照也；稱聖人者，用心無不通也。○首章云：「夫孝，德之本也。」《制旨》曰：「夫人倫正性在蒙幼之中，導之斯通，壅之斯蔽，故先王慎其所養，於是乎有胎中之教、膝下之訓，感之以惠和而日親焉，期之以恭順而日嚴焉。夫親也者，緣乎正性而達人情者也。故因其親嚴之心，教以愛敬之範，則不嚴而治、不肅而成。」謂其本於先祖也。

司馬氏光曰：本，謂天性。

《直解》云：聖人行的教化，不待整肅，自然成就；行的政令，不待嚴切，自然平治。如何能勾這般？只因這箇孝道，是那政教的根本來。

朱氏申曰：蓋由政教所因者，本於孝也。

孫氏本曰：政教乃禮樂刑政之屬、治之具也。然教所以成、政所以治，聖人之所因以導民者，則以民有此愛敬之性爲之本也。自「夫孝，天之經」至此凡四節，每原道德之本於天地，而聖王因立教以成治，無非以至德而發之爲要道也。

吴氏隆元曰：上半言聖人能極親嚴之心，爲人倫之至，專言嚴而親在其中。下半言聖人因人心本有之親嚴,而以孝教天下。上半是盡其性,下半是盡人之性。

張氏步周曰:聖人惟以因立政教,故不嚴肅而成治若是者,何也?則以所因者本然之性也。教成、政治,皆從本以達枝者耳。此即所謂「天地之性,人爲貴」也。

庭棟案:「聖人之教」,承上教敬、教愛言。又曰「其政」者,政以輔教也。本,即孝爲德本之本。言其因嚴、因親者,嚴親固性之德,而爲德之本,故不嚴肅而成治如此。此章曾子問聖人之德,而夫子更推言教敬、教愛,以明教亦由德而生,益見孝之無以加也。

右第十章

今文連下十一章、十二章爲「聖治章第九」。邢氏昺曰:此言曾子聞明王孝治,以致和平,因問聖人之德,更有大於孝否。夫子因問而説聖人之治,故以名章,次《孝治》之後。○朱子曰:此一節釋孝德之本之意,傳之五章也。但「嚴父配天」,因論武王、周公之事,而贊美其孝之辭,非謂凡爲孝者皆欲如此也。又況孝之所以爲大者,本自有親切處,而非此之謂乎!若必如此而後爲孝,則是使爲人臣子者,皆有今將之心,而反陷於大不孝矣。作傳者但見其論孝之大,即以附此,而不知非所以爲天下之通訓。讀者詳之,不以文害意焉可也。其曰「故親生之膝下」以下意卻親切，但與上文不屬，而與下章相近，故今文連下二章爲一章。但下章之首，語已更端，意已重複，不當通爲一章。此語當依古文，且附上章，或自別爲一章可也。○吴氏《定本》自「曾子曰」起，至「何以加於孝乎」止，凡九十六字，以爲傳之三章，釋「德之本」，其下移入後章。○姜氏兆錫以此爲第五章，謂前段曾子但歎孝之大，孔子亦畧言其大而已；此又問聖德無加於孝以究之，故孔子首原其命於性而爲德本，以明聖德之無加乎孝，而因言聖人以德本爲教，以見聖德與聖教相表裏，而總無以加於孝之意也。以下諸章，凡以類明此旨，深體味之，可見舊合下爲一章，且以章首有「聖人」字，而率題爲「聖治章」者非。

子曰：父子之道，天性，君臣之義。今文無「子曰」字，「天性」及「之義」下並有「也」字。

唐明皇曰：父子之道，天性之常，加以尊嚴，又有君臣之義。

邢氏昺曰：此言父子恩愛之情，是天性自然之道。父以尊嚴臨子，子以親愛事父。尊卑既陳，貴賤斯位，則子之事父，如臣之事君也。

司馬氏光曰：不慈不孝，情敗之也。

范氏祖禹曰：父慈子孝，本於天性，非人爲之也。父尊子卑，則君臣之義立矣。故有父子，然後有君臣。《中庸》曰：「父母其順矣乎。」父之愛子，子之孝父，皆順其性而已矣。君臣之義，生於父子。人非父不生，非君不治。故有父斯有子，有君斯有臣。天地定位，而父子君臣立矣。

《直解》云：父慈子孝，這箇道理是天生下自然的性子。在父子便唤做親，在君臣便唤做義。這君臣之義，都從父子之親上而生將出來。

朱子曰：人之所以有此身者，受形於母，而資始於父。雖有强暴之人，見子則憐；至於襁褓之兒，見父則笑。果何爲而然哉？初無所爲而然。此父子之道，所以爲天性而不可解也。

董氏鼎曰：此章雖别以「子曰」字更端，終是承上章之意。「父子之道，天性」，謂親也。「君臣之義」，謂嚴也。

朱氏申曰：天性，謂人所秉之常性。義，謂父有君之義，子有臣之義。

吴氏澄曰：父慈子孝乃天性之本。然父尊子卑，又有君臣之義，亦天分之自然。

黄氏道周曰：性者，道也。教者，義也。以養者，父子之道；日嚴者，君臣之義也。

分愛於母，故母有父之親；分敬於君，故父有君之尊也。

李氏彪曰：「父子之道，天性也」，蓋明一體同氣，可共而不可離。

朱氏軾曰：父子天性，以愛言；君臣之義，以敬言。

庭棟案：上章「天地之性，人爲貴」，自天地賦於人者而言。此章「父子之道，天性」，自人稟於天地者而言。言父則統母，言天則統地。道者，父慈子孝，不假勉强，所謂天性也。君臣者，尊卑之大義。父尊子卑，自然定分，故義同君臣也。孝莫切於愛敬。上章「親生之膝下」，明愛之見端；「以養父母日嚴」，明敬之見端。此章父子天性，明其所以愛之由；君臣之義，明其所以敬之由。

父母生之，續莫大焉。君親臨之，厚莫重焉。莫大，一本作「焉大」，焉，於虔切。○司馬氏光曰：續，一本作「績」。

唐明皇曰：父母生子，傳體相續。人倫之道，莫大於斯。謂父爲君，以臨於己。恩義之厚，莫重於斯。

邢氏昺曰：《説文》云：「續，連也。」言子繼於父母，相連不絕也。是父母生己，傳體相續，此爲大焉。《易·家人》卦曰：「家人有嚴君焉，父母之謂也。」言人子之道於父母有嚴君之義。案《禮記・文王世子》稱「昔者，周公攝政，抗世子法於伯禽，使之與成王居，欲令成王之知父子、君臣之義。君之於世子也，親則父也，尊則君也。有父之親、有君之尊，然後兼天下而有之」者，言既有天性之恩，又有君臣之義，厚重莫過於此也。

司馬氏光曰：人之所貴有子孫者，爲續祖父之業，故莫此爲大。有君之尊，有親之親，恩義之厚，故莫此爲厚。

范氏祖禹曰：父母生之，續其世莫大焉。有君之尊，有親之親，以臨於己，義之存莫重焉。能知此，則愛敬隆矣。

董氏鼎曰：以父之親言，故曰「續莫大焉」；以君之尊言，故曰「厚莫重焉」。

吴氏澄曰：人子之身，氣始於父，形成於母，其體連續，是爲至親，無有大於此者。既爲我之親，又爲我之君，而臨乎上，其分隆厚，是謂至尊，無有重於此者。

黄氏道周曰：天言大生，君言大臨。大生者，得善繼。大臨者，載厚德。故曰「父母生之」「君親臨之」。言父之上配於天，下配於君，非聖人則不得其義也。

庭棟案：父母生我，所謂續也。傳體相續，亦即天性相續，其續莫大焉。父母之親，所謂厚也。而有君之尊以相臨，則恩義並厚，其厚莫重焉。知續之莫大，則當盡其愛；知厚之莫重，則當盡其敬。此又承上文，以明當愛、當敬之故。

右第十一章

今文上連十章，下連十二章爲一章，説見前。○朱子《刊誤》合下十二章爲一章，説詳下章。○吴氏《定本》連下十二章，又參入上章合爲一章，説詳下章。○姜氏兆錫依《刊誤》，合下十二章爲一章，説詳下章。

子曰：不愛其親而愛佗人者，謂之悖德。不敬其親而敬佗人者，謂之悖禮。佗，「他」本字。○今文無「子曰」字，有「故」字，「佗」作「他」。○朱子《刊誤》作「子故曰」。

唐明皇曰：言盡愛敬之道，然後施教於人。違此，則與德禮爲悖也。

邢氏昺曰：所謂不愛敬其親者，是君上不身行愛敬也。而愛他人、敬他人者，是教天下行愛敬也。君自不行愛敬，而使天下人行，是謂悖德、悖禮也。

司馬氏光曰：苟不能恭愛其親，雖恭愛佗人，猶不免於悖。以明孝者，德之本也。

范氏祖禹曰：君子愛親，而後愛人，推愛親之心以及人也，夫是之謂順德；敬親，而後敬人，推敬親之心以及人也，夫是之謂順禮。若夫有愛心而不知愛親，乃以愛人，是心也，無自而生焉；有敬心而不知敬親，是心也，亦無自而生焉。無自而生者，無本也，故謂之悖。

董氏鼎曰：德主愛，亦是就親字説。禮主敬，亦是就嚴字説。此蓋就「所因者本也」説一本之意。親親而仁民，仁民而愛物，如水之一源，而千條萬派，皆此源之流；如木之一根，而千枝萬葉，皆此根之發。孟子一本之説，正謂是也。蓋由愛敬其親，而推以愛敬佗人，則爲順；不愛敬其親，而先以愛敬佗人，則爲逆矣。

吴氏澄曰：不愛敬其親，而以愛人爲德，敬人爲禮，則悖矣。

吕氏維祺曰：德主愛，禮主敬。愛敬之心厚於一本。愛敬其親，而後推以愛敬他人，則於德禮爲順。若不愛敬其親，而先以愛敬他人，雖亦似德似禮，然其於德禮也悖矣。悖則爲逆，下文云「以順則逆」是也。

張氏雲鸞曰：言不能身行愛敬於吾父母，而欲天下之人愛敬其父母，則是無而後求，於德於禮甚爲悖逆。

姜氏兆錫曰：愛獨切於中，故曰德。敬兼發於外，故曰禮。

庭棟案：悖猶逆也。愛根於性，必自親始。若不愛其親而愛佗人，則爲悖德。敬有其等，必自親殺。若不敬其親而敬佗人，則爲悖禮。且不愛敬其親而愛敬佗人，則愛亦非真愛，敬亦非真敬。愛敬皆出於僞，而違其所性之常，下文謂之「凶德」是也。二章言「愛親者，不敢惡於人。敬親者，不敢慢於人」，與此亦相發。

以順則逆，民無則焉。不在於善，皆在於凶德。雖得之，君子所不貴。今文「皆」上有「而」字，「君子」下無「所」字，「不貴」下有「也」字。○朱子《刊誤》自此至末，並刪去凡九十字。

唐明皇曰：行教以順人心。今自逆之，則下無所法則也。善，謂身行愛敬也。凶，謂悖其德禮也。言悖其德禮，雖得志於人上，君子之所不貴也。

邢氏昺曰：人君合行政教，以順天下人心。今則自逆不行，翻使天下之人法行於逆道，故人無所法則，斯乃不在於善而皆在於凶德。在，謂心之所在也。凶，謂凶害於德也。如此之君，雖得志於人上，則古先哲王、聖人君子之所不貴，謂賤惡之也。

司馬氏光曰：承上文言，謂之順則不免於逆，又不可爲法則。得之，謂幸而有功利。

范氏祖禹曰：自内而出者，順也。自外而入者，逆也。不施之親，而施之他人，是不知己之所由生也。以爲順則逆，不可以爲法，故民無則焉。失其本心，則日入於惡，故不在於善，而皆在於凶德也。

虞氏淳熙曰：悖德、悖禮，這般的人，本要民來法則他。不知該順的道理，反把來逆做，誰肯去法則他。不惟無以成教，就是他的德，看來似善，已不在善的數内矣。大凡道理，順則吉，逆則凶。假饒得了這悖德、悖禮二種凶德，與天地之性了不關涉，君子豈把來當那「人爲貴」之性而貴之乎？

李氏光地曰：以順則逆，言於順之道爲逆也。悖故逆，逆故謂之凶德。

吴氏隆元曰：悖德、悖禮，所謂逆也。凡民同具天地之性，本有順而無逆，故無以順則逆之理。

姜氏兆錫曰：得之，謂得志於民。言雖得順應於民，君子不貴也。此反言，以起下文。

庭棟案：首章及第八章，並言「以順天下」，謂先身行其順，而後以之順民，故民有所法則焉。兹欲以愛敬順民。身先悖德、悖禮而居於逆，民將何以爲法則乎？在者，意之所屬。善爲人性之良，即愛敬其親是也。凶德者，善之反。昌黎《原道》云「德爲虚位，有凶有吉」是也。不愛敬其親，是爲不在於善；而反愛佗人、敬佗人，是爲皆在於凶德。得之，謂得民歡心。不貴者，失其所以人爲貴之理也。蓋行此凶德，必不能得民之歡心。云「雖得之，君子不貴」者，決其必不得也。所以結「民無則焉」之意。君子，指有德而在位者。

君子則不然，言斯可道，行斯可樂，德義可尊，作事可法，容止可觀，進退可度，以臨其民。樂，音「洛」，又五教切。尊，或作「遵」。○今文「斯」作「思」。

唐明皇曰：不然，不悖於德禮也。思可道而後言，人必信也；思可樂而後行，人必悦也。立德行義，不違道正，故可尊也；制作事業，動得物宜，故可法也。容止，威儀也，必合規矩則可觀也；進退，動静也，不越禮法則可度也。君行六事，臨撫其民。

邢氏昺曰：前説爲君而悖德禮之事，此言聖人君子則不然也。君子者，須慎其言行、動止、舉措，思可道而後言，思可樂而後行。故德義可以尊崇，作事可以爲法，威容可以觀望，進退皆修禮法。○言者，心之聲也。思者，心之慮也。可者，事之合也。道，謂陳説也。行，謂施行也。樂，謂使人悦服也。《中庸》稱天下至聖「言而民莫不信，行而民莫不説」是也。○劉炫云：「德者，得於理也。義者，宜於事也。得理在於身，宜事見於外。」謂理得事宜，行道守正，故能爲人所尊也。作，謂造立也。事，謂施爲也。《易》曰：「舉而措之天下之民，謂之『事業』。」言能作衆物之端，爲器用之式，造立於己，成式於物，物得其宜，故能使人法象也。○孔傳：容止，謂禮容所止也。《漢書·儒林傳》云「魯徐生善爲容，以容爲禮官大夫」是也。進則動也，退則静也。《易·乾卦·文言》曰：「進退無常，非離群也。」又《艮卦·彖》曰：「時止則止，時行則行，動静不失其時，其道光明。」是也。動静不乖越禮法，故可度也。

司馬氏光曰：可道，純正可傳道也。容止，容貌動止也。言皆當極其尊美，使民法之。

范氏祖禹曰：君子存其心，修其身，爲順而不悖。「言斯可道」，皆法言也。「行斯可樂」，皆善行也。「德義可尊，作事可法」，所以表儀於民。「容止可觀，進退可度」，德充於内，故禮發於外，美之至也。

蔡氏悉曰：可道、可樂、可尊、可法、可觀、可度，此謂可欲之善。佛老不先親親，是二本也。管商政刑驅迫，烏知仁義者哉？善根斷滅，皆爲凶德。雖虚無道成，霸圖克遂，豈君子所貴乎？

朱氏鴻曰：君子者，盡愛敬以事吾親者也。以愛敬之德，發之於言，則言爲可道。以愛敬之德，措之於行，則行爲可樂。以愛敬之德，施之於身，則德義可尊。以愛敬之德，見之於事，則作事可法。以動容貌，容止可觀也。以著行藏，進退可法度也。

孫氏本曰：上言悖德、悖禮云者，即篇首所戒驕溢也。此言可道、可樂、可尊、可法、可觀、可度云者，即篇首之之欲謹言行、飭容服意也。

呂氏維祺曰：道，言也。蓋謂君子所貴者，推愛敬其親之心，以一歸之於順，故其發於言，措於行，修於德義，推於作事、容止、進退之間，無非愛敬，無非德禮。以此臨御其民，庶幾順而可則矣。

黄氏道周曰：孟子曰：「行一不義，殺一不辜，而得天下，不爲也。」愛敬他人，而得富貴，君子豈爲之乎？君子敬天則敬親，敬親則敬身。

李氏光地曰：言可道、行可樂、德義可尊者，不悖德也。事可法、容止可觀、進退可度，不悖禮也。

吴氏隆元曰：德義、作事，即言行也。容止、進退，則愛敬其親之儀文度數也。

趙氏起蛟曰：君子一言一行，皆無所苟，自然成其德義，合於事宜矣。豈不可尊、可法？動容周旋，無不中禮，雖聖人性德之事；然可觀、可度，自有漸進之勢，亦從慎言行得來。而慎言行，終不外於愛敬，愛敬終必由己親始也。

姜氏兆錫曰：可道、可樂，則口皆善言，身皆善行矣。由是德義充而可尊，事爲著而可法。静則容止可觀，動則進退可度。又孰非和順之善德爲之哉？

庭棟案：「不然」者，謂不如是，指上「凶德」而言。君子惟不悖德禮，是故有不言，言即爲人所傳誦之言；有不行，行即爲人所慕悦之行。德義成於内者，尊崇奉也。作事著於外者，法取則也。「容止」以静時言。觀，瞻仰也。「進退」以動時言。度，遵循也。凡其可爲民則者如此。以之臨民，所以推愛敬以及人也。

是以其民畏而愛之，則而象之。故能成其德教，而行政令。今文「行」下有「其」字。

唐明皇曰：下畏其威，愛其德，皆放象於君也。上正身以率下，下順上而法之，則德教成，政令行也。

邢氏昺曰：案《左傳》北宫文子對衛侯説威儀之事，稱：「有威而可畏謂之『威』，有儀而可象謂之『儀』。君有君之威儀，其臣畏而愛之，則而象之。」又因引「《周書》數文王之德曰『大國畏其力，小國懷其德』，言畏而愛之也；《詩》云『不識不知，順帝之則』，言則而象之也」。又云：「君子在位可畏，施舍可愛，進退可度，周旋可則，容止可觀，作事可法，德行可象，聲氣可樂，動作有文，言語有章，以臨其下，謂之有威儀也。」據此與經，雖稍殊别，大抵皆敘君之威儀也。

司馬氏光曰：言不爲苟得之功利。

范氏祖禹曰：言以此臨民，則民畏其敬而愛其仁，則其儀而象其行。故以德教先民而無不成，以政令率民而無不行。

朱氏鴻曰：如是而臨民，斯畏其德威而益加愛敬，法其端範而日思倣效，故德教不待肅而成，政令不待嚴而治也。

吕氏維祺曰：言其民嚴而畏之，親而愛之，則其所謂順者而倣象之。

李氏光地曰：不悖德，是以其民畏而愛之，而能成其德教。不悖禮，是其民則而象之，而能行其政令。

趙氏起蛟曰：德教、政令，皆指愛敬言。惟君子順而不逆，故能成而能行也。

姜氏兆錫曰：畏、愛積於中者，則象形於外者。

庭楝案：承上文言，君子之可爲民則如此，是皆不悖德禮所致也。惟不悖禮，則民敬畏之；不悖德，則民親愛之。民既畏而愛之，自必則而象之，而各盡愛敬於其親也。所以德教能成，而政令以行，乃順而無逆也。德教本德爲教，指不悖德禮。言政令所以輔乎德教也。二章云「德教加於百姓」，是言天子。此稱君子，是指諸侯、卿大夫而並云。德教，教之必本於德，益可見矣。

《詩》云：「淑人君子，其儀不忒。」

唐明皇曰：淑，善也。忒，差也。義取君子威儀不差，爲人法則。

邢氏昺曰：夫子述君子之德既畢，乃引《曹風·鳲鳩》之詩以贊美之。言善人君子，威儀不差失也。

司馬氏光曰：言善人君子，内德既茂，又有威儀，然後民服其教。

范氏祖禹曰：「淑人君子，其儀不忒」，言其德之見於外也。

朱氏鴻曰：必有瑟僩之君子，而後有赫喧之威儀，故云「淑人君子，其儀不忒」。

趙氏起蛟曰：《詩》刺用心不壹而作，此則言君子之有常度，而其心一，故儀不忒也。引以明聖德之見於威儀者可觀可法，足以化人如此。

庭棟案：淑，和也。謂愛敬俱行之以和也。君子即指淑人，其儀就其見於外者，言有諸內，形諸外，故能不忒。不忒者，以證不悖德禮，如「可度」已上所云是也。

右第十二章

今文合上十章、十一章爲一章，説見前。〇朱子《刊誤》合上十一章爲一章。朱子曰：此一節釋「教之所由生」之意，傳之六章也。古文章首有「子曰」字，而今文無之。古文析「不愛其親」以下，冠之以「子曰」而別爲一章。今文則通上兩章爲一章，無「子曰」，而有「故」字。今詳此章之首，語實更端，當以古文爲正。「不愛其親」，語意正與上文相續，當以今文爲正。至「君臣之義」之下，則又當有斷簡焉，而今不能知其爲何字也。「悖禮」以上，皆格言。但「以順則逆」以下，則又雜取《左傳》所載季文子、北宮文子之言，與此上文既不相應，而彼此得失，又如前章所論子産之語。今删去凡九十字。〇吴氏《定本》以上章「父子之道」爲章首，移第十章「故親生之膝下」至「因親以教愛」二十四字，接在「厚莫重焉」之下，冠於此章之前。而此章首無「子曰」字，但有「故」字，從今文也。又移第十章

「聖人之教」至「本也」二十字，接在「謂之悖禮」之下，通爲一章。「以順則逆」以下九十字，依朱子删去。吴氏曰：「右傳之七章，申釋『德之本，教之所由生』，但文失其次。《漢・藝文志》引此云：『父母生之，續莫大焉，故親生之膝下。』諸家説不安處，蓋當時編簡猶未錯亂。今考而正之，則文屬而意完矣。」〇姜氏兆錫以此合上十章爲第六章，謂承上章以德本爲教之意，而反覆詳明之也。以義求之，上章言聖人之德教，此章則言賢人之德教。聖人之德不待言也，故畧於言德。若賢人，疑德非聖比也，故其言德獨詳與？

孝經通釋卷第五 終

孝經通釋卷第六

嘉善曹庭棟學

子曰：孝子之事親，居則致其敬，養則致其樂，病則致其憂，喪則致其哀，祭則致其嚴。五者備矣，然後能事親。養，羊尚切，下同。樂，音「洛」。○今文「孝子之事親」下有「也」字。○陸氏德明曰：「致其敬」句，一本作「盡其敬也」，又一本作「盡其敬，禮也」。

唐明皇曰：平居必盡其敬，就養能致其懽。憂，謂色不滿容，行不正履。哀，謂擗踊哭泣，盡其哀情。嚴，謂沐浴齊戒，明發不寐。五者闕一，則未爲能。

邢氏昺曰：致，猶盡也。案《禮·内則》云：「子事父母，雞初鳴，咸盥漱，至於父母之所，敬進甘脆，而後退。」又《祭義》曰：「養可能也，敬爲難。」皆是盡敬之義也。案《檀弓》曰：「事親有隱而無犯，左右就養無方。」言孝子冬温夏清，昏定晨省，及進飲食以養父母，皆須盡其敬安之心，不然則難以致親之懽。案《文王世子》云：「王季有不安節，則内豎以告文王，文王色憂，行不能正履。」又下文記古之世子亦朝夕問於内豎，「其有不安節，世子色憂不滿容」。御註減「憂」「能」二字者，以此章通於貴賤，雖擬人非其倫，亦舉重以明輕之義也。「喪則致其哀」，鄭註並約《喪親章》文。「祭則致其嚴」，案《祭義》曰：「孝子將祭，夫婦齊戒，沐浴盛服，奉承而進之。」言將祭必先齊戒沐浴也。又云：「文王之祭也，事死者如事生。《詩》云『明發不寐，有懷二人』，文王之詩也。」鄭註云：「『明發不寐』，謂夜至旦也。『二人』，謂父母也。」言文王之嚴敬祭祀如此也。

司馬氏光曰：敬者，敬己之身，不近危辱。樂者，樂親之志。嚴，猶慕也。

范氏祖禹曰：「居則致其敬」者，舜「夔夔齊慄」、文王「朝於王季日三」是也。「養則致其樂」者，舜以天下養、曾子養志是也。「病則致其憂」者，武王養疾，「文王一飯亦一飯，文王再飯亦再飯」是也。喪與祭，孝之終也。

董氏鼎曰：居，平居，暇日無事之時。致者，推之而至其極也。敬者，常存恭敬，不敢慢易也。養，謂飲食奉養之時。樂者，懽樂悦親之志也。病者，父母有疾，疾甚而病。憂，憂慮，不遑寧處也。喪，謂不幸親死，服其喪也。哀，哀慼，追念痛切也。祭，謂親没而祭祀之。嚴，謂精潔肅敬，謹畏將事也。人有一身，心爲之主；士有百行，孝爲之大。爲人子者，誠以愛親爲心，而不忘事親之孝，平居無事，常有以致其敬，則敬存而心存。一敬既立，遇養則樂，遇病則憂，遇喪則哀，遇祭則嚴。五者，有一不備，不可謂「能」。然皆以敬爲本。

朱氏鴻曰：孝子之事親，隨在各極其至，隨事悉盡其心。未極其至，而其禮不備，均不可以語孝。居、養、病，皆事生。喪與祭，皆事死。敬樂憂哀嚴，五者各於其時克盡，斯爲人子之事親也。

吕氏維祺曰：此下二章承上章順逆之意而申言之。言如此則順，而能事親；如彼則逆，而爲不孝、爲罪、爲大亂。此君子所以必教以順也。

黄氏道周曰：曾子曰：「人未有自致者也。」子夏〔一〕曰：「事君，能致其身。」致身以事君，致心以事親。兩者，天地之大義也。致而知之，不慮而知，謂之良知。致而能之，不學而能，謂之良能。故五致者，赤子之知、能。不假學問，而學問之大，人有不能盡也。故致

〔一〕「夏」字原闕，據《論語》補。

良知、致良能之說,則出於此也。仁、義、禮、樂、信、智,則皆自此始也。

葉氏鈖曰:處家有居,出門未必無居。隨父母居之所至,而動静恪恭,謦笑不苟,則致其敬矣。養不止飲食奉養也,寒暑侍膳,一一養志,則致其樂。病非止卧疴牀褥也,常恐時氣失和,猝然有疾,則致其憂。不幸病革而見背,則容必纍纍,色必顛顛,當自盡其悲哀也。祭是祭先代,若父母生存,則父爲執爵之主也。嚴者,嚴肅祭義,謂不數不疏是也。

庭楝案:居,謂閒暇時也。閒暇時必致其敬,則無時無事不致其敬。可知養不專指飲食,如温凊抑搔之類皆是。樂乃愛心之形於容色者,不言愛而言樂,樂由愛生,言樂則愛可知。至於病,則事出於不測致其憂者,如醫藥奉侍之類,非徒謂慼慼而已。喪致其哀,祭致其嚴,此死事之事,亦必所行皆合於禮而後謂之致也。故夫子曰:「五者備矣,然後能事親。」不特備敬、樂、憂、哀、嚴之謂能,言備致敬、樂、憂、哀、嚴之謂能也。

事親者,居上不驕,爲下不亂,在醜不爭。

唐明皇曰:不驕,言當莊敬以臨下也。不亂,言當恭謹以奉上也。醜,衆也。爭,競也。言當和順以從衆也。

邢氏昺曰:此言居上位者不可爲驕溢之事,爲臣下者不可爲撓亂之事,在醜輩之中不可爲忿争之事。醜，衆。《釋詁》文。

司馬氏光曰：亂者，干犯上之禁令。醜，類也。謂己之等夷。

范氏祖禹曰：不驕、不亂、不争，皆恐其危親也。

虞氏淳熙曰：此承上「養則致其樂」。自天子以至庶人，都有父母當養。這養父母的，在衆人之上，休得倚勢驕縱；在衆人之下，休得悖逆作亂；在同類中，休得互相争鬭。

黄氏道周曰：若是者何也？敬身之謂也。《頌》曰：「敬之敬之！天維顯思。」爲天子者如此，況其下者乎？爲下而争亂，忘身及親，是君子之大戒也。

李氏光地曰：「居上不驕，爲下不亂，在醜不争」，然後能得人之懽心，以事其親，而可以保其社稷、宗廟、禄位、祭祀矣。

趙氏起蛟曰：居上能敬則不驕，爲下能敬則不亂，在醜能敬則不争。

庭棟案：居上、爲下、在醜，指一人之身有此三等分位。若天子惟有居上，庶人不過爲下、在醜，其義亦互通也。驕謂傲下，亂謂悖上，争謂求勝。隨其身之所處，而總不敢忘身以忘其親也。

居上而驕則亡，爲下而亂則刑，在醜而争則兵。此三者不除，雖日用三牲之養，猶爲不孝也。今文「三者」上無「此」字。

唐明皇曰：兵，謂以兵刃相加。三牲，太牢也。孝以不毁爲先。言上三事，皆可亡身，而不除之，雖日致太牢之養，固非孝也。

邢氏昺曰：居上須去驕，不去則危亡也。爲下須去亂，不去則致刑辟。在醜輩須去争，不去則兵刃或加於身。雖復日日能用三牲之養，猶爲不孝之子也。○三牲，牛、羊、豕也。案《尚書·召誥》稱：「越翼日戊午，乃社於新邑。牛一，羊一，豕一。」孔云：「用大牢也。」是謂三牲也。言奉養雖優，不除驕、亂及争競之事，使親常憂，故非孝也。

司馬氏光曰：争不已，必以兵刃相加。

《直解》云：夫子説的孝道，從帝王到小百姓，都行得。前面説的五件，教人盡力行著；後面説的三件，教人休行著。

范氏祖禹曰：「居上而驕」，則天子不能保四海，諸侯不能保社稷，故亡。「爲下而亂」，則入刑之道也。「在醜而争」，則興兵之道也。孝莫大於寧親。三者不除，災必及親，雖能備物以養，猶爲不孝也。

董氏鼎曰：「居上而驕」，則失道而取亡。「爲下而亂」，則犯分而致刑。「在醜而争」，則起釁而召兵。曰驕、曰亂、曰争，三者不除；曰亡、曰刑、曰兵，三者必至。危亡之禍，憂將及親。雖日具三牲之養，自以爲盡禮，親得安坐而食乎？愚案此章以敬爲主，則有前之善，無後之不善；不敬者反是。事親而欲盡孝者，可不愛親而先盡敬乎？

吴氏澄曰：事親者，以不毁傷爲孝。居人之上，而矜肆以陵下，則必取滅亡。爲人之下，而悖逆以犯上，則必遭刑戮。在同等之中，而與之争鬭，則必相殘殺。三者皆喪身之事。苟或不除，則親之遺體將不能保，雖日具盛饌，以養親之口體，何足爲孝哉？

葉氏鈖曰：此章首句至「然後能事親」句，言事親當盡其心。「事親者」至末句，言人子當安其分，而因反言以惕之。案《王制》云：「諸侯無故不殺牛，大夫無故不殺羊，士無故不殺犬豕，庶人無故不食珍。」解「無故不殺」之義，則孝子原不以三牲爲鼎養之食。甚言不安分之宜戒也。〇敬則有所不敢，愛則有所不忍。驕、亂、争三者，皆敢心、忍心之所爲也。

朱氏軾曰：案此節承上文，謂五者備而事親之道盡。然必以守身爲先。三者，守身之道也。不能守身，不可謂致敬、致樂也。

趙氏起蛟曰：此極言驕、亂、争三者之禍也，正見勢所必然。理有固然，不必亡而後知也，即驕傲之時，而喪亡之機已兆；不必刑而後知也，即悖亂之時，而刑戮之禍已萌；不必兵而後知也，即争競之時，而兵凶之象已著。故聖人於篇末，特以不孝警之，蓋能除，即菽水可以承歡；不除，即牲牢難以言孝。事親者，不徒在養口體可知矣。

庭棟案：亡者，亡國、亡家、亡身皆是。刑，謂誅戮。兵，謂殘殺。三牲，牛、羊、豕也。日用三牲，極言其厚。驕、亂、争，三者不除，雖養之至厚，猶爲不孝。以見守身爲事親之本也。

右第十三章

今文以此爲「紀孝行章第十」。邢氏昺曰：此章紀録孝子事親之行也。前章「孝治天下」，所施政教，不待嚴肅自然成理，故君子皆由事親之心，所以孝行有可紀也，故以名章，次《聖治》之後。或於「孝行」之下又加「犯法」兩字，今不取也。○朱子曰：此一節釋「始於事親」及「不敢毁傷」之意，乃傳之七章，亦格言也。○吴氏《定本》合下十四章爲一章，説詳下章。○姜氏兆錫以此爲第七章，謂上各章皆自上之立教者言，此及下章，蓋即人子所自盡與其所戒者，通上下言之，而因以起教民之意也。

子曰：五刑之屬三千，而罪莫大於不孝。

唐明皇曰：五刑，謂墨、劓、剕、宫、大辟也。條有三千，而罪之大者，莫過不孝。

邢氏昺曰：所犯雖異，其罪乃同，故言「之屬」以包之。○五刑之名，皆《尚書・吕刑》文。孔安國云：「刻其顙而涅之曰墨。」謂刻額爲瘡，以墨塞瘡孔，令變色也。「截鼻曰劓，刖足曰剕。」「宫，淫刑也。男子割勢，婦人幽閉，次死之刑。」「大辟，死刑也。」此五刑之名，見於經傳。唐虞以來，皆有之矣。案《周禮》「司刑掌五刑之法，以麗萬民之罪。墨罪五百，劓罪五百，宫罪五百，剕罪五百，殺罪五百」，合二千五百。至周穆王，乃命吕侯入爲司寇，令其訓暢夏禹贖刑，增輕削重，依夏之法，條有三千，則周三千之條始自穆王也。《吕刑》云：「墨罰之屬千，劓罰之屬千，剕罰之屬五百，宫罰之屬三百，大辟之罰其屬二百，五刑之屬三千。」言此三千條中，莫有過於不孝也。案舊註説及謝安、袁宏、王獻之、殷仲文等，皆以不孝之罪，聖人惡之，云在三千條外。此失經之意也。案上章云「三者不除，雖日用三牲之養，猶爲不孝」。此承上不孝之後，而云三千之罪「莫大於不孝」，是因其事而便言之，本無在外之意。案舜命皋陶有五刑，五刑斯著。「及周穆王訓夏，李悝師魏，乃著《法經》六篇，而以盗、賊爲首。賊之大者，有惡逆焉。决斷不違時，凡赦不免。又有不孝之罪，並編十惡之條。前世不忘，後世爲式。」而安、宏等謂不孝之罪不列三千之條中，今不取也。

司馬氏光曰：五刑之屬三千者，異罪同罰，合三千條也。

范氏祖禹曰：人之善，莫大於孝。其惡，莫大於不孝。故聖人制刑，不孝之罪爲大。

董氏鼎曰：上章爲天子、諸侯、卿大夫之戒，此又兼士、庶人之戒焉。

孫氏本曰：此因上章不孝及之。刑者，治道所不廢，誅不孝以驅之於孝也。

黄氏道周曰：禮曰三千，刑亦三千。禮刑相維，以刑教禮。

葉氏鈖曰：死刑之中，不孝爲十惡之首。古者臣弑君，凡在官者殺無赦。子弑父，凡在官者殺無赦。殺其人，壞其室，洿其宫，而豬焉。國君踰月而後舉爵。此明王深憝不孝之大罪，而懲一以儆百也。

張氏步周曰：此二句形起下文「非孝者」，以甚其罪也。

姜氏兆錫曰：五刑之屬三千，而不孝之罪居首，故爲莫大也。○五刑之罪，雖治乎下，然王侯不孝，身陷大戮，亡國覆宗，豈五刑之屬而已哉？蓋亦通上下爲戒也。

庭棟案：刑者，治天下之具。而孝者，治天下之本。聖人制刑，罪莫大於不孝，所以治其本也。《大學》言：「其本亂而末治者，否矣。」下文云「大亂之道」，正謂亂其本也。

要君者無上，非聖人者無法，非孝者無親。此大亂之道也。要，一倨切。聖人，一本無「人」字。○陸氏德明曰：「非聖人者」，一本作「非侮聖人者」。「非孝者」，一本作「非孝行者」。

唐明皇曰：君者，臣之稟命也，而敢要之，是無上也。聖人制作禮法，而敢非之，是無法也。善事父母爲孝，而敢非之，是無親也。言人有上三惡，豈唯不孝，乃是大亂之道。

邢氏昺曰：凡爲人子，當須遵承聖教，以孝事親，以忠事君。君命宜奉而行之，今敢要之，是無心遵於上也。聖人垂範，當須法則，今乃非之，是無心法於聖人也。孝者，百行之本，事親爲先，今乃非之，是無心愛其親也。卉木無識，尚感君仁。禽獸無禮，尚知戀親。況在人靈，而敢要君、不孝也，逆亂之道，此爲大焉，故曰「此大亂之道也」。○凡爲臣下者，皆當稟君教命。而敢要以從己，是有無上之心，故非孝子之行也。若臧武仲以防求爲後於魯、晉舅犯及河授璧請亡之類是也。

司馬氏光曰：君令臣行，所謂順也。而以臣要君，故曰無上。聖人道之極、法之原也，而非之，是無法。父母且不能事，而況他人，其誰親之？無上則統紀絕，非法則規矩滅，無親則本根蹷。三者，大亂之所由生也。

范氏祖禹曰：君者，臣所稟命也，而要之，是無上。聖人者，法之所自出也，而非之，是無法。人莫不有親，而以孝爲非，則是無其父母。此三者，致天下大亂之道也。聖人制刑，以懲夫不孝、要君、非聖之人，所以防天下之亂也。

董氏鼎曰：人必有親以生，有君以安，有法以治，而後人道不滅，國家不亂。若三者皆無之，此乃大亂之道也。三者，又以不孝爲首。蓋孝則必忠於君，必畏聖人之法矣。惟其不孝、不顧父母之養，是以無君臣、無上下，詆毁法令，觸犯刑辟。不孝之罪，蓋不容誅也。

吴氏澄曰：要君，謂脅束之，使從己。非聖人、非孝，謂人之所行，非聖人之道；子之所行，非孝道也。君制命於上，臣恭順於下。要君從己，是不知有上也。聖人言行，爲萬世法。不學聖人，是不知有法也。父母至親，不善事之，是不知有親也。無此三者，人道滅矣，故曰「大亂之道」。此因上文而言，不孝於親者，必不能事君、立身，不能事君，故無上；不能立身，故無法；不能事親，故無親。項氏曰：「『非』字，與前經『非先王』之『非』同。」

邱氏濬曰：刑以弼教。教之大者，倫理也。君者，生民之主。聖人者，道德之主。父母者，生身之主。親爲一家之主。孝其親，則人道立。君爲一世之主。忠其君，則治道成。聖人爲萬世之主。尊聖人，則世教明。先王制爲刑法，以弼世教。世教之大，在此三者。人人孝其親，忠其君，尊夫聖人，則天下大治。否則，大亂之道焉。然是三者，其根本起於一家。家積而國，國積而世。故尤嚴於不孝之罪，以爲天下事，無有不起於近，而後及於遠；始於微，而後至於著也。故律文著不孝之罪，而所謂要君非聖人者，則畧焉。非畧之也，不可言也。著其可言者，以示微意。萬一有是獄焉，準此以權度之也。

吕氏維祺曰：君治之，師教之，父母生之，所謂民生於三也。不忠於君，不法於聖，不愛於親，此皆爲不孝，乃是罪惡之極。故經以「大亂」結之也。

孔氏尚熹曰：聖人之戒如是。他日，曾子語公明儀曰：「衆之本教曰孝。樂自順此生，刑自反此作。」意蓋如此。

葉氏鈖曰：父子之道，即君臣之義，非孝者必要君。天地之經，即聖人之德，非孝者必非聖。故無上、無法，總歸無親。大倫滅則滋亂矣。即未遽大亂，而大亂必由此。故曰「此大亂之道也」。

李氏光地曰：民生於三，事之如一。能孝則能事君，而尊聖矣。不能事君尊聖，又豈所以爲孝乎？

朱氏軾曰：此節承上節，言不孝之人與要君、非聖同，爲大亂之道，故其刑最重。人知非聖、無君之爲惡，而不知不孝猶是也。

吴氏隆元曰：案非孝即是不孝。既身爲不孝，必以行孝爲非矣。非孝、無親，有顯著於外者，有隱伏於中者。一念不愛敬其親，便是非孝、無親，便是王法不宥。君子懷刑，莫有切於此者。

趙氏起蛟曰：要君之事非一，或倚勢力，或用智術，或假名義，以挾持其君，使不得不從，以遂其欲者，皆謂之要君。非聖之事不一，或譏禮爲僞首，或譏義爲争端，或譏一切法度爲桎梏，皆謂之非聖。非孝之事不一，藐定省爲過禮，指終喪爲不情，鄙終身孺慕爲曲謬，皆謂之非孝。又人而要君、非聖、非孝者，其肇端皆起於不孝。惟不孝，故敢於要君，忍於非聖。孝則安分循理，必不爲悖逆之事，必不行詆毁之術矣。經因言不孝之罪，故連類及此。不孝即爲大亂之道，罪孰有大於此者？又亂只在一身、一家，未及天下。

張氏步周曰：要君者，罪在無君。非聖者，罪在無法。若是乎冒莫大之罪也，而以方之非孝者，罪直至於無親。夫親爲身所自生之親，而可以無親乎？此真大亂之道，罪不容於死者也。

姜氏兆錫曰：要之言挾也。上，即君也。非之言毁也。人臣無將而要挾之，是爲罔上。君子畏聖人之言而毁侮之，是爲亂法。孝者，德之本，而毁棄之，是爲滅親也。三者皆大亂之道，況罪尤莫大於不孝哉。

庭棟案：「要君者無上」，是失資事之義者也。非，毁也。「非聖人者無法」，是悖至德之教者也。「非孝者無親」，是違人性之常者也。夫必尊上、奉法、愛敬其親，則尊卑、貴賤各得其序而不亂。若此者，乃大亂之道皆由不孝所致。罪之所以莫大，益可知矣。

右第十四章

今文以此爲「五刑章第十一」。邢氏昺曰：《禮記·服問》云：「喪多而服五，罪多而刑五。」以其服有親疏，罪有輕重也，故以名章。以前章有驕亂忿争之事，言此罪惡必及刑辟，故此次之。○朱子曰：此一節，因上文不孝之云，而繫於此，乃傳之八章，亦格言也。

〇吴氏《定本》因朱子之言，連上十三章爲一章，以爲案此乃再引夫子之言以足前意，當合爲一章，爲傳之八章，釋「始於事親」，末又兼及事君、立身，以起下章。〇姜氏兆錫以此爲第八章，謂承上章「猶爲不孝」之意，而正言不孝之罪，以儆人也。

孝經通釋卷第六 終

孝經通釋卷第七

嘉善曹庭棟學

子曰：教民親愛，莫善於孝。教民禮順，莫善於弟。移風易俗，莫善於樂。安上治民，莫善於禮。弟，大計切。○今文「弟」作「悌」。

唐明皇曰：言教人親愛禮順，無加於孝悌也。風俗移易，先入樂聲；變隨人心，正由君德。正之與變，因樂而彰，故曰「莫善於樂」。禮所以正君臣、父子之別，明男女、長幼之序，故可以安上化下也。

邢氏昺曰：此夫子述廣要道之義。言君欲教民親於君而愛之者，莫善於身自行孝也。君能行孝，則民效之，皆親愛其君。欲教民禮於長而順之者，莫善於身自行悌也。人君行悌，則人效之，皆以禮順從其長也。欲移易風俗之弊敗者，莫善於聽樂而正之。欲身安於上、民治於下者，莫善於行禮以帥之。○子夏《詩序》云：「風，風也，教也。風以動之，教以化之。」韋昭曰：「人之性繫於大人，大人風聲，故謂之『風』；隨其趨舍之情欲，故謂之『俗』。」《詩序》又曰：「至於王道衰，禮義廢，政教失，國異政，家殊俗，而變風、變雅作矣。」則知樂者，本乎性情；聲者，因乎政教。政教失，則人情壞；人情壞，則樂聲移。政既和，而人情自治。《尚書・益稷》篇舜曰：「予欲聞六律、五聲、八音，在治忽。」孔安國云：「在察天下理治及忽怠者。」○《樂記》云：「禮殊事而合敬，樂異文而同愛。敬愛之極是謂要道，神而明之是謂至德。」故必由斯人以弘斯教，而後禮樂興焉，政令行焉。以盛德之訓，傳於樂聲，則感人深，而風俗移易。以盛德之化，措諸禮容，則悅者衆，而名教著明。蘊乎其樂，章乎其禮，故相待而成矣。然則《韶》樂存於齊，而民不爲之易；周禮備於魯，而君不獲其安，亦政教失其極耳，夫豈禮樂之咎乎？

司馬氏光曰：親愛謂和睦。禮順，有禮而順。樂者，蕩滌邪心，納之中和。禮者，尊卑有序，各安其分，則上安而民治。

范氏祖禹曰：孝於父，則能和於親。弟於兄，則能順於長。故欲民親愛、禮順，莫如教以孝弟。樂者，天下之和也。禮者，天下之序也。和，故能移風易俗。序，故能安上治民。

董氏鼎曰：釋「至德」章，既言教民以孝弟之事，至此章又申言之，而並及乎禮樂。此四者，蓋舉其要而言。然孝、弟、禮、樂，一本也。此經本以孝爲要道，而四者之中，孝又爲要。孝於親，必弟於長。孝弟之人，心必和順。和則樂也，順則禮也。四者相因而舉，有則俱有矣。

朱氏申曰：孝於父母，乃親愛之本，故教民親愛，莫加於孝也。弟於兄長，乃禮順之本，故教民禮順，莫加於弟也。樂所以在治忽，而和民聲，故移風易俗，莫加於樂也。禮所以辨上下，而定民志，故安上治民，莫加於禮也。

吴氏澄曰：君教以孝，則民知有親，而愛其父。君教以悌，則民知有禮，而順其兄。風者，上之化所及。俗者，下之習所成。移，謂遷就其善。易，謂變去其惡。安，謂不危。治，謂不亂。由父子之和，而被之聲容以爲樂，則氣體調暢，而無有乖戾。所以風隨上而遷，俗自下而變也。由長幼之序，而著之節文以爲禮，則名分森嚴，而無有陵犯。所以爲上者不危，爲下者不亂也。

邱氏濬曰：人君爲治之道，非止一端。而其最要者，莫善於禮與樂。禮之安上治民，人皆知之。若夫樂之移風易俗，人多疑焉。何也？蓋禮之爲用，民生日用彝倫不能一日無者，無禮則亂矣。樂以聲音爲用，必依永以成之，假器以宣之，資禮以用之，有非田里、閭巷間所得常聞也，而欲以之移風易俗，豈不難哉？夫樂有本有文，出於人心，而形於人聲，然後諧協於器以爲樂。聖人之論，論其本耳。禮之本在敬，樂之本在和。敬立則爲禮，所以安上治民者，在是矣。和同則爲樂，所以移風易俗者，在是矣。故此章首以「教民親愛，莫善於孝。教民禮順，莫善於弟」爲言，而繼之以此。

朱氏鴻曰：此因上三惡由於不知要道，故夫子推廣而言。

孫氏本曰：此釋要道之義也。弟者，孝中之事。禮以節此，樂以和此。其要歸，不外乎孝。但立教則有此四端耳。

呂氏維祺曰：此下三章意義相承，皆申明君子以順立教之本，以廣前章至德、要道、揚名之意。教民之道，孝、弟、禮、樂，皆其具也。

黄氏道周曰：孝、弟者，禮、樂之所從出也。孝弟之謂性，禮樂之謂教。因性明教，本其自然，而至善之用出焉。

李氏光地曰：孝弟，教之本也。禮樂，教之具也。

朱氏軾曰：此章見教民莫過於自盡孝。孝者必弟。樂，樂此者也。禮，節文此者也。

趙氏起蛟曰：此見孝弟爲教民之本，而教民孝弟，又必上之人躬行孝弟以爲倡，而後民始相率而親愛、禮順，以奉行其教也。樂之實，樂斯二者；禮之實，節文斯二者。舍孝弟而言玉帛鐘鼓，末矣。

張氏步周曰：《書》之云孝，「惟孝友于兄弟」。云「兄弟既翕，和樂且耽」，則「父母其順」。是孝本該弟，非弟不足全孝也。樂者，孝弟之舞蹈也。禮者，孝弟之恭謹也。

姜氏兆錫曰：親愛者，仁之發，而仁之實，則事親是也。故教親愛，莫善於孝。禮順者，義之制，而義之實，則從兄是也。故教禮順，莫善於悌。仁愛義順之道，必和之以樂，節之以禮。而樂之實，即樂斯二者是也。禮之實，即節文斯二者是也。故變風俗、正上下，莫善於禮與樂正，莫善於孝悌也。

庭棟案：親愛者，愛由乎親也。禮順者，順出乎禮也。親愛、禮順，猶上下和睦之謂。莫善於孝、弟者，明教之有本也。水土之風氣曰風，民相習而成者曰俗。「移風易俗，莫善於樂」者，樂所以和其心也。「安上治民，莫善於禮」者，禮所以定其分也。禮與樂，即教民孝弟之具也。

禮者，敬而已矣。故敬其父則子説，敬其兄則弟説，敬其君則臣説，敬一人則千萬人説。所敬者寡而説者衆，此之謂要道。說，音「悦」。○今文「説」作「悦」，「要道」下有「也」字。

唐明皇曰：敬者，禮之本也。居上敬下，盡得懽心，故曰悦也。

邢氏昺曰：承上「莫善於禮」也。言「禮者，敬而已矣」，謂禮主於敬也。又明敬功至廣，是要道也。其要正以謂天子敬人之父則其子皆悦，敬人之兄則其弟皆悦，敬人之君則其臣皆悦，此皆敬父、兄及君一人，則其子、弟及臣千萬人皆悦，故其所敬者寡而悦者衆。即前章所言「先王有至德要道」者，皆此義之謂也。○案：《尚書・五子之歌》云：「爲人上者奈何不敬」，謂居上位須敬其下。○舊註云「『一人』，謂父、兄及君；『千萬人』，謂子、弟、臣」，此依孔傳也。「一人」指受敬之人，則知謂父、兄、君也。「千萬人」指其喜悦者，則知謂子、弟、臣也。夫子、弟及臣何啻千萬？言「千萬人」，舉其大數也。

周子曰：陰陽理而後和。君君、臣臣、父父、子子、兄兄、弟弟、夫夫、婦婦，萬物各得其理，然後和。故禮先而樂後。

司馬氏光曰：將明孝而先言禮者，明禮孝同術而異名。天下之父、兄、君，聖人非能偏致其恭。恭一人，則與之同類者千萬人皆説。所守者約，所獲者多，非要而何？

《直解》曰：禮的一箇字，只是一箇恭敬。所以人能自家敬其父親，則凡爲人子的心都歡喜；能自家敬其兄長，則凡爲人弟的心都歡喜；能自家敬其君王，則凡爲人臣的心都歡喜。敬其父、敬其兄、敬其君，本只是敬一箇人，凡爲人子、爲人弟、爲人臣千萬箇人都歡喜了。所敬的人甚少，所歡喜的人甚多，便是切要的道理。

范氏祖禹曰：禮則無不敬而已。天下至大，萬民至衆，聖人非能徧敬之也。敬其所可敬者，而天下莫不説矣。聖人執要以御繁，敬寡而服衆，是以不勞而治道成也。

真氏德秀曰：敬者，禮之本。制度威儀者，禮之文也。

朱氏申曰：禮有本、有文，而敬爲禮之本。「敬一人而千萬人説」，謂敬天子則天下人歡説。「所敬者寡」，謂敬父、敬兄、敬君、敬一人，所敬者甚寡也。「而悦者衆」，謂子説、弟説、臣説、千萬人説，所説者甚衆也。

董氏鼎曰：上文兼言孝、弟、禮、樂四者，至此又獨歸重於禮。至於言禮，則又以敬爲主。蓋父母於子，一體而分，愛易能而敬難盡。故經雖以愛、敬兼言，而此獨言敬而以禮爲重，蓋其所以有序而和者，未有不本於敬而能之也，故又極推廣敬之功用。蓋此心之敬，隨寓而見。以此之敬而敬人之父，則凡爲之子者莫不説矣。以此之敬而敬人之兄，則凡爲之弟者莫不説矣。以此之敬而敬人之君，則凡爲之臣者莫不説矣。彼爲人子、爲人弟、爲人臣者，本皆有敬父、敬兄、敬君之心，而吾先有以敬之，則深得其歡心矣。此之敬加於一人，而彼則千萬人説。所敬者寡而説者衆，所守者約而施者博，此之爲要道也。

吴氏澄曰：禮之實，不過敬而已。居上者，自敬其父、兄、君，則下之爲人子、爲人弟、爲人臣者效之，各皆歡悦以事其父、兄、君矣。夫上之自敬其父、兄、君也，所敬者不過一人，若是其寡也；下效之而和悦於其父、兄、君者，乃至千萬人焉，若是其衆也。此所以爲道之要。悦者，深愛、和氣、愉色、婉容之謂。上所教者，言敬而不言愛；下所效者，言愛而不言敬。互文以見也。

邱氏濬曰：上文不先禮而先樂，而此於「禮」之下，即繫之曰「禮者，敬而已矣」，不言樂之和，而和之意自溢於言外。所謂敬其父、敬其兄、敬其君者，禮之敬也。子之悦、弟之悦、臣之悦者，樂之和也。敬一人而千萬人悦，豈非安上治民而移風易俗之效哉？由是觀之，禮樂二者交相爲用，可相有而不可相無，是誠治天下之要道也。彼區區求其效於聲音器數之末，豈知要者哉？

虞氏淳熙曰：禮主於敬，敬便無所不通。如父子之心，元自相通。所以敬人的父，爲子者便歡喜。推之兄弟、君臣亦然。至於千萬人在此，若必箇箇敬他，方纔箇箇歡喜，安得人人而悦之？如今有箇機關，只須敬一箇人，千萬人一齊都歡喜，敬的少，悦的多，使人人見得，無非父子，無非兄弟，無非君臣。因此敬着一箇父親，就得了萬國的歡心，豈非是極簡極要的道理？

方氏學漸曰：天下國家，其本於身乎！身，其本於親乎！事親孝則九族睦，而四海準。故立愛自親始，立敬自長始。達之天下，各親其親，各長其長，而天下自平，近而遠，約而博，是先王之要道也。

黄氏道周曰：聖人非以敬而貿悦於人也。民情多散，而爲敬以聚之。民情多傲，而爲敬以下之。

葉氏鈖曰：首章言「至德要道」，曷爲此以「要道」先於「至德」？蓋要道施化，化行而後德彰。雖「太上貴德，其次務施報」，然修諸身爲德，達諸天下爲道。可見道德相成，所以先後互用也。

李氏光地曰：禮者，敬而已矣。則樂者，愛而已矣。禮樂之道，不出乎愛敬，而愛敬生於孝弟。故推吾之孝弟，以敬人之君、父、兄，則千萬人莫不悦者。蓋以天下之達道，而順天下之自然，上下無怨，此所以爲要道，而教之所由生也。

朱氏軾曰：禮可兼樂，蓋必有慈愛、樂易之意，寓於恭敬、嚴恪之中，所謂和爲貴也，故曰「悦者衆」。

趙氏起蛟曰：敬者，禮之施。悦者，敬之驗。效見於下，而貴成於上也。一説：敬父即是孝，敬兄即是弟，敬君即是安上治民之禮，敬一人即是移風移俗之樂。

姜氏兆錫曰：萬物各得其理然後和，故禮先而樂後。禮者，敬也。敬以將之，而孝弟之和於樂者，一以貫之矣，故遞舉而特明之。敬父之類，自所教之民而言。子悦之類，自凡人悦此敬父者而言。承上言人能敬其父與兄與君，豈惟所敬者悦之，凡爲人子、爲人弟、爲人臣者，皆悦之也。夫敬父、兄、君，不過一人；而凡爲子、弟、臣者，千萬人皆悦。敬寡悦衆，此先王教民之要道也。

庭棟案：承上文而獨申言禮者，蓋禮中之經典，即孝弟之節文也，曰敬而已矣，所以明禮之實也。敬父、子説之類，但言其理如此。謂子而敬其父，則凡爲子者皆説；弟而敬其兄，則凡爲弟者皆悦；臣而敬其君，則凡爲臣者皆説。所以説者，動其同具之良也。故行我敬者，不過若父、若兄、若君之一人，而凡爲子、爲弟、爲臣説者千萬人，是敬寡而説衆。所謂要道者以此，故教民莫善於此也。又案：此章言孝而兼言弟者，《中庸》引《詩》云：『兄弟既翕，和樂且耽。』子曰：『父母其順矣乎！』」弟固孝中之一事。言孝弟而更及敬君者，首章言「夫孝」「中於事君」是也。三者爲人倫之大，以一孝通之，即以一敬推之，而理無不同者也。

右第十五章

今文以此爲「廣要道章第十二」。邢氏昺曰：前章明不孝之惡，罪之大者，及要君、非聖人，此乃禮教不容。廣宣要道以教化之，則能變而爲善也。首章畧云「至德要道」之事而未詳悉，所以於此申而演之，皆云「廣」也，故以名章，次《五刑》之後。「要道」先於「至德」者，謂以要道施化，化行而後德彰，亦明道德相成，所以互爲先後也。○朱子曰：此一節釋「要道」之意，當爲傳之二章。但經所謂「要道」，當自己而推之，與此亦不同也。○吴氏澄曰：右傳之六章，申釋「要道」「民用和睦，上下無怨」。○姜氏兆錫以此爲第九章，謂承上二章言人君以要道教人之妙，以釋首章之意也。

子曰：君子之教以孝也，非家至而日見之也。教以孝，所以敬天下之爲人父者。教以弟，所以敬天下之爲人兄者。教以臣，所以敬天下之爲人君者。弟，大計切。○今文「弟」作「悌」，「父者」「兄者」「君者」下並有「也」字。○黄氏道周曰：「以孝」二字衍。

唐明皇曰：言教不必家到户至，日見而語之。但行孝於内，其化自流於外。舉孝悌以爲教，則天下之爲人子弟者，無不敬其父兄也。舉臣道以爲教，則天下之爲人臣者，無不敬其君也。

邢氏昺曰：教之以孝，則天下之爲人父者，皆得其子之敬也；教之以悌，則天下之爲人兄者，皆得其弟之敬也；教之以臣，則天下之爲人君者，皆得其臣之敬也。《祭義》所謂「孝弟發諸朝廷，行乎道路，至乎州巷」。王註：案《禮·祭義》曰：「祀乎明堂，所以教諸侯之孝也；食三老五更於太學，所以教諸侯之弟也。」此即謂「發諸朝廷，至乎州巷」是也。又舊註用應劭《漢官儀》云「天子無父，父事三老，兄事五更」，乃以事父、事兄爲教孝悌之禮。案禮，教孝自有明文，假令天子事三老蓋同庶人「倍年以長」之敬，本非教孝子之事，今所不取也。○又王註：案《祭義》「朝覲，所以教諸侯之臣也」，諸侯，列國之君，若朝覲於王，則身行臣禮。言聖人制此朝覲之法，本以教諸侯之爲臣也，則諸侯之卿大夫，亦各放象其君，而行事君之禮也。○劉炫以爲將教爲臣之道，固須天子身行者。案《禮運》曰「故先王患禮之不達於下也，故祭帝於郊」，謂郊祭之禮，册祝稱臣，是亦以見天子以身率下之義也。

司馬氏光曰：「非家至日見」者，在施得其要而已。天下之父、兄、君，聖人非能身往恭之。修此三道以教民，使民各自恭其長上，則聖人之德無不偏矣。

范氏祖禹曰：君子所以教天下，非人人而諭之也，推其誠心而已。故教民孝，則爲父者無不敬之；教民弟，則爲兄者無不敬之；教民臣，則爲君者無不敬之矣。君子所謂教者，孝而已。施於兄，則謂之弟；施於君，則謂之臣。皆出於天性，非由外也。

蔡氏沈曰：孝弟者，人心之所同，非必人人教詔之。親吾親以及人之親，長吾長以及人之長，始於家，達於國，終而措之天下。

董氏鼎曰：教之以孝，使凡爲子者，知盡事父之道，即所以敬天下之爲人父者。教之以弟，使凡爲人弟者，皆知盡事兄之道，即所以敬天下之爲人兄者。教之以臣，使凡爲人臣者，皆知盡事君之道，即所以敬天下之爲人君者。蓋致我之敬者，終有限；惟能使人各自致其敬者，斯無窮也。

吴氏澄曰：上之人躬行孝、悌、臣以教，則天下之人無不效之，而各敬其父兄與君。是上之人自敬其父兄與君者，乃所以敬天下之爲人父、爲人兄、爲人君者也。

虞氏淳熙曰：我心由愛而敬，敬則通於民。民心由愛而敬，敬則通於我。我也敬，民也敬，人我同敬，總來立起箇萬物一體之身，豈不是立身行道，人人稱他父母、稱他君長，豈不是揚名後世？

吕氏維祺曰：教以孝，非教彼以孝也，蓋教之以吾之孝，所謂以身先之也，且與「非家至而日見之也」相合，而下文「所以敬天下之爲人父」方有着落。弟、臣二段倣此。

孫氏本曰：此釋「至德」之義。然所謂「至德」者，亦即於「要道」見之。若云「所敬者寡而悦者衆」，不惟爲道之要，而人君之德亦於是爲至，故承上「教民親愛，莫善於孝」而言。君子之所以教民如此者，豈必家至而諭，日見而誨之哉？自敬其父兄與君，是即教天下以子、弟、臣之道。而天下之爲子、弟、臣者，各敬其父兄與君，是天下之父兄與君，皆在君子所敬之中，豈不謂之「至德」？夫「至德要道」，非有二也。自其及於人而言爲「要道」，自其本諸己而言爲「至德」。俱就治化上見，非如體用、本末、内外之對待分屬者也。

孔氏尚熹曰：二章皆言敬，而不言愛者，敬以成愛也。

葉氏鈖曰：此章言敬不言愛，非不言愛也。聖人因嚴教敬，尤先乎因親教愛，尊卑上下，豈有不敬而能生和者哉？

吴氏隆元曰：上章以及於人者而言，故曰「敬其父」「敬其兄」「敬其君」。此章以體諸身者而言，故曰「教以孝」「教以悌」「教以臣」。謂王者躬行孝弟之道，册祝稱臣，以事天親；天下之人則而象之，無不敬其父兄與君。是即王者所以敬天下之爲人父、爲人兄、爲人君者也。

趙氏起蛟曰：孝乃人心之所同，故其感化之易如此。不然，雖家至而日見，亦有頑梗不率者矣。

姜氏兆錫曰：承上章言君子教民，而悦之之衆如此，何也？夫教以孝，乃以敬爲人父者，而凡爲子者因以悦也；教以悌，乃以敬爲人兄者，而凡爲人弟者因以悦也；教以臣，乃以敬爲人君者，而凡爲人臣者因以悦也。蓋天命人以性，而各秉此德。故人率其性，而各由是道。而君則順是爲教，以大其化者也。

庭棟案：前章以行敬者言，見其心之同。此章以受敬者言，見其效之普。言孝、弟、臣，而先言「教以孝」者，弟與臣之道，皆由是推。至謂身至其地，見謂目見其人。言教民者必身至目見，只教得所至所見者，安能徧及天下？「君子之教以孝也，非家至而日見之也」，何也？天下至大，君子教以孝、弟、臣之道，所以敬天下之爲人父、爲人兄、爲人君者，理無不徧也。教孝之效，其廣大如此。

《詩》云：「豈弟君子，民之父母。」非至德，其孰能順民如此其大者乎！豈，苦在切。弟，去聲，又如字。○今文「豈弟」作「愷悌」。

唐明皇曰：愷，樂也。悌，易也。義取君以樂易之道化人，則爲天下蒼生之父母也。

邢氏昺曰：夫子既述至德之教已畢，乃引《大雅·洞酌》之詩以贊美之。言樂易之君子，能順民心而行教化，乃爲民之父母。若非至德之君，其誰能順民如此其廣大者乎？案《禮·表記》稱：「子言之：君子之所謂仁者，其難乎！《詩》云：『凱弟君子，民之父母。』凱以强教之，弟以説安之。使民有父之尊，有母之親，如此而後可以爲民父母矣。非至德，其孰能如此乎？」此章於「孰能」下加「順民」，「如此」下加「其大者」，與《表記》爲異，其大意不殊。而皇侃以爲并結《要道》《至德》兩章，或失經旨也。劉炫以爲《詩》美民之父母，證君之行教，未證至德之大，故於《詩》下別起歎辭，所以異於餘章，頗近之矣。

司馬氏光曰：豈，樂；弟，易也。樂易，謂不尚威猛，而貴惠和也。能以孝、弟、臣三道教民者，樂易之君子也。三道既行，則尊者安乎上，卑者順乎下。上下相保，禍亂不生，非爲民父母而何？

范氏祖禹曰：「凱以强教之，弟以悦安之」，爲民父母，惟其職是教也。父母之於子，未有不愛而教之、樂而安之也。「至德」者，善之極也，聖人無以加焉，故曰「順民」，而不曰「治民」。孝者，民之秉彝。先王使民率性而行之，順其天理而已矣，故不曰治。

吴氏澄曰：躬行孝、悌、臣之德者，樂易之君子也。人皆效之，而各敬其父兄與君，是足以爲民之父母。非有孝之至德，其何能達此一順之德於天下之大乎？

葉氏鈐曰：首章「至德要道」爲全經之綱領。故引《詩》之後，別起嘆辭，所以頌揚先王之至德，爲萬世行孝之宗主也。

姜氏兆錫曰：案全經百行，皆統於孝，故孝爲「至德要道」。而此二章以敬君、長並稱至德、要道者，親、君、長一理也。此所以前章「士孝」節及以下各章皆連言之與！然以資父事君、宜家順親之屬推之，則並稱親、君、長，而孝尤爲至德要道也，益見矣。

庭棟案：引《詩》言「豈弟君子」者，謂教民之君子有樂易之至德，故能教以孝、弟、臣如此。「民之父母」者，成我同於生我，極贊美之辭也。又言苟非自盡其孝，有此至德，其誰能順民立教，使敬天下之父、兄、君如此其廣大者乎？上章及本章皆止言教之施，故於此推本君子之有至德也。要道本於至德，上章言「此之謂要道」，故此章之末特表「至德」，以總結兩章之意。

右第十六章

今文以此爲「廣至德章第十三」。邢氏昺曰：首章標「至德」之目，此章明「廣至德」之義，故以名章，次《廣要道》之後。○朱子曰：此一節釋「至德」「以順天下」之意，當爲傳之首章。然所論「至德」，語意亦疎，如上章之失云。○吴氏澄曰：右傳之五章，申釋「至德」「以順天下」。○姜氏兆錫：以此爲第十章，謂承上章言其道爲要道，由德爲至德，而民之所以順者。以此亦以釋首章之意也。

孝經通釋卷第七終

孝經通釋卷第八

嘉善曹庭棟學

子曰：昔者明王事父孝，故事天明；事母孝，故事地察。

唐明皇曰：王者父事天、母事地，言能敬事宗廟，則事天地能明察也。

邢氏昺曰：言昔者明聖之王事父能孝，故事天能明，言能明天之道，故《易·説卦》云：「乾爲天、爲父。」此言「事父孝，故能事天明」，是事父之孝通於天也；事母能孝，故事地能察，言能察地之理，故《説卦》云：「坤爲地、爲母。」此言「事母孝，故能事地察」，則是事母之孝通於地也。○經稱「明王」者二焉，一曰「昔者明王之以孝治天下也」，二即此章言「昔者明王事父孝」，俱是聖明之義，與先王爲一也。言「先王」，示及遠也；言「明王」，示聰明也。○王註：案《白虎通》曰：「王者，父天母地。」此言「事」者，謂移事父母之孝以事天地也。烝嘗以時，疏數合禮，是敬事宗廟也。能敬事宗廟，則不違犯天地之時。若

《祭義》曾子曰：「樹木以時伐焉，禽獸以時殺焉。夫子曰：『斷一樹、殺一獸，不以其時，非孝也。』」又《王制》曰：「獺祭魚，然後虞人入澤梁；豺祭獸，然後田獵；鳩化爲鷹，然後設罻羅；草木零落，然後入山林；昆蟲未蟄，不以火田。」此則令無大小，皆順天地，是「事天地能明察」也。

司馬氏光曰：王者，父天母地。事父孝，則知所以事天，故曰明。事母孝，則知所以事地，故曰察。

范氏祖禹曰：王者事父孝，故能事天；事母孝，故能事地。事天，以事父之敬。事地，以事母之愛。明者，誠之顯也；察者，德之著也。明察，事天地之道盡矣。

朱子曰：明察是彰著之義。能事父孝，則事天之理自然明。能事母孝，則事地之理自然察。

楊氏簡曰：父天，母地。明，猶察也，謂曉達也。明王之事父母孝，異乎未明者之孝。未明者之孝，雖孝而未通。故於事天，不明其天；事地，不明其地。不特不明其天地，亦不明其父母。雖知父母之情意，不知父母之正性。人惟不自明己之正性，故亦不明父母之正性，亦不明天地之性。人皆曰：我惟知父母，不知天地。此不知道者之言。明者觀之，父母即天地。苟未明通，則事父母，實不識父母，況能事天地？

朱氏申曰：父，天道也。故事父孝，則明於事天之道矣。母，地道也。故事母孝，則察於事地之道矣。

董氏鼎曰：此「明」「察」二字，亦是就前章天經地義一句引來。孔子曰：「明於天之道，而察於民之故。」孟子曰：「舜明於庶物，察於人倫。」大抵經是總言其大者，義是中間事物纖息曲折之宜。董子所謂「常、經通義」，亦是此意。惟其爲天之經也，所以事父孝，故事天明。惟其爲地之義也，所以事母孝，故事地察。明字氣象大，聰明睿智，無所不照。察則工夫細，文理密察，無所不周。

吴氏澄曰：此言孝之推也。王者事父母於宗廟而孝，故事天地於郊社，亦明察也。蓋事天如事父，事地如事母。能事父母，則知所以事天地矣。明察，謂於其禮、其義能精審也。

蔡氏悉曰：人資乾以始，父，子之天也，良知胎於此矣；資坤以生，母，子之地也，良能胎於此矣。則天之明事父孝，故事天明。因地之利事母孝，故事地察。良知、良能，本乎父母，塞乎天地。事天明，良知配天。事地察，良能配地。

孫氏本曰：此以孝道之極爲言。蓋以其推之，而無不通也。昔者明王推所以孝父者事天於郊，而其禮明；推所以孝母者事地於社，而其義察。

呂氏維祺曰：事天、事地，凡所以參贊調燮以體元者皆是，不但事之以郊社而已。

葉氏鈖曰：由明而辨之則爲察。地統於天，母從其父也。

孔氏尚熹曰：明天察地，原其本也。故張子《西銘》即事親以明事天之道。

張氏步周曰：孝爲天之經，事父孝則天經昭垂而不晦。孝爲地之義，事母孝則地義詳晰而顯著。

姜氏兆錫曰：察，猶明也。王者父事天，母事地，故能孝乎父母，而於事天地之理，無不明且察也。

庭棟案：前章「夫孝，天之經，地之義」，合父母而統言孝，非於天地有分屬也。此「事父孝，故事天明；事母孝，故事地察」，就孝而分言父母，是於天地有類應也。事天謂郊，事地謂社。於天言明者，天爲虚體，明其理而不昧。於地言察者，地有實象，察其理而不踈。其實，察即明也。《中庸》「明乎郊社之禮」意同。言明王以事天地之道事父母，所以能孝；而即以事父母之道事天地，所以能明察也。事父、事母，就生事言；至下文云

「宗廟致敬」，乃死事之孝。舊有王者無生親可事之説，似泥。

長幼順，故上下治。長，之丈切。治，直吏切。

唐明皇曰：君能尊諸父，先諸兄，則長幼之道順，君人之化理。

邢氏昺曰：明王又於宗族、長幼之中，皆順於禮，則凡在上下之人皆自化也。謂放效於君。《書》曰：「違上所命，從厥攸好。」是效之也。

司馬氏光曰：長幼者言乎其家，上下者言乎其國。能使家之長幼順，則知所以治國之上下矣。

《直解》云：君王能敬長上，慈愛幼小，這家道和順了，便正得君臣上下的分限，國事也都平治。

范氏祖禹曰：「長幼順」者，其家道正也。「上下治」者，其君臣嚴也。

朱氏申曰：長有上之道，幼有下之道。故長幼順而上下治也。

董氏鼎曰：長幼順，蓋就事父母推之。上下治，蓋就事天地推之。長幼尊卑，無一不順其序，則人道盡矣。

吴氏澄曰：此言悌之推也。悌於家，而長幼之序順，故自國至天下皆興悌，而上下之分不亂也。

孫氏本曰：此明王推所以順長幼者以處上下，而其政治也。

張氏步周曰：自父母以推之諸父，又推之昆弟，使尊親無失其倫序，則長幼順矣。以故上下無不咸歸於理而治也。

姜氏兆錫曰：「上下」謂上下之群神也。「治」猶上治下治之治。王者，兄視日，姊視月，嶽視公，瀆視侯，能順乎長幼，而在上在下之神無不得其治也。

庭棟案：此章末云「孝弟之至，通於神明」，故上文曰天地，此曰上下，下文曰宗廟，皆指神明而言。長幼猶兄弟。順者，有序也。上謂天神，下謂地祇。《禮·祭法》云：「有天下者，祭百神。」治，正也。言克正其禮也。《祭義》云「祭日於壇，祭月於坎，以別幽明，以制上下」是也。言明王能盡弟道而長幼有序，故上下神祇有以正其禮而各得其分也。

天地明察，神明章矣。今文「章」作「彰」。○吴氏《定本》以此八字爲錯簡，移在下文「鬼神著矣」之下。

唐明皇曰：事天地能明察，則神感至誠而降福佑，故曰彰。

邢氏昺曰：言明王之事天地，既能明察，必致福應，則神明之功彰見，謂陰陽和，風雨時，人無疾厲，天下安寧也。

司馬氏光曰：神明者，天地之所爲也。王者知所以順天地，則神明之道，昭彰可見。

范氏祖禹曰：事父母以格天地，正長幼以嚴朝廷。上達乎天，下達乎地，誠之所至，則神明彰矣。

董氏鼎曰：極其孝，則三光全，寒暑平，而天道清矣。山川鬼神，亦莫不寧焉，鳥獸魚鼈咸若，而地道寧矣。所謂神明者，即造化之功用也。事天地而至於如此，豈不「洋洋如在其上，如在其左右」乎？此亦昔者明王之事如此，後之爲天子者所宜取法也。

朱氏申曰：事天明，事地察，則天地神明之理甚彰著矣。

吴氏澄曰：明察於郊社，則天地之神彰矣。彰謂微之顯，洋洋乎如在也。天地之神而曰明者，言雖幽而顯也。

吕氏維祺曰：不言「上下治」者，舉重也。

吴氏隆元曰：神明猶言神化。知化則善述其事，窮神則善繼其志。事天地之道既昭察明著，則神化之道，彰見於兩間也。

趙氏起蛟曰：上言「天明」「地察」，不過因孝父母之理而推；此言「天地明察」，直從明察内推原出幽明感通之故,總以申明孝道之大。

張氏步周曰:天地明察,則神明之德通而福履永綏,其彰明顯著爲何如!

庭棟案:此言明察之實效,以結上文也。神明者,天地之功用。章者,顯也。言孝而至於天地明察,則天地之功用,明王有以輔相之,而章顯其清寧之化矣。不言「上下治」者,義足以包之也。

故雖天子,必有尊也,言有父也;必有先也,言有兄也。

唐明皇曰:父,謂諸父。兄,謂諸兄。皆祖考之胤也。禮,君燕族人,與父兄齒也。

邢氏昺曰:「故」者,連上起下之辭。以上文云「事父孝」「事母孝」,又云「長幼順」,所以於此述尊父先兄之義。言王者雖貴爲天子,於宗廟之中必有所尊之者,謂天子有諸父也;必有所先之者,謂天子有諸兄也。古者天子祭畢,同姓則留之,謂與族人燕,故其《詩》曰「諸父兄弟,備言燕私」。又《禮記·文王世子》云:「若公與族燕,則異姓爲賓,膳宰爲主人,公與父兄齒。」則知燕族人亦以尊卑爲列,齒於父兄之下也。○孔傳:案《詩序》「《角弓》,父兄刺幽王」,蓋謂君之諸父、諸兄也。

司馬氏光曰:天子至尊,繼世居長,宜若無所施其孝弟。然舉此四者,以明天子之孝弟也。有尊，謂承事天地。有先，謂尊嚴德齒之人也。

范氏祖禹曰：天子者，天下之至尊也。承事天地以教天下，則以有父也。貴老敬長以率天下，則以有兄也。

董氏鼎曰：「必有尊也」，言有父也，因「事父」「事母孝」二句。「必有先也」，言有兄也，因「長幼順」一句。誰無父母，皆可爲孝。誰無兄長，皆可爲弟。

吴氏澄曰：此申上言「長幼順」之義。雖天子之貴，亦必有長。所當尊者，諸父。所當先者，諸兄。父、兄皆祖考之胤。孝於祖考，則悌於父兄矣。禮，國君燕族人，與父兄齒。天子之禮未聞。

孫氏本曰：凡爲天子者，尊必有父，先必有兄。今繼世而立，固無生父、生兄可事，而宗廟之中，事死猶生也。

呂氏維祺曰：父兄，仍指自己父兄，而諸父諸兄皆在其中。

葉氏鈖曰：天子雖貴，而貴不敵親。故必有尊之者，謂有諸父也；必有先之者，謂有諸兄也。

朱氏軾曰：或謂天子無期喪，何有於悌？不知諸父諸兄，皆父母之所慈愛也。父母之所慈愛，而子不尊、先之，可謂孝乎？言父兄，則子弟統之矣。

庭棟案：父承上「事父孝」言，兄長也承上「長幼順」言。父可統母，長可統幼也。言由明王之「事父孝」「長幼順」觀之，雖天子爲天下之至尊，亦必有尊於我者，父是也，而可不孝乎？天子爲天下所莫先，亦必有先於我者，兄是也，而可不順乎？以明誰無父母，誰無兄長。孝與順，皆當自盡，故復申其義以勉人也。

宗廟致敬，不忘親也；脩身慎行，恐辱先也。慎，一本作「謹」。行，如字，又下孟切。

唐明皇曰：言能敬事宗廟，則不敢忘其親也。天子雖無上於天下，猶脩持其身，謹慎其行，恐辱先祖而毀盛業也。

邢氏昺曰：《禮記・文王世子》稱：「五廟之孫，祖廟未毁。雖爲庶人，冠、取妻必告，死必赴。」是不忘親也。《禮記・大傳》稱：「其不可得變革者則有矣，親親也，尊尊也，長長也。」「親親故尊祖，尊祖故敬宗，敬宗故收族，收族故宗廟嚴。」言君致敬宗廟，則不敢忘其親也。又《禮記・祭義》云：「父母既没，慎行其身。」是不辱先也。上言「必有先也」，先兄也；此言「恐辱先也」，是先祖也。

范氏祖禹曰：宗廟致敬，非祭祀而已也。脩身慎行，恐辱及宗廟也。

董氏鼎曰：言推而上之，不特事父兄爲然，至於奉宗廟、事先祖，亦莫不然。但須盡我立身之道而已。「脩身慎行」，此是事親之始終不出於此，故爲人子，一舉足而不敢忘父母，一出言而不敢忘父母，惟恐一言一行之玷，以辱其親也。

吴氏澄曰：申上文「事父孝」「事母孝」之義。致，推之至極也。謂天子宗廟之祭極盡其敬者，不忘其親也。謂之親者，視如生存也。此事親之孝。平居脩身謹慎所行者，恐辱其先也。謂之先者，念所本始也。此立身之孝。祭時知所以事親，而平日不知所以立身，亦未得爲孝也。

虞氏淳熙曰：由所尊而推之，祖宗之在廟者爲益尊，敢不敬乎？其祭時齊戒，皆出自不忘親之心。由所先而推之，吾身之所從生者爲最先，敢不慎乎？其平時齊戒，皆出自恐辱先之心。

李氏光地曰：承上文言雖天子有天地、臣民之責，而立愛立敬，未有不自親始者。又推而下之，以通於諸侯、大夫、士，則宗廟致敬於祖考，亦自其不忘親之心而推之也；脩身慎行，以保其社稷、宗廟、禄位，亦自其恐辱親之念而加謹也。

朱氏軾曰：上節是愛其所親，此節是敬其所尊。守身者，事親之本。一舉足，一出言，不敢忘親，斯可謂能敬矣。「修身」二句補足上文。

趙氏起蛟曰：祭祀之時，僾聞愾見，必致其如在之誠，正見此心無刻敢忘親也。人惟不以辱先爲恐，故驕奢淫佚無所不至。若時以辱及先人爲懼，自然敬謹儉約，天子可以保四海，諸侯可以保社稷，卿大夫可以保宗廟，士、庶人可以保四體矣。

張氏步周曰：禴祀烝嘗以時祭，五年一禘祭，若是乎致敬乎？宗廟者，正以不忘親之所自出也。齊明盛服以脩身，制節謹度以慎行，恐身即匪彝以辱先也。

姜氏兆錫曰：「親」即父也，「先」猶親也。

庭棟案：此言明王死事父母之孝。言宗廟，謂祭祀時也。致，極也。致敬者，盡其儼恪之誠。親謂父母。不忘親者，死事同於生事也。先即謂父母。父母雖没，此身爲父母所遺，苟不慎所行以脩之，辱身即所以辱父母，故恐之也。慎猶敬也。脩身者，不外脩之以敬而已。

宗廟致敬，鬼神著矣。

唐明皇曰：事宗廟能盡敬，則祖考來格，享於克誠，故曰著也。

邢氏昺曰：上言「宗廟致敬」，謂天子尊諸父，先諸兄，致敬祖考，不敢忘其親；此言「宗廟致敬」，述天子致敬宗廟，能感鬼神。雖同稱「致敬」，而各有所屬也。舊註以爲「事生者易，事死者難，聖人慎之，故重其文」，今不取也。上言「神明」，謂天地之神也；此言「鬼神」，謂祖考之神。鬼者，歸也。言人生於無，還歸於無，故曰「鬼」也。亦謂之「神」，案《五帝德》云黄帝「死而民畏其神百年」是也。上言「神明」，尊天地也；此言「鬼神」，尊祖考也。

司馬氏光曰：知所以事宗廟，則其餘事鬼神之道皆可知。

范氏祖禹曰：鬼神之爲德，視之而不見，聽之而不聞，爲之宗廟以存之，則可以著見矣。《書》曰：「祖考來格。」又曰：「黍稷非馨，明德惟馨。」

吴氏澄曰：致敬於宗廟，則父母之鬼神著矣。著，猶《祭義》「致慤則著」之著，如見所祭也。人鬼而曰神者，言雖屈而伸也。惟祭者極其誠敬，故如此。

虞氏淳熙曰：此心原與鬼神並著，但人專在一身行事上體驗，未見甚著。惟獨宗廟之祭，齊明盛服，如在其上，如在其左右，所謂鬼神者，始與心通而不可掩矣。

吕氏維祺曰：不言「脩身慎行」者，亦舉重之意。

趙氏起蛟曰：上言「宗廟致敬」，見明王盡其追遠之誠；此言「宗廟致敬」，見鬼神顯其情狀之實。

姜氏兆錫曰：自事生以至事死，衹此一敬，而鬼神之感明著矣。

庭棟案：此言致敬之感格以結上文也。鬼神，謂父母之靈爽。著者，僾聞愾見之謂。不言孝而至於宗廟致敬，則明王意中不忘父母，即目中如見其來格來享，極其昭著矣。不言「脩身慎行」者，常存敬心以脩其身，祭祀時無以異也。

孝弟之至，通於神明，光於四海，無所不通。弟，大計切。○今文「弟」作「悌」。

唐明皇曰：能敬宗廟、順長幼，以極孝悌之心，則至性通於神明，光於四海，故曰「無所不通」。

邢氏昺曰：敬宗廟，爲孝；順長幼，爲悌。明王有孝悌之至性，感通於神明，則能光於四海，無所不通。

司馬氏光曰：「通於神明」者，鬼神歆其祀而致福。「光於四海」者，兆民歸其德而服其教。鬼神至幽，四海至遠，然且不違，況其邇焉者，烏有不通乎？

范氏祖禹曰：孝弟至於如此，格於上下，旁燭幽隱，天之所覆，地之所載，日月所照，霜露所隊，無所不通。

楊氏簡曰：六合之間，一而已矣。曰天曰地，曰神曰鬼神，其名殊，其實同。惟同，故無所不通，無所不應。

朱氏申曰：「孝弟之至」，言孝弟之道極其所至也。

董氏鼎曰：其幽也，可以通於神明；其顯也，可以光於四海。

吴氏澄曰：通，謂感格而無隔礙。光，謂變化而有光輝。由宗廟事父之孝，充之以事天地而神明彰，此孝之至而通於神明也。由一家長幼順之悌，充之以治國平天下而上下治，此悌之至而光於四海、無所不通也。

虞氏淳熙曰：神明、孝弟，不是兩事，畧無毫髮間隔，置之而塞乎天地間矣。四海孝弟總是一心，不屬形氣窒礙，推而放之而準矣。

黄氏道周曰：郊祀、明堂、吉禘、饗廟，因而及於山川、壇壝、田祖、后稷、邱陵、墳衍，宗工、先臣之有功德於民者，以及百蜡厲儺之祭，皆以致愨之義通之，則亦無所不通矣。釋奠於學，誓於澤宮，乞言合語，養老養幼，飲酒於鄉，選士於射，惠鮮小民，及於鰥寡，皆以致愛之義通之，則亦無所不通矣。慤與愛兼致也，不敢惡慢，則皆有神明之道焉。爲天子而以神明待天下，天下亦以神明奉天子。傳曰：「天之所覆，地之所載，日月所照，霜露所隊，凡有血氣者，莫不尊親，故曰配天。」

吴氏隆元曰：言神明，則鬼神可知。「光」字内兼「明」字、「察」字、「彰」字、「著」字之義。

趙氏起蛟曰：此總結上文，言孝悌至於其極，則神無不格，民無不勸，應感之通，至於如此。下復引《詩》以詠歎之。

姜氏兆錫曰：此總承上各條，結言孝悌之極其至而無所不通也。「通於神明」，凡上而天神，下而地祇，中而人鬼，皆統之矣。又「光於四海」，則其間幽明微顯，亦孰有外於是者哉？信乎其無不通也。

庭棟案：此節總結上文，言明王之孝弟如此其至，故能通於神明也。通，達也，自此達彼之謂，即其所以能章且著也。神明，兼天地、上下、宗廟言。人鬼亦曰明者，惟其著也。光，猶章也，著也。四海，謂所及者徧。「無所不通」者，無處不達，就四海言也。蓋又驗諸四海，以見德化之光被其廣大如此。

《詩》云：「自西自東，自南自北，無思不服。」

唐明皇曰：義取德教流行，莫不服義從化也。

邢氏昺曰：引《大雅・文王有聲》之詩以贊美之。自，從也。言從近及遠，至於四方，皆感德化，無有思而不服之者，以明「無所不通」也。○皇侃云：「先言『西』者，此是周施德化從西起，所以文王爲西伯，又爲西鄰。」

司馬氏光曰：道隆德洽，四方之人無有思爲不服者，言皆服也。

楊氏簡曰：「無思不服」者，以東西南北之心同此道心，故默感而應也。有道則應，無道則離。《易》曰：「聖人以神道設教，而天下服矣。」以此道至神，無所不通故也。

孫氏本曰：引《詩》不及通神明，惟證光四海之義，正以其格神難，而感人易也。

黄氏道周曰：其「無不服」，何也？敬也，天地神明之治也。尊在而尊，長在而長，親在而親。無他，達之天下也。

庭棟案：「光於四海」之義，上文未及詳，故復引《詩》以明之。思者，意之所注也。服，謂服其孝弟之德化。四方之人無有思而不服者，反言之以明其感被之深且遠也。

右第十七章

今文以此爲「感應章第十六」，次於《廣揚名》《諫諍》兩章之後。邢氏昺曰：此章言「天地明察，神明彰矣」，又云「孝悌之至，通於神明」，皆是感應之事也。前章言諫諍之事，言人主若從諫諍之善，必能脩身慎行，致應感之福，故以名章，次於《諫諍》之後。○朱子曰：此一節釋天子之孝，有格言焉，當爲傳之十章。或云宜爲十二章。○吴氏澄曰：此釋「先王有至德要道」，由一念而感神明，至德也；由一家而達四海，要道也。此章文理精深，正釋「至德要道」之義，其曰「昔者明王」云者，釋經文「先王」字也，當爲傳之首章。「天地明察，神明彰矣」八字錯簡在「故雖天子」之上。今詳「故」字承上起下，申説上文「長幼順」之義，而「宗廟致敬」乃申説章首「事父孝」「事母孝」之義，「天地明察」則因章首「事天明」「事地察」而言。「著矣」「彰矣」二句，文法協比，不應間隔。下文「通於神明」，又承「神明彰矣」一句而言。如此辭意方屬。○姜氏兆錫以此爲第十一章，謂孝道所通者神，而即明王以極言之也。舊題爲「感應章」，而錯列於《諫諍章》之下，今從朱子《刊誤》本改正。蓋此章即舉天子以例言諸侯、大夫、士、庶之孝，脈絡相承。至《諫諍章》，言子不以從親之令爲孝，而其下章因言臣亦不以從君之令爲忠，其脈絡亦如之。而俗本離而亂焉，則失之矣。

子曰：君子之事親孝，故忠可移於君；事兄弟，故順可移於長；居家理，治可移於官。弟，大計切。長，之丈切。治，直吏切。○今文「弟」作「悌」，「理」下有「故」字。邢氏昺曰：「居家理」下闕一「故」字，御註補之。○陸氏德明曰：讀「居家理治」絶句。

唐明皇曰：以孝事君則忠，以敬事長則順，君子所居則化，故可移於官也。

邢氏昺曰：此夫子述廣揚名之義，言君子之事親能孝，故資孝爲忠，可移孝行以事君也；事兄能悌，故資悌爲順，可移悌行以事長也；居家能理者，故資治爲政，可移治績以施於官也。

司馬氏光曰：長，謂卿士大夫，凡在己上者也。「治可移於官」，《書》云：「孝乎惟孝，友于兄弟，克施有政。」

范氏祖禹曰：君者，父道也。長者，兄道也。國者，家道也。以事父之心而事君，則忠矣。以事兄之心而事長，則順矣。以正家之禮而正國，則治矣。君子未有孝於親而不忠於君，悌於兄而不順於長，理於家而不治於官者也。故正國之道在治其家，正家之道在脩其身,脩身之道在順其親,此孝所以爲德之本也。

董氏鼎曰：事君者,事親之推也。事長者,事兄之推也。居官者,居家之推也。

吴氏澄曰：孝親、悌兄、理家,始於事親之事也。忠君、順長、治官,中於事君之事也。

孫氏本曰：此因上論明王之孝及之也。上以明王之居尊位者,言其孝可通天地、通鬼神、通四海,固無所不通。此以士之無位者,言其孝可以通於君、通於長、通於官,各有所通也。此可見孝之爲道,隨分而各足,豈惟天子、諸侯、卿大夫所當務哉?篇首言「以孝事君則忠,以敬事長則順」,即忠移於君,順移於長之説,而此復以治移於官廣之,蓋申論士之孝也。

虞氏淳熙曰：前《詩》云「愷悌君子,民之父母」,君子本非父母,百姓待他恰如父母,這孝豈不是移得動的?若移這孝父母的實心去事君,便唤做忠。又移這孝中敬兄的心去事長,便唤做順。這敬父敬兄的施於一家,何等整肅;移此去做官,就唤做能治。

朱氏鴻曰：古謂求忠臣必於孝子之門。人臣有一毫之不忠,非孝也。世云忠孝不能兩全,此語時位之不可全,非道理之不可全也。故曰「事親孝,則忠可移於君」。

葉氏鈞曰：君子指卿大夫、士。資孝爲忠,則事親可移以事君。資弟爲順,則事兄可移以事長。理，猶齊也。孝弟則家齊，忠順則國治。能齊家，則資理爲治，可移以涖官也。

李氏光地曰：此明始於事親，中於事君，終於立身，及行道揚名之説。蓋雖始終不同，一皆自孝而推之耳。

朱氏軾曰：案此亦孝爲德本之意，當重看「可」字。惟謹身脩行，而後孝盡而忠可移於君。不然，徒事定省温凊之文耳，烏可移乎？

趙氏起蛟曰：孝者所以事君也，孝外無忠也。悌者所以事長也，悌外無長也。故皆可移也。家齊而後國治，家不可教而能教人者，無之。苟事親孝，事長悌，則家自理矣。教以孝，教以悌，本此而推之耳。又家之中不過妻子臣妾，愛以宏其恩，敬以端其範，則家人亦莫不起敬、起愛矣。各相愛敬，而家有不理者乎？移此於官，爲之制田里，教樹畜，厚民之生，此愛也；爲之立學校，明禮義，正民之德，此敬也。人苟不先自盡愛敬於家，至居官而始求治道，晚矣。

姜氏兆錫曰：此章之義已見第二章「士孝」節。然「士孝」節云「以孝事君則忠，以敬事長則順」，乃正言以事之事，專指仕者而言。此云「忠可移於君」「順可移於長」「治可移於官」，乃概言可移之理，不專指仕者而言。

庭棟案：事親曰孝，事君即曰忠；事兄曰弟，事長即曰順，本無二道，所以可移。然必盡事親之孝，而後忠可移於君；必盡事兄之弟，而後順可移於長。由此移彼，非無故也。理者，整齊也。一家之中，親與兄爲尊。在我下者，有妻子臣妾之屬。其待理於我，猶百姓之待治於官。既能盡孝弟於父兄，則居家自能理矣。既可移忠順於君長，則治自可移於官矣。所以「居家理，治可移於官」，承上文推廣之，不言「故」，而其故可知也。

是以行成於内，而名立於後世矣。行，下孟切。

唐明皇曰：脩上三德於内，名自傳於後代矣。

邢氏昺曰：君子若能以此善行成之於内，則令名立於身没之後也。

董氏鼎曰：根固者葉必茂，源深者流必長，膏沃者光必燁。是以孝弟之行成於内，忠順之道達於外。君子務實，雖不求名，而州閭鄉黨稱其孝，兄弟親戚稱其慈，僚友稱其悌，執友稱其仁，交游稱其信，不惟譽藹於一時，而且名立於後世。《語》曰：「君子疾没世而名不稱焉。」聖人豈教人以好名？名者，實之賓。有其實，必有其名。苟没世而名不見稱，是終其身無爲善之實矣，是以君子疾之。苟疾其名之不稱，當常恐其實之不至，而孜孜勉焉可也。夫子於此廣其義以終立身揚名之旨。

吴氏澄曰：行，即行此三者。成，謂完備也。必可移，而後謂之成。身存而行成，身没而名立。内對外言，後對今言。蓋行成於内，則名立於外；名立於後，由行成於今也。

虞氏淳熙曰：行成於一念敬心之内，聲名自然遠播矣。

黄氏道周曰：君子之立行，非以爲名也。然而行立，則名從之矣。事親孝，事兄悌，居家理，此三者脩於實而無其名。事君忠，事長順，居官治，此三者有其實而名應之。《詩》曰：「文王有聲，遹駿有聲。」周公之告召公曰：「丕單稱德。」皆不諱名也。而今之君子，則必以名爲諱。故孝悌衰而忠順息，居家不理，治官無狀，而猥享爵禄者衆也。

葉氏鈖曰：此章指卿大夫、士，豈天子、諸侯身可不立、名可不揚乎？天子、諸侯身在臣民之上，名在萬國之中，聖學崇昭，公孤光贊，非卿大夫、士比類而觀也。

姜氏兆錫曰：此章行成名立，即首章立身揚名之義。而首章言「揚名於後世」，此言「名立於後世」，皆言後世，而不言當時者，人患不立身行成而已，苟立身行成矣，其仕以事其君，則顯當時以名後世可也；其不仕以事其君，則雖不顯於當時，要自名於後世，亦可也。章首概言君子，而不指言士大夫，意亦可見。

庭棟案：行，即事親、事兄、居家之行。成者，成其孝、成其弟、成其理之謂。内，猶家也。言不必果出而忠君、順長、治官,但能盡其可移之理,則行成於内,而名自立於没世之後矣。不曰「名揚」而曰「名立」者,勉人之務其實,實立則名與俱立,而後可揚也。必言「後世」者,戰兢終其身,如曾子「而今而後,我知免夫」之意。

右第十八章

今文以此爲「廣揚名章第十四」。邢氏昺曰:首章略言揚名之義而未審,於此廣之,故以名章,次《廣至德》之後。○朱子曰:此一節釋「立身」「揚名」及「士之孝」,傳之十一章也。或云宜爲九章。○吴氏澄曰:右傳之十章,釋「終於立身」。第八章釋事親,而章末兼及事君、立身;此釋立身,而章首先舉事親、事君,以見始、中、終相貫之義。○姜氏兆錫以此章爲第十二章。謂此章之義已見第二章「士孝」節,然「士孝」節云「以孝事君則忠,以敬事長則順」,此正言以事之事,專指仕者而言也;今云「忠可移於君」「順可移於長」「治可移於官」,乃概言可移之理,不專指仕者而言。或乃以此章爲釋「士之孝」,而專以已仕者言之。夫豈此及首章「立身」「揚名」之本旨哉?

孝經通釋卷第八　終

孝經通釋卷第九

嘉善曹庭棟學

子曰：閨門之内，具禮矣乎！嚴父、嚴兄。妻子臣妾，猶百姓徒役也。吴氏隆元曰：「嚴父、嚴兄」之下，疑有脱簡。以下二句文義推之，當云「猶君長也」。

司馬氏光曰：宫中之門，其小者謂之「閨」。禮者，所以治天下之法也。閨門之内，其治至狹，然而治天下之法舉在是矣。「嚴父、嚴兄」，事君事長之禮也。徒役，皂牧也。妻子猶百姓，臣妾猶皂牧，御之必以其道，然後上下相安。唐明皇時，議者排毁古文，以《閨門》一章爲鄙俗不可行。《易》曰：「正家，而天下定。」《詩》云：「刑于寡妻，至于兄弟，以御于家邦。」與此章所言何以異哉？

朱氏申曰：「嚴父」，尊嚴其父，即事親之孝也。「嚴兄」，尊嚴其兄，即事兄之弟也。一家之中有妻子臣妾，猶一國之中有百姓徒役也。此即「治可移於官」也。

董氏鼎曰：此因上章言以治家之道，而推之於一國；此章又以治國之道，而施之於一家。蓋閨門之内，恩常掩義。至於治國之道，則以義而斷恩。傳者之意，恐其閨門之内，狎恩恃愛，易以流於親愛昵比之私。故謂雖處閨門之内，一國之禮實具焉。嚴父有君之道，嚴兄有長之道，妻子臣妾，即百姓徒役也。以此施之，則義有以制私，尊卑内外，整整然其有條理矣。此實治家之要道也。

吴氏隆元曰：在家嚴父，猶在國嚴君。在家嚴兄，猶在國嚴長。孝者，所以事君；悌者，所以事長也。妻子臣妾，皆我所治。而妻子爲貴，臣妾爲賤。故家之妻子，猶國之百姓；家之臣妾，猶國之徒役。治家者，敬妻子而不敢失於臣妾；猶治國者，敬百姓而不敢失於徒役。慈者所以使衆也。

姜氏兆錫曰：具禮，謂具朝廷之禮，所謂儼若朝典是也。「嚴父、嚴兄」之嚴，猶敬也。

庭棟案：《説文》云：「閨，特立之户，上圜下方，似圭。」《禮·坊記》「閨門之内，戲而不歎」是也。「具」，備也。「禮」，國之典制也。「矣乎」者，詠歎之辭。「嚴」，猶敬也。「徒役」，僕隸之屬。妻子猶百姓，臣妾猶徒役，言皆奉行我令者。前章言孝父、弟兄、理家之道可移於國，此章言國之禮即具於家，敬父猶君，敬兄猶長，妻子臣妾奉行我令，猶百姓徒役，即《大學》「不出家而成教」之義。

右第十九章

今文刪去此章。邢氏昺曰：閨門之義近俗之語，必非宣尼正説。案其文「妻子臣妾，猶百姓徒役也」，是比妻子於徒役，文句凡鄙，不合經典。○朱子曰：此一章因上章三「可移」而言，傳之十二章也。「嚴父」，孝也。「嚴兄」，弟也。「妻子臣妾」，官也。或云宜爲十章。○吴氏《定本》據邢氏之説，删去此章。○姜氏兆錫以此爲第十三章。謂俗本無此章，朱子《刊誤》本載此，蓋經有古文、今文之異，而文亦有詳畧與。一云此章當在上章之前，而合爲一章。蓋惟閨門而具朝廷之禮，故君子孝、順、理，而即可以移於君、長、官也。案如此於文義較足，而前章「子曰」二字當爲衍文矣。

曾子曰：若夫慈愛恭敬、安親揚名，參聞命矣。敢問從父之令，可謂孝乎？夫，音「扶」。參，所金切，又七南切。○今文「參」作「則」，「敢問」下有「子」字。

唐明皇曰：事父有隱無犯，又敬不違，故疑而問之。

邢氏昺曰：尋上所陳，唯言愛敬，未及慈恭。而曾子并言慈恭已聞命矣者，皇侃以爲「上陳愛敬，則包於慈恭矣。慈者孜孜，愛者念惜。恭者貌多心少，敬者心多貌少」。如侃之説，則慈恭、愛敬自別，何故云「包慈恭」也？或曰：慈者，接下之別名；愛者，奉上之通稱。劉炫引《禮記·内則》説：「子事父母『慈以旨甘』」，《喪服四制》云高宗『慈良於喪』，《莊子》曰『事親則孝慈』，此並施於事上。夫愛出於内，慈爲愛體；敬生於心，恭爲敬貌。此經悉陳事親之迹，寧有接下之文？夫子據心而爲言，所以唯稱愛敬；曾参體貌而兼取，所以并舉慈恭」。如劉炫此言，則知慈是愛親也，恭是敬親也。「安親」則上章云「故生則親安之」，「揚名」即上章云「揚名於後世」矣。經稱「夫」有六焉，蓋發言之端也。一曰「夫孝，始於事親」，二曰「夫孝，德之本」，三曰「夫孝，天之經」，四曰「夫然，故生則親安之」，五曰「夫聖人之德」，此章云「若夫慈愛」，並却明前理而下有其趣，故言「夫」以起之。劉瓛曰：「夫，猶凡也。」

司馬氏光曰：「慈愛」，謂養致其樂。慈，亦愛也，《内則》曰：「慈以旨甘。」「恭敬」，謂居則致其敬。「安親」，不近兵刑。「揚名」，立身行道。四者包攝上孔子之言。「從令」，聞令則從，不恤是非。

董氏鼎曰：夫子教曾子以孝，曾子一歎「孝之大」，次問「無以加於孝」，夫子皆詳告之，孝之始終備矣。惟「幾諫」一節，言之未及。曾子於是包攝夫子所已言者，謂「若夫慈愛、恭敬、安親、揚名」，凡此之道，則既得聞夫子之教命矣。敢問爲人子者，一以順從爲孝，然則父母有命令，將不問可否而悉從之，然後可以爲孝乎？此曾子之善問也。

朱氏申曰：言慈愛以事其親，恭敬以事其長，安父母之心，揚後世之名，上文所云已聞教訓之命矣。

吴氏澄曰：孝者曰愛、曰敬而已。愛施於下爲慈，敬見於外爲恭。生而安親者，孝之始；死而揚名者，孝之終。

孫氏本曰：自篇首論孝，至此盡矣。故曾子以爲今日所聞於夫子，若「愛親者，不敢惡於人」，與「因親教愛」云者，皆慈愛也；「敬親者，不敢慢於人」，與「因嚴教敬」云者，皆恭敬也；「生則親安」「祭則鬼享」之類，安親也；人有聖人君子之稱，揚名也。凡此悉領畧矣。但子從父之命，是亦孝之大端。夫子未之及，故以爲問。

吕氏維祺曰：慈愛如「不敢毁傷」「不敢惡於人」「母取其愛」「因親教愛」「養則致其樂」「教民親愛」之類。恭敬，如「不敢慢於人」「不危」「不溢」「不敢遺小國之臣」「不敢侮鰥寡」「不敢失臣妾」「因嚴教敬」「居則致其敬」，及「禮者，敬而已」之類。安親，如保社稷、守宗廟、守祭祀、養父母、「生則親安」「祭則鬼享」，及不近驕、争、兵、刑之類。揚名，如揚名後世、配帝、來祭，及「名立於後世」之類。

李氏光地曰：曾子疑君、親既屬一理，然事親有隱無犯，則於事君有不同者，故發此問也。

朱氏軾曰：案《孝經》之言，孝，義也，非事也。凡温凊之宜，定省之節，養志、養體、善繼、善述之事，槩未之及，而此章獨言諫親之道者，蓋孝爲順德，聖人以順教天下，恐事親者專務將順，陷親於不義，則不孝之大者，不可不戒也。

張氏步周曰：世俗皆以從令爲孝，則有陷親不義而不自知者。故曾子特發此問，以破世俗之習。

姜氏兆錫曰：「若夫」二字，承上各章之辭。《禮》云：「事親有隱無犯。」恐諫親近於不順，故疑而問也。

庭楝案：《字詁》云：「慈，柔也，猶和也。」蓋愛之形於容色者。愛敬在於心，慈恭著於貌，兼内外言，故曰「慈愛恭敬」也。「安親揚名」義，俱見前章。「慈愛恭敬」者，所以行其孝。「安親揚名」者，孝之實也。「聞命」，猶云聞教令者。法令，父使子曰令，有嚴君之義也。孝爲順德，順則無論是非，宜無不從，故疑而問。

子曰：是何言與？是何言與？言之不通也。與，音「餘」。○今文無「言之不通也」句。

唐明皇曰：有非而從，成父不義，理所不可，故再言之。

邢氏昺曰：再言之者，明其深不可也。

朱氏申曰：「言之不通」，謂其言不達於理。

董氏鼎曰：謂以從父之命爲孝是何等言，不可以訓也。

孫氏本曰：曾子平日惟以從令爲孝，不知令或不善，而一於從，則立身行道之事皆窒礙不行矣。其爲害不小，故夫子重言以深警之。

趙氏起蛟曰：「參也魯」，魯則不復審量可否，必以從令爲是矣。夫子重言申警，所以開其魯也。

庭棟案：夫子聞曾子之言，一再曰「是何言與」，驚訝之辭也。「不通」者，不識變通，明斥其非，以申「是何言與」之義，起下文「昔者」之云也。

昔者，天子有争臣七人，雖無道，不失天下。諸侯有争臣五人，雖無道，不失其國。大夫有争臣三人，雖無道，不失其家。争，側迸切，「諍」通，下並同。○今文「不失天下」作「不失其天下」。陸氏德明曰：「其」，衍字。

唐明皇曰：降殺以兩，尊卑之差。「争」，謂諫也。言雖無道，爲有争臣，則終不至失天下、亡家國也。

邢氏昺曰：無道者，謂無道德。曾子唯問「從父之令」，不指當時而言「昔者」，皇侃云：「夫子述《孝經》之時，當周亂衰之代，無此諫争之臣，故言『昔者』也。」不言「先王」而言「天子」者，諸稱「先王」皆指聖德之主，此言無道，所以不稱「先王」也。○案孔、鄭二註及先儒所傳，並引《禮記·文王世子》解七人之義。案《文王世子》記曰：「虞、夏、商、周有師保，有疑丞，設四輔及三公，不必備，惟其人。」則以四輔兼三公，充七人之數。諸侯五者，孔傳指天子所命之孤，及三卿與上大夫。王肅指三卿、内史、外史，充五人之數。大夫三者，孔傳指家相、室老、側室充三人之數。王肅無側室而謂邑宰。斯並以意解説，恐非經義。劉炫云：「案下文云『子不可以不争於父，臣不可以不争於君』，則爲子、爲臣皆當諫争，豈獨大臣當争，小臣不争乎？豈獨長子當争，衆子不争者乎？若父有十子皆得諫争，王有百辟惟許七人，是天子之佐少於匹夫也。」《左傳》稱「周主申甫之爲太史也，命百官官箴王闕」，師曠説匡諫之事，「史爲書，瞽爲詩，工〔一〕誦箴諫，大夫規誨，士傳言」，「官司相規，工執藝事以諫」。此則凡在人臣，皆合諫也。夫子言天子有天下之廣，争臣止於七人，則足以見諫争功之大，故舉少以言之也。然父有争子，士有争友，雖無定數，要一人爲率。自下而上稍增二人，則從上而下，當如禮之降殺，故舉七、五、三人也。

司馬氏光曰：天下至大，萬幾至重。故必有能争者及七人，然後能無失也。

范氏祖禹曰：争者，諫之大者也。諫而不入，則犯顔引義以争之，不聽則不止。故天子必有力争者至於七人，則雖無道，猶可以不失天下；諸侯必有五人，乃可以不失其國；大夫必有三人，乃可以不失其家。言争臣之不可無也。忠臣之事聖君也，諫於無形，而止於未然；事賢君也，諫於已然，而防其未來；事亂君也，救其横流，而拯其將亡，故有以諫殺身者矣。益戒舜曰：「罔遊於逸，罔淫於樂。」禹戒舜曰：「無若丹朱傲。」以上智之性，而戒之如此，惟舜欲聞之，此事聖君者也；傅説之訓高宗，周公之戒成王，救其微失，防其未來，此事賢君者也；商以三仁存，亦以三仁亡，此事亂君者也。人君惟能儆戒於無形，

〔一〕「工」原作「士」，據《孝經注疏》改。

受諫於未然，使忠臣不至於争，則何危亂之有！

朱氏申曰：言古者天子置諫争之臣七人，諸侯置五人，大夫置三人。

董氏鼎曰：古者天子立誹謗之木，設敢諫之鼓，大開言路，廣集忠益，争臣豈止七人，夫子姑約而言之耳。若次於天子爲諸侯，又次於諸侯爲大夫，國小於天下，其事必簡，故五人而可；家小於國，其事又簡，故三人而可。其實諫不厭多，非必以數拘也。

吴氏澄曰：争，謂諫止其非，若有争然。馮氏曰：「天子七，諸侯五，大夫三。如《書》言九德、六德、三德，特以降殺等差言爾。」真氏曰：「無道而不失天下國家者，蓋於失道必争之，雖失而旋復，所以免於危亡也。」

吕氏維祺曰：班固云：「『天子有争臣七人』，及下『五人』『三人』云者，夫陽變於七，以三成。子之諫父，法火以揉木也。」是此經之旨，無不符二氣、叶五行，所以靈也。

庭棟案：陽數始於一，成於七。故凡禮制，天子用七，陽數之成。諸侯五，大夫三，俱取陽數，降殺以兩。争、諍同，猶諫也。夫子言争臣而曰昔者天子有七，諸侯有五，大夫有三者，隨禮之常數而言，非以此爲拘也。故云有者，非實有之謂。言必有之，則雖無道，猶不失耳。争者，争其無道也。争其無道，則歸於有道矣。天子不失天下，諸侯不失其國，大夫不失其家，争臣之所係，豈其微哉？又案：家者何謂？有食采之田以奉宗廟，故於大夫言家也。

士有争友，則身不離於令名。父有争子，則身不陷於不義。離，力智切。

唐明皇曰：令，善也。益者三友，言受忠告，故不失其善名。父失則諫，故免陷於不義。

邢氏昺曰：大夫以上皆云「不失」，士獨云「不離」。不離，即不失也。○鄭註：案《内則》云：「父母有過，下氣怡色，柔聲以諫。諫若不入，起敬，起孝，説則復諫。」《曲禮》曰：「子之事親也，三諫而不聽，則號泣而隨之。」言父有非，故須諫之以正，庶免陷〔一〕於不義也。

司馬氏光曰：士無臣，故以友争。「父有争子」，通上下而言之。

董氏鼎曰：下至於士，則無臣；未爲大夫，則無家。所有者，身；所賴者，友。故士

〔一〕「陷」，原作「限」，據《孝經注疏》改。

以友諍，則身不離於令名；父以子諍，則身不陷於不義。

吴氏澄曰：「父有争子」，此通庶人而言。

趙氏起蛟曰：「士有争友」，合上文天子、諸侯、大夫，皆引起「父有争子」來。

庭棟案：士，未仕者之通稱。士無臣，所賴争友。友則無數可紀，但使有友能争，則身不離於令名。離，猶失也。令，善也。名者，實之賓。有其實，則不失其名矣。士之賴有争友又如此。是以「父有争子，則身不陷於不義」，天子、諸侯、大夫、士，固各有父子也。陷，入也。義者，宜也。不陷於不義，即可不致無道而失其天下，失其國與家，與離於令名矣。凡此皆承上文「昔者」而言。在昔已然，則今可知。

故當不義，則子不可以弗争於父，臣不可以弗争於君。故當不義，則争之。從父之令，又焉得爲孝乎？焉，於虔切。○今文「弗争」作「不争」。

唐明皇曰：不争，則非忠孝。

邢氏昺曰：君、父有不義之事，凡爲臣、子者，不可以不諫争。以此之故，當不義則須諫之。又結此以答曾子曰：「今若每事從父之令，又焉得爲孝乎？」言不得也。

范氏祖禹曰：父有過，子不可以不争，争所以爲孝也。君有過，臣不可以不争，争所以爲忠也。子不争，則陷父於不義，至於亡身。臣不争，則陷君於無道，至於失國。

董氏鼎曰：人倫有五，君臣、父子、朋友，皆以人合，唯父子爲天屬之親。臣之忠愛其君者，以道事君，不可則止。友之忠愛其友者，忠告而善道之，亦不可則止。若子之於父，無可止之義，故曰「君有過則諫，三諫而不聽，則去。親有過則諫，三諫而不聽，則號泣而隨之」。此則人子愛親之至，終欲其歸於至善。又有非臣與友之所得爲者，自士以下，雖爲庶人，然天子、諸侯、大夫、士之子，均爲子也，均愛父也，父若有過，子必幾諫，無諉之争臣、争友可也。夫子是以總言之曰「故當不義，則子不可以弗争於父，臣不可以弗争於君」。先父子，而後君臣，其旨深矣。又曰：「故當不義，則争之。從父之令，又焉得爲孝乎？」所以結一章之旨而終「是何言與」之義也。「争」，義當從諍，諫之大者。諫而不入，則犯顔引義以争之，不聽則不止也。

馮氏夢龍曰：争者，争也。如争者之必求其勝，非但以一言塞責而。

吕氏維祺曰：晁氏云：「經云：『當不義，則子不可不争於父。』孟子猥曰：『父子之間，不責善。』夫豈然哉！今王安石作《孝經解》謂：『「當不義則争之」，非責善也。』噫，不爲不義，即善矣。阿其所好，以巧侮聖人之言至此，君子所深疾也。」

葉氏鈖曰：或問：諫諍得無傷愛敬乎？答曰：事親有隱而無犯，際其易。孝子從義不從令，際其難。難而不失其易，則諫諍所以善成其愛敬。豈臣子心違君父哉！

孔氏尚熹曰：臨深履薄固孝，殺身成仁亦孝；愉色婉容固孝，呼天號泣亦孝。故承親志者，必諭於道。案此與《論語》「幾諫」，《檀弓》「有隱無犯」，其義互足。夫有隱無犯，所謂幾也，則不以從令爲孝明矣。

趙氏起蛟曰：「不義」之所該甚廣，凡言行之間不合於理者皆是。朋友尚須苦口，尊親如君父臣子，忍視陷於不義而不一匡救乎？此君、親並言也。又云「故當不義，則爭之」，是專指父説。

姜氏兆錫曰：「不義」即無道之類，承上文言其不可不爭，以決從令之非孝也。

庭棟案：《喪服》：「傳曰：君，至尊也。」鄭註：「天子、諸侯、卿大夫有地者，皆曰君。」夫子云「臣不可弗爭於君」，兼大夫之臣也。至於士賴爭友，茲不更及者，舉重該輕也。承上言爭臣、爭友、爭子之不可無如此，故凡值不義，子不可以弗爭於父，猶臣不可以弗爭於君。事父所以同於事君也。故爲子者，當父令之不義則爭之。其爭也，所以爲孝。

若從父不義之令，是陷父於不義矣。決其「焉得爲孝」，以答曾子之問也。案：不義，猶無道。無道所該者廣，不義指一事言，故云「當不義則爭之」。

右第二十章

今文以此爲「諫諍章第十五」。邢氏昺曰：此章言爲臣子之道，若遇君父有失，皆諫諍也。曾子問聞「揚名」已上之義，而問「子從父之令」。夫子以令有善惡，不可盡從，乃爲述諫諍之事，故以名章，次《揚名》之後。〇朱子曰：此章不解經，而别發一義，宜爲傳之十三章。〇吴氏澄曰：右傳之十一章，廣經中五孝之義。言天子、諸侯、卿大夫、士、庶人皆當有過則諫，非徒從順而已。〇姜氏兆錫：以此爲第十四章。謂孔子因曾子之問，而明諭親於道之爲孝也。

孝經通釋卷第九終

孝經通釋卷第十

嘉善曹庭棟學

子曰：君子事上，進思盡忠，退思補過，將順其美，匡救其惡，故上下能相親。盡，津忍切。〇今文「君子」下有「之」字，「事上」「相親」下並有「也」字。

唐明皇曰：「上」，謂君也。進見於君，則思盡忠節。君有過失，則思補益。「將」，行也。君有美善，則順而行之。「匡」，正也。「救」，止也。君有過惡，則正而止之。下以忠事上，上以義接下，君臣同德，故能相親。

邢氏昺曰：經稱「君子」有七，一曰「君子不貴」，二曰「君子則不然」，三曰「淑人君子」，四曰「君子之教以孝」，五曰「愷悌君子」，已上皆斷章，指於聖人君子，謂居君位而子下人也；六曰「君子之事親孝」，此章「君子之事上」，則皆指於賢人君子也。〇《說文》云：「忠，敬也。盡心曰忠。」《字詁》曰：「忠，直也。」《論語》曰：「臣事君以忠。」則忠者，善事君之名也。言臣常思盡其節操，能致身授命也。○案韋昭云：「退居私室，則思補其身過。」以《禮記・少儀》曰：「朝廷曰退，燕遊曰歸。」《左傳》引《詩》曰：「退食自公。」杜預註：「臣自公門而退入私門，無不順禮。」室，猶家也。謂退朝理公事畢，而還家之時，則當思慮以補身之過。故《國語》曰：「士朝而受業，晝而講貫，夕而習復，夜而計過，無憾而後即安。」言若有憾，則不能安，是思補過也。案《左傳》：晉荀林父爲楚所敗，歸請死於晉侯，晉侯許之。士渥濁諫曰：「林父之事君也，進思盡忠，退思補過。」晉侯赦之，使復其位。是其義也。今云「君有過，則思補益」，出《制旨》也，義取《詩・大雅・烝民》云「袞職有闕，惟仲山甫補之」，《毛傳》云「有袞冕者，君之上服也。『仲山甫補之』，善補過也」。○案孔注《尚書・泰誓》云「肅將天威」謂「敬行天罰」，是「將」訓爲「行」也。言君施政教，有美則當順而行之。○匡，正。《釋言》文也。馬融註《論語》云：「救，猶止也。」《尚書》云「予違汝弼，汝無面從」是也。

司馬氏光曰：「盡忠」，謂盡忠以諫争。「補過」，謂掩上之過惡。「將」，助也。上有美，則助順而成之；上有惡，則正救而止之。凡人事上，進則面從，退有後言。上有美，不能助而成也；有惡，不能救而止也。激君以自高，謗君以自潔。諫以爲身，而不爲君也。

是以上下相疾，而國家敗矣。

范氏祖禹曰：入則父，出則君。父子，天性；君臣，大倫。以事父之心事君，則忠矣。故孔子言孝，必及於忠；言事君，必本於事父。未有舍孝而謂之忠，違忠而謂之孝。「進思盡忠，退思補過，將順其美，匡救其惡」，此四者，事君之常道也。昔者禹、益、稷、契之事舜也，進則思所以規諫，退則思所以儆戒。頌君之美，而不爲諂；防君之惡，如丹朱傲虐，而不爲激。是故君享其安逸，臣預其尊榮。此上下相親之至也。

董氏鼎曰：忠臣之事君，如孝子之事親。先其意，承其志，迎其幾，而致其力。慮之以早，防之以豫。戒於未然，止於無迹。此魏鄭公所以願爲良臣，而不願爲忠臣也。爲臣豈不願忠？蓋後世所謂忠，必至犯顔敢諫、盡命死節而後爲忠。不知救其横流，而拯其將亡，未若防微杜漸爲忠之大也。此龍逄、比干之忠，所以不如皋、夔、稷、契之良。而吾夫子，亦以將順其美、匡救其惡，爲盡忠補過之至也。今以君子事上，所以忠愛其君者如此，則君猶父，臣猶子，相親猶一家也；君爲元首，臣爲股肱，相親猶一體也。此相親之至也。

真氏德秀曰：「進」，謂入見其君，則思盡己之忠；「退」，謂出適私室，則思補君之過。無一時一念之不在君也。有善焉，承順之，使之益進於善；有惡焉，正救之，使之潛消其惡。此愛君之至者也。臣以忠愛而親其君，君亦諒其忠愛而親之。非古昔盛時，臣主俱賢，無此氣象也。

吴氏澄曰：「盡忠」，謂事有當陳者，罄竭其心。「補過」，謂責有未塞者，彌逢其闕。「將」，謂助之於後。「順」，謂導之於前。「匡」，謂正之於微。「救」，謂止之於顯。其指君而言。

虞氏淳熙曰：夫子嘗言：「在醜不争。」如今叫做争臣，豈是面折君父，肆無忌憚？只爲人臣、人子，一箇道理；事父、事君，一片真心。故入朝便思盡臣子的忠君，退朝便思補君王的缺失。上有美事，即便依行；上有過惡，即便救止。但凡一味好諛的君上，與那一味事逢迎的臣下，眼前雖似相親，後有失處，畢竟不能相親。必如上文所言，乃真上下能相親也。可見争臣親上，非違上；則争子親父，非違父矣。

楊氏東明曰：凡諫，補其所闕者也。以闕補闕，未有能補，故其道貴自完矣。「身不行道，不行於妻子」，闕故也。況君父之前，天下之大乎？

吕氏維祺曰：案「補過」，謂自補其過。蓋進則盡忠於君，退食則思有愆亡遺失，未盡忠處，必思補之，進而復盡耳。作補君過解，似不如此之切。「盡忠」内即有補君之過意，下文「將順」「匡救」，即盡忠之目也。言匡救而補君之過，可知自補其過，正所以盡忠也。

黄氏道周曰：《詩》云：「不屬於毛，不離於裏。」言夫上下之不相親也。不相親而親之，莫如以忠與上，以過自與，以美救惡，以惡匡美。是仲尼之所以取諷也。

孔氏尚熹曰：此所謂「中〔一〕於事君」也。語云：「子能仕，父教之忠。」忠正以承父志也。故求忠臣必於孝子之門。

葉氏鉁曰：「盡忠」，盡己之忠。「補過」，補君之過。然當其退，則抑陰扶陽之功用即爲盡忠；當其進，則修德繩愆之實事即爲補過也。盡忠於進思者，丹赤自矢，在一身一心；補過於退思者，默施回挽，統天時人事也。

李氏光地曰：進盡忠節，退思補益，迎順其善，而救正其失，誠愛之至，所謂「以孝事君則忠」也。

朱氏軾曰：將順匡救，正是盡忠。然必夙夜寅畏，常存寡過未能之思，而後晝思獻納，克成賡歌喜起之盛。

〔一〕「中」原作「終」，據經文改。

趙氏起蛟曰：盡忠補過而曰思者，全在隱微幽獨之際。内不自欺，外不欺君，方得。美最難擴充，故必將順始實；惡最易蔓延，故必匡救始絶。蓋將順中，亦有用其匡救處；匡救内，亦有善其將順處。下能盡其盡忠補過，將順匡救，下之所以親上也；上能容其盡忠補過，將順匡救，上之所以親下也。

庭棟案：「盡忠」者，盡己之心，己心有所未盡，即謂之過。故進而在朝，則思盡己之忠，思盡忠者，期其心之必盡也；退而私居，則思補己之過，思補過者，慮其心之或有未盡而必補之也。「將」，從也。「匡」，正也。君有美，則從其美而順以行之；君有惡，則正其惡而救以止之。凡此皆盡忠補過之實事。盡忠補過者，愛君也。「愛」者，親也。下親上，則上亦親下。上下相親，惟君子移孝爲忠，故能之也。

《詩》云：「心乎愛矣，遐不謂矣。中心藏之，何日忘之？」陸氏德明曰：「中心」，一本作「忠心」。

唐明皇曰：遐，遠也。義取臣心愛君，雖離左右，不謂爲遠；愛君之志，恒藏心中，無日暫忘也。

邢氏昺曰：夫子述事君之道既已，乃引《小雅·隰桑》之詩以結之。案《檀弓》説事君之禮云「左右就養有方」，此則臣之事君有常在左右之義也。若周公出征管叔、蔡叔，召公聽訟於甘棠，是離左右也。

司馬氏光曰：遐，遠也。言臣心愛君，不以君疏遠己而忘其忠。

范氏祖禹曰：君子之愛君，雖在遠，猶不忘也；况於近，可不盡忠益乎？

吴氏澄曰：遐、何通。言心乎愛君，何不形於言乎？雖不言，而藏之中心，何日而忘之？蓋言之出於口者，其愛淺；藏之於心者，其愛深也。

吕氏維祺曰：引《詩》之「心乎愛」者何？明忠臣之本乎愛也。君子事君、事親，有左右就養無方者，有左右就養有方者，有三諫而不聽則號泣而隨者，有三諫而不聽則去者。雖若不同，其出於至誠惻怛之意，愛君、愛親，非有二也。「心乎愛」者，孩提之知也。「遐不謂」者，岵屺之思也。「中心藏之，何日忘之」者，終身之慕也。

葉氏鈖曰：上文言「上下能相親」，此引「心乎愛矣」之詩。親，即愛也。君臣主敬，而兼親愛，則君子事上，以忠廣孝也。

李氏光地曰：古註釋「遐」爲遠，固失。朱子謂：「既心愛之矣，則何不直告而謂之乎！」蓋愛可以言道者淺，惟藏之不忘，則愛之深也。此經之意，似以爲愛君之至，則何者不告而謂之乎？言言無不盡也，盡其言而猶進退思念，藏不去心，忠愛之無已也。

姜氏兆錫曰：「遐」，亦何也。「謂」，猶言也。「藏」，懷也。《詩》言我心誠愛君子，而既見君子，則何不遂以相告，而但中心藏之，將使我何日而忘之乎？引此以見心乎愛君而使不進言於君，則亦藏於心而不能忘也。

庭棟案：引《詩》言「心乎愛矣」，即忠也。「遐」，何也。何不謂矣者，無有不陳説，即美將順而惡匡救也。「中心藏之」，即思也。「何日忘之」，即進退惟思盡忠補過也。

右第二十一章

今文以此爲「事君章第十七」。邢氏昺曰：此章首言「君子之事上」，又言「進思盡忠，退思補過」，皆是事君之道。孔子曰：「天下有道則見，無道則隱。」前章言明王之德、感應之美，天下從化，無思不服。此孝子在朝事君之時也，故以名章，次《感應》之後。○朱子曰：此一節釋「中於事君」之意，當爲傳之九章。或云宜爲十一章，因上章「争臣」而誤屬於此耳。「進思盡忠，退思補過」，亦《左傳》所載士貞子語，然於文理無害，引《詩》亦足以發明移孝事君之意，今並存之。○吴氏澄曰：右傳之九章，釋「中於事君」。○姜氏兆錫以此爲第十五章，謂因上章之意，而言諭君於道之爲孝也。

子曰：孝子之喪親，哭不偯，禮無容，言不文，服美不安，聞樂不樂，食旨不甘，此哀慼之情。喪，如字，又息浪切。偯，於豈切。俗作「哀」，非。《説文》作「悘」，云「痛聲也」，音同。文，或作「聞」。「不樂」之樂，音「洛」。〇今文「喪親」下有「也」字；「慼」作「戚」，下並同；「之情」下有「也」字。

唐明皇曰：生事已畢，死事未見，故發此章。氣竭而息，聲不委曲。觸地無容。不爲文飾。不安美飾，故服縗麻。悲哀在心，故不樂也。旨，美也。不甘美味，故疏食水飲。「哀戚之情」，謂上六句。

邢氏昺曰：言孝子之喪親，哭以氣竭而止，不有餘偯之聲；舉措進退之禮，無趨翔之容；有事應言則言，不爲文飾；服美不以爲安，聞樂不以爲樂，假食美味不以爲甘。此上六事，皆哀戚之情也。〇《禮記·間傳》曰：「斬衰之哭，若往而不反；齊衰之哭，若往而反。」又曰：「大功之哭，三曲而偯。」鄭註云：「三曲，一舉聲而三折也。偯，聲餘從容也。」是偯爲聲餘委曲也。斬衰則不偯。〇《禮記·問喪》之文。以其悲哀在心，故形變於外，所以「稽顙，觸地無容，哀之至也」。〇案《喪服四制》云：「三年之喪，君不言。」又曰：「不言而行事者扶而起,言而后事行者杖而起。」鄭註云:「『扶而起』,謂天子、諸侯也。『杖而起』,謂大夫、士也。」今經云「言不文」,則是謂臣下也。雖則有言,志在哀慼,不爲文飾也。○《論語》孔子責宰我云:「食夫稻,衣夫錦,於女安乎?」故《禮記·問喪》云「身不安美」是也。孝子喪親,心如斬截,爲其不安美飾,故聖人制禮,令服縗麻。縗,當心以麤布,長六寸、廣四寸。麻,謂腰絰、首絰俱以麻爲之。縗之言摧也。絰之言實也。孝子服之,明其心實摧痛也。韋昭引《書》云:「成王既崩,康王冕服即位。既事畢,反喪服。」據此天子、諸侯但定位初喪,是皆服美,故宜「不安」也。○鄭註:「至痛中發,悲哀在心,雖聞樂聲,不爲樂也。」○嚴植之曰:「食美,人之所甘,孝子不以爲甘,故《問喪》曰:『口不甘味。』《問傳》曰:『父母之喪,既殯,食粥。既虞,卒哭,疏食水飲,不食菜果。』」韋昭引《曲禮》云「有疾則飲酒食肉」,是爲食旨,故宜「不甘」也。

范氏祖禹曰:古者葬之中野,厚衣之以薪,喪期無數。後世聖人爲之中制。中則欲其可繼也,繼則欲其可久也。措之天下,而人共守焉。聖人未嘗有心於其間,此法之所以不廢也。是故苴衰之服,饘粥之食,顔色之戚,哭泣之哀,皆出於人。不安於彼,而安於此,非聖人强之也。

黄氏道周曰：子曰：「喪，與其易也，寧戚。」易則文也，戚則質也。天下之文不能勝質者，獨喪也。聖人以孝教天下，本於人所自致而致之。冬温而夏凊，昏定而晨省；出必面，反必告；聽無聲，視無形；不登高，不臨深，不苟訾，不苟笑，不服闇，不登危。此非有物力致飾於生也。擗踊號泣；啜水枕塊，苴杖居廬；哀至則哭；升降不繇阼階，出入不當門隧；默而不唯，唯而不對，對而不問。此非有物力致飾於死也。凡若是者，性也。性者，教之之所自出也。因性立教，而後道德仁義從此出也。

郝氏敬曰：親死曰喪。喪，失也。孝子不忍死其親，如親尚在相失云爾。

李氏光地曰：此書之要，在愛敬，而孝子之愛敬無終極也。故發其哀慼之情，以見大孝之思慕無窮，故愛敬亦無窮也。自修身不辱以至事天饗廟，皆由此起矣。

姜氏兆錫曰：「偯」者，聲之曲。「容」者，貌之莊。「文」者，辭之美。不安則不忍服，不樂則不忍聞，不甘則不忍食。蓋孝子之喪親，哭則氣竭而無委曲，禮則情質而無容儀，言則意直而無文飾。服取蔽體，食取充腸，樂則撤縣。凡此皆哀戚之至情也。

庭棟案：曾子曰：「人未有自致者也，必也親喪乎！」此言孝子居親之喪，凡此六者，皆所自致也。「哀」，謂痛形於聲。「慼」，謂悲鬱於心。情者，性之動。哀慼動於天性，不期其然，而自無不然者也。

三日而食，教民無以死傷生，毁不滅性，此聖人之政。喪不過三年，示民有終。今文「之政」「有終」下並有「也」字。○吴氏澄曰：「傷生」下，今古文俱無「也」字。考《禮記·喪服四制》篇有「也」字，爲是。

唐明皇曰：不食三日，哀毁過情，滅性而死，皆虧孝道。故聖人制禮施教，不令至於殞滅。三年之喪，天下達禮。使不肖企及，賢者俯從。夫孝子有終身之憂，聖人以三年爲制者，使人知有終竟之限也。

邢氏昺曰：《禮記·問喪》云：「親始死，傷腎，乾肝，焦肺。水漿不入口三日。」又《間傳》稱：「斬衰，三日不食。」此云「三日而食」者何？劉炫言三日之後乃食，皆謂滿三日則食也。《曲禮》云「居喪之禮，毁瘠不形」，又曰「不勝喪，乃比於不慈、不孝」是也。《禮記·三年問》云：「夫三年之喪，天下之達喪也。」鄭氏云：「『達』，謂自天子以至於庶人。」《喪服四制》曰：「此喪之所以三年。賢者不得過，不肖者不得不及。」聖人雖以三年爲文，其實二十五月而畢，故《三年問》云「將由夫修飾之君子與，則三年之喪，二十五月而畢，若駟之過隙；然而遂之，則是無窮也。故先王焉爲之立中制節，壹使足以成文理則釋之矣」是也。《喪服四制》曰：「始死，三日不怠，三月不解，期悲哀，三年憂，恩之殺也。」故孔子云：「子生三年，然後免於父母之懷。夫三年之喪，天下之通喪也。」所以喪必三年爲制也。

張子曰：三年之喪，二十五月而畢。又兩月爲禫，共二十七月。禮，鑽燧改火，天道一變，其期已矣。情不可以已，於是再期。又不可以已，於是加之三月，是二十七月也。

司馬氏光曰：禮，三年之喪，三日不食。過三日，則傷生矣。滅性，謂毁極失志，變其常性也。政者，正也。以正義裁制其情。

范氏祖禹曰：三日而食，三年而除。上取象於天，下取法於地。不以死傷生，毁不滅性，此因人情而爲之節者也。

董氏鼎曰：性者，人之所受於天以生者也。性中有仁，仁之發主於愛，愛莫大於愛親。父母存而愛敬之者，根於性也。父母没而哀慼之者，亦根於性也。若以哀慼之過而傷生，是性可滅也。性可滅，則生人之類滅矣。此聖人之爲政，所以爲生民立命也。喪不過三年，所以示民有終極也。

吴氏澄曰：居喪之禮，不沐浴，不酒肉。然頭有創則沐，身有瘍則浴，有疾則飲酒食肉。年五十者不致毁，六十者不毁。凡此皆聖人之政，爲民制禮節哀而全其生也。

孫氏本曰：前言「哭不偯，禮無容」云者，孝子之情，言無窮也。此言「三日則食」「三年則終」云者，聖人之政，言有制也。

黄氏道周曰：性而授之以節謂之教，教因性也。三日而食粥，三年而終喪，猶三日而瞚、三年而明語也。

姜氏兆錫曰：凡此，承上文言哀情之有節也。

庭棟案：「三日而食」，則三日已前不食可知。此亦哀慼之情，孝子所自致者。然不食必傷生，以親之死而傷己之生，亦非「不敢毁傷」之意。是故聖人制禮，三日不食，達其自致之情；三日而食，導以守身之孝也。「毁」，哀毁也。「性」，猶生也。《曲禮》：「居喪之禮，毁瘠不形。」吕氏註：「毁瘠形幾於滅性，送死大事將廢而莫之行，罪莫大焉。」又《禮・雜記》：「孔子曰：『毁瘠爲病，君子勿爲。毁而死，君子謂之無子。』」故曰「毁不滅性」，猶云「哀不傷生」。「政」，猶教也，言此固聖人之禮教也。三年之喪，無貴賤，一也。「不過三年」者，孝子之心雖無窮，節之而不使過，明禮必有終也。上節言喪親之情，此節言居喪之制。

爲之棺椁、衣衾而舉之。 衾，去京切，陸氏德明讀「其蔭切」。

唐明皇曰：周尸爲棺，周棺爲椁。衣，謂斂衣。衾，被也。舉，謂舉尸内於棺也。

邢氏昺曰：《檀弓》稱：「葬也者藏也，藏也者欲人之弗得見也。是故衣足以飾身，棺周於衣，椁周於棺，土周於椁。」《白虎通》云：「棺之言完，宜完密也。椁之言廓，謂開廓不使土侵棺也。」《易·繫辭》云：「古之葬者，厚衣之以薪，葬之中野，不封不樹，喪期無數。後世聖人易之以棺椁。」《禮記》云：「有虞氏瓦棺，夏后氏堲周，殷人棺椁，周人牆置翣。」則虞、夏之時，棺椁之初也。「衣」，謂襲與大、小斂之衣也。「衾」，謂單被覆尸，薦尸所用。從初死至大斂，凡三度加衣也。一是襲也，謂沐尸竟著衣也。襲皆有袍，袍之上又有衣一通。二是小斂之衣也，不復用袍，衣皆有絮也。三是大斂也，衣皆禪袷也。《喪·大記》云：「布衿二衾。」鄭氏曰：「『二衾』者，或覆之，或薦之。」是舉屍所用也。

張子曰：古之椁言井椁，以大木自下排上來，非如今日之籠棺也。故其四隅有隙，可以置物。

范氏祖禹曰：死者，人之大變也。爲之棺椁者，爲使人勿惡也。

吴氏澄曰：尸之外衣，衣之外衾，以襲以斂。衾之外棺，棺之外椁，以斂以殯。舉，謂舉尸，加其上，納其中也。

庭棟案：爲棺又爲椁，爲衣又爲衾，則附身之物備矣。「舉之」，謂抗尸以起。衣衾具則舉之以斂，棺椁具則舉之以殯也。

陳其簠簋而哀慼之。

簠，音「甫」。簋，音「軌」。

唐明皇曰：簠簋，祭器也。陳奠素器而不見親，故哀慼也。

邢氏昺曰：《周禮・舍人職》云：「凡祭祀，供簠簋，實之陳之。」鄭氏云：「方曰簠，圓曰簋。盛黍、稷、稻、粱之器。」《檀弓》曰：「奠以素器，以生者有哀素之心也。」又案「陳簠簋」在「衣衾」之下、「哀以送之」上，舊説以喪大斂祭，是不見親，故哀慼也。

司馬氏光曰：謂朝夕奠之。

董氏鼎曰：其將葬也，陳其簠簋，而不見親之在，則傷痛而哀慼之。

吴氏澄曰：此言朝夕朔望之奠。簠盛稻粱器，外方内圓。簋盛黍稷器，外圓内方。案《士喪禮》，朝夕奠脯醢而已，盛以籩豆；朔月殷奠，始有黍稷，盛以瓦敦。卿大夫祭禮，少牢饋食，亦止用敦陳黍稷。以《公食大夫禮》推之，竊意天子、諸侯之殷奠，乃備黍稷稻粱，而器用簠簋。此傳所云，蓋舉上而言之也。

庭棟案：此言朝夕奠之禮。簠簋，舊説爲祭祀盛黍稷器。據《周禮·籩人》：「凡賓客共簠簋之實。」蓋明以交人、幽以交神兼用之。兹云其簠簋者，謂父母生時所用之簠簋，爲之陳設，乃事死如生之意。《中庸》言「陳其宗器」，亦此義。哀慼之者，思其飲食，思其嗜好，覩其器而痛其亡也。

擗踊哭泣，哀以送之。擗，婢亦切。踊，音「勇」。

唐明皇曰：男踊女擗，祖載送之。

邢氏昺曰：案《問喪》云：「在牀曰尸，在棺曰柩。動尸舉柩，哭踊無數，惻怛之心，痛疾之意。悲哀志懣氣盛，故袒而踊之。婦人不宜袒，故發胸、擊心、爵踊，殷殷田田，如壞牆然。」則是女質不宜極踊，故以「擗」言之。據此，女既有踊，則男亦有擗，是互文也。又案《既夕禮》柩車遷祖，質明設遷祖奠，日側乃載，鄭註云：「乃舉柩却下而載之。」又云商祝飾柩及陳器訖乃祖，註云：「還柩鄉外，爲行始。」又《檀弓》云：「曾子弔於負夏，主人既祖。」鄭云：「祖，謂移柩車去載處，爲行始。」然則祖，始也。以生人將行而飲酒曰「祖」，故柩車既載而設奠謂之「祖奠」，是送之之義也。

司馬氏光曰：謂祖載以之墓也。「擗」，拊心也。「踊」，躍也。

范氏祖禹曰：擗踊哭泣，爲使人勿背也。

董氏鼎曰：其祖餞也，而不忍親之，去則悲哀而往送之。

吴氏澄曰：「擗」，以手擊心也。「踊」，以足頓地也。「哭」者，口有聲；「泣」者，目有淚。此謂柩行之時，送形而往，哀其不返也。

庭棟案：「擗踊哭泣」，所謂哀也。擗踊，哀之狀；哭泣，哀之聲。哀之發乎中而形於外者如此。「送」，謂送葬。「哀以送之」者，自柩行以至葬所，擗踊哭泣無算也。

卜其宅兆，而安措之。兆，本作「垗」，通作「兆」。○今文「措」作「厝」。

唐明皇曰：「宅」，墓穴也。「兆」，塋域也。葬事大，故卜也。

邢氏昺曰：案《士喪禮》「筮宅」，鄭云：「宅，葬居也。」《周禮》：「冢人掌公墓之地，辨其兆域。」則「兆」是塋域也。孔安國云：「恐其下有伏石、涌泉，復爲市朝之地，故卜之。」

張子曰：正叔嘗謂《葬説》有五相地，須使異日不爲道路，不置城郭，不爲溝渠，不爲貴家所奪，不致耕犁所及。

司馬氏光曰：「措」，安置也。○又曰：「卜」，謂卜地，決其吉凶正非，若今陰陽家相其山岡風水也。地美則其神靈安，其子孫盛。然則曷謂地之美？土色之光潤，草木之茂盛，乃其處也。而拘忌者或以擇地之方位，決日之吉凶。甚者不以奉先爲計，而專以利後爲慮，尤非孝子安措之用心也。

范氏祖禹曰：措之宅兆，爲使人勿褻也。

董氏鼎曰：爲墓於郊，不可苟也。則卜之必得吉而安措之，此皆慎終之禮也。

吴氏澄曰：「卜」，灼龜以視吉凶也。將置柩於其處，必乘生氣，無地風、水泉、沙礫、樹根、螻蟻之屬，及他日不爲城郭、溝池、道路，然後安。卜者，決之於神也；不卜，則擇之以人。《葬書》備言其術之理，可稽焉。中州土厚水深，不擇猶可。偏方土薄水淺，凡地不皆可葬。苟非其地，尸柩之朽腐敗壞至速，與舉而委之於壑同。孝子之心忍乎？先擇後卜，尤爲謹重。所謂謀及乃心，謀及士民，而後謀及卜筮也。案《士喪禮》，筮宅卜日，大夫以上則葬日與宅兆皆用龜卜，或亦用筮。此云卜，蓋通言之。

趙氏汸曰：或問：所謂「卜其宅兆而安措之」者，果爲何事？對曰：聖人之心，吉凶與民同患也，而不以獨智先群物，故建龜蓍以爲生民立命，而窀穸之事亦得用焉。

趙氏起蛟曰：案禮，天子七月而葬，諸侯五月，大夫三月，士踰月。是則葬有定期而無擇日明矣。

庭棟案：《曲禮》云：「龜爲卜，筴爲筮。」何休曰：「卜爲龜蓍之通名。」葬而用卜，所以重其事。宅兆，窀穸也。云其「宅兆」者，指親所葬之處，卜得吉則措之安，親安則孝子之心始安也。自「爲之棺槨、衣衾」至此，文義相承，言送死之禮。

爲之宗廟，以鬼享之。廟，亦作「庿」。享，亦作「饗」。

唐明皇曰：立廟祔祖之後，則以鬼禮饗之也。

邢氏昺曰：《禮記・祭法》天子至士皆有宗廟，云：「王立七廟，曰考廟，曰王考廟，曰皇考廟，曰顯考廟，曰祖考廟，皆月祭之。遠廟爲祧，有二祧，享嘗乃止。諸侯立五廟，曰考廟，曰王考廟，曰皇考廟，皆月祭之。顯考廟、祖考廟，享嘗乃止。大夫立三廟，曰考廟，曰王考廟，曰皇考廟，享嘗乃止。適士二廟，曰考廟，曰王考廟，享嘗乃止。官師一廟，曰考廟。庶士、庶人無廟。」斯則立宗廟者，爲能終於事親也。舊解云：「宗，尊也。廟，貌也。」言祭宗廟，見先祖之尊貌也。《檀弓》曰：「卒哭曰『成事』。是日也，以吉祭易喪祭。明日，祔于祖父。」則是卒哭之明日而祔，未卒哭之前皆喪祭也。既祔之後，則以鬼禮享之。然「宗廟」謂士以上，則「春秋祭祀」兼於庶人也。

張子曰：喪須三年而祔。若卒哭而祔，則三年都無事。禮，卒哭猶存朝夕哭，若無祭於殯宮，則哭於何處？古者君薨，三年喪畢，吉禘，然後祔。因其袷，祧主藏於夾室，新主遂自殯宮入於廟。《國語》言：「日祭時享。」禮中皆有日祭之禮。此謂三年中不徹几筵，故有日祭。朝夕之饋，猶定省之禮，如親之存也。至祔祭，須三年喪終乃可祔。

司馬氏光曰：送形而往，迎精而返，爲之立主，以存其神。三年喪畢，遷主於廟，始以鬼禮事之。

朱氏申曰：人死曰鬼，故以鬼神之禮而享祀之。

吴氏澄曰：初喪至葬，有奠無祭，蓋猶以人禮事之。既葬，迎精而返，乃以虞祭易奠，卒哭而祔於祖。喪畢，而遷於廟，始純以鬼禮事之。享者，祭祀人鬼之名。

朱氏鴻曰：不曰神而曰鬼，鬼者，歸也。

姜氏兆錫曰：宗廟以享人鬼，自始造而言也。

庭棟案：初喪有朝夕奠，如生事之禮，所以不敢死其親也。既葬，有虞祭，有祔祭，即是以鬼享之，所以不敢褻其親也。此云「爲之宗廟，以鬼享之」者，指喪畢遷廟也。

春秋祭祀,以時思之。

唐明皇曰:寒暑變移,益用增感,以時祭祀,展其孝思也。

邢氏昺曰:《祭義》云:「霜露既降,君子履之必有悽愴之心,非其寒之謂也。春,雨露既濡,君子履之必有怵惕之心,如將見之。」是也。

司馬氏光曰:言春秋,則包四時矣。孝子感時之變,而思親,故皆有祭。

范氏祖禹曰:春秋祭祀,爲使人勿忘也。

董氏鼎曰:及其久也,寒暑變遷,益用增感。春秋祭祀以寓時思,此追遠之禮也。

虞氏淳熙曰:春時與萬物俱來,秋時與萬物俱去。來時祭迎,去時祭送,無休無歇,不以三年爲限。凡此以上,皆所謂「喪則致其哀」也。

呂氏維祺曰:以時而思,如《禮·祭義》「思其居處,思其笑語,思其志意,思其所樂,思其所嗜」是也。

姜氏兆錫曰:春秋以展時思,自常祭而言。凡此,又喪祭之禮之詳節也。

庭棟案:祭祀,即上文所謂「享之」也。言春秋,則該四時矣。《禮·祭義》曰:「祭不欲數,數則煩,煩則不敬。祭不欲疏,疏則怠,怠則忘。是故君子合諸天道,春禘、秋嘗。」

是也。「以時思之」者，言孝子念親不忘，因時而祭，得一展其思慕之誠也。此承上句，言祭祀之禮。

生事愛敬，死事哀慼，生民之本盡矣，死生之義備矣，孝子之事親終矣。

唐明皇曰：愛敬、哀慼，孝行之始終也。備陳死生之義，以盡孝子之情。

邢氏昺曰：案，此節合結生死之義也。言親生則孝子事之，盡於愛敬；親死則孝子事之，盡於哀慼。生民之宗本盡矣，死生之義理備矣，孝子之事親終矣。言十八章具載有此義。

司馬氏光曰：夫人之所以能勝物者，以其衆也。所以衆者，聖人以禮養之也。夫幼者非壯則不長，老者非少則不養，死者非生則不藏。人之情莫不愛其親，故聖人因天之性、順人之情而利導之。教父以慈，教子以孝，使幼者得長，老者得養，死者得藏。是以民不夭折棄捐而咸遂其生，日以繁息而莫能傷。不然，民無爪牙、羽毛以自衛，其殄滅也，必爲物先矣。故孝者，生民之本也。

范氏祖禹曰：有生者必有死，有始者必有終。生事之以禮，死葬之以禮，祭之以禮，則謂孝矣。事死如事生，事亡如事存，孝之至也。

朱氏申曰：父母生則事之以愛敬，父母死則事之以哀慼。父母者，生民之本，事之之道，盡於此矣。愛敬者，事生之義；哀慼者，事死之義，備於此矣。孝子事親之道，至送死而終矣。

吴氏澄曰：民之生也，心之德爲仁，仁之發爲愛。愛親，本也；及人，末也。故孝爲生民之本。義者，宜也。生而愛敬，死而哀慼，理所宜然，故曰「死生之義」。

蔡氏悉曰：本者何？天性是也。生愛敬，死哀戚。父祖子孫，宛然一脈，流通萬代如見。死生之義備，而孝子之事親終矣。非親，人從何生？非人，親復何存？非愛敬哀慼，何以盡生人之天性，而繼續於無窮乎？大哉，孝也，斯其至矣。

孫氏本曰：此總結全篇之意。「愛敬」者，篇内所云皆是也。「哀慼」者，篇末所云是也。孝乃天性，無人不具，故生民之本盡於此矣。生事葬祭，無所不周，故死生之義備於此矣。至此，而孝子之事親終矣。

馮氏夢龍曰：前言「夫孝」「終於立身」，此言「孝子之事親終矣」，乃知「立身行道，揚名後世，以顯父母」，即愛敬哀慼之完局也。

孔氏尚熹曰：孝子之心與天罔極，果何所終乎？《記》云：「求仁人之粟以祀之，此之謂禮終。」曾子云：「孝子之身終。」終身也者，非終父母之身，終其身也。是故冰淵易簀猶在其後，言終之之難也。

葉氏鈖曰：末句統舉喪祭之孝，言父母無禄，則人子所可自致者惟此。慎終追遠之誠，而菽水承歡之奉永不可得矣。嗚呼，其終矣。

朱氏軾曰：此章論喪親之道，包括《士喪》《既夕》《喪服》《閒[一]傳》《喪大記》《小記》《少牢》《特牲》《祭統》《祭義》諸篇。末言「生事愛敬」，總結前章；「死事哀慼」，結本章。故曰「孝子之事親終矣」。終之云者，謂孝之事如是而已畢也。

吴氏隆元曰：統論孝道，則以事親爲始，立身爲終。專論事親，則以生事爲始，死事爲終。夫事親之終，猶是孝道之始。然則孝子之事親，豈有自慰之一日哉！

姜氏兆錫曰：「本」之言根也。木有本則生。人本於父母，亦如之。《記》云「子者，親

〔一〕「閒」字原闕，據《儀禮》《禮記》改。

之枝」是也。總承上言事生則盡愛敬，事死則盡哀慼，生民之根本於此盡，死生之義理於此備，而孝子之事親乃於是終矣。

庭棟案：此節因本章言喪親，而復總言生事、死事，以明孝之全也。生事、死事，皆孝子之事，故必生盡其愛敬，死盡其哀慼，則生民之本盡矣。生民兼天地父母言，故曰「民本」，即孝爲德本之本。蓋孝爲天之經、地之義、人之行，是生民之本也。其本盡，則事死、事生之義完備而無遺矣。「終」，畢也。孝子思慕其親之心固無畢之一日，但言事親則愛敬哀慼之外，更無餘事矣。謂之爲「終」，所以總結全經也。

右第二十二章

今文以此爲「喪親章第十八」。邢氏昺曰：此章首云「孝子之喪親也」，故章中皆論喪親之事。喪，亡也，失也。父母之亡没〔一〕謂之「喪親」，言孝子亡失其親也。故以名章，結之於末矣。○朱子曰：傳之十四章，亦不解經，而别發一義，其語尤精約也。○吴氏澄曰：右傳之十二章，廣經末「終始」之義。經所謂終，指立身而言。此傳言喪親爲事親之

〔一〕「没」下原衍「謂之喪」三字，今據《孝經注疏》删。

終。○姜氏兆錫以此爲第十六章，謂上二章孔子之答曾子者已畢，而因告以送死之大禮，以終全經之義也。或曰此章自爲一段，章首亦當有問詞，逸其問而僅存「子曰」字，猶《中庸》「子曰：好學近乎知」之例也。

孝經通釋卷第十終

孝經通釋總論

嘉善曹庭棟學

凡七條

程子曰：《漢書·藝文志》云：「《孝經》者，孔子爲曾子陳孝道也。」夫孝，天之經，地之義，民之行也。舉大者而言，故曰《孝經》。

司馬氏光曰：聖人言則爲經，動則爲法。孔子與曾子論孝，而門人書之，謂之《孝經》。

朱子曰：此夫子、曾子問答之言，而曾氏門人所記也。

真氏德秀曰：孝者，人心固有之良也。古聖王命冢宰降德於民，不過以節文度數示之，而未嘗言其義。言其義則始於孔子。蓋三代以前，理道明，風俗一，人皆曉然知孝之爲孝。聖王在上，設禮教以範防之，俾勿失而已。至孔子時，則異矣。觀其告游、夏，猶恐以服勞能養爲孝，則下乎游、夏者可知矣。故不得不詳其義以曉學者。

陳氏曉曰：或問：孔子與曾子論孝之言，不附《論語》而自立一經者何？答云：《論語》是七十二子門人所記，《孝經》止是曾子門人所記。又問：孔子獨與曾子説者何？答曰：曾參篤於孝，與諸子不同。故聖人因其材而篤焉。且如「孝哉閔子騫」，只是「人不間於其父母昆弟之言」一節而已。子路亦只是負米一事。子夏、子游、孟武伯亦只是問孝一番來。獨曾子能言而身踐之，所問節次條理，孔子所答婉而成章，故門人得於曾子之傳授，遂録以爲書也。

朱氏鴻曰：夫子删述六經，道無不載。其事親儀則，《禮記》諸篇備之矣。至五等經常之孝，古典未之聞，何從删述？曾子孝行特著，故呼其名而語之。曾子欽承大命，與其徒編緝成經，所以子曰：「吾志在《春秋》，行在《孝經》。」蓋《春秋》立一王之法，《孝經》定五等之孝。夫子之志也，行也，後世謂子思、樂正子、公明儀之徒始成之。則《孝經》未作之前，夫子何以遽曰「行在《孝經》」？又有謂夫子假爲曾子問答之言而自著之，尤可鄙笑。

毛氏奇齡曰：《孝經》本孔子之書。觀《孝經鈎命決》曰：「孔子云：『欲觀我褒貶諸侯之志，在《春秋》；崇人倫之行，在《孝經》。』」此雖緯書，然當時曾隱括其語曰：「吾志在《春秋》，行在《孝經》。」此定無可疑者。故漢魏六朝，祖述此經者，約有百家。若宋人學問，專以毀經爲能事。即夫子手著《春秋》《易大傳》，亦尚有訾謷之不已者，何況《孝經》？故凡斥《尚書》，擯《國風》，改《大學》，删《孝經》，此固不足據也。但舊謂《孝經》夫子所作，以授曾子，又謂夫子口授曾子，俱無此事。此仍是春秋、戰國間七十子之徒所作，稍後於《論語》，而與《大學》《中庸》《孔子閒居》《仲尼燕居》《坊記》《表記》諸篇同時，如出一手。故每説一章，必有引經數語以爲證，此篇例也。

右論作經之始

孔氏安國曰：魯共王壞孔子舊宅，於壁中得先人所藏虞夏商周古文書，及《論語》《孝經》，皆蝌蚪文字。時人無能知者，以所聞伏生之書考論文義，定其可知者爲隸古，更以竹簡寫之。其餘錯亂摩滅，弗可復知。悉上送官，藏之書府，以待能者。

李氏嗣真曰：孔衍云：「古文蝌蚪《尚書》《孝經》《論語》，安國爲改今文，讀而訓傳其義。會值巫蠱事起，遂各廢，不行。光禄大夫向以爲時所未施之，故《尚書》則不記於《别録》,《論語》則不使名家也。臣竊惜之。且百家章句,無不畢記,況孔子家古文而疑之哉?奏上,天子許之。遇帝崩,向亦病亡,遂不果立。」

魏氏徵曰:安國之本亡於梁亂。至隋,王劭於京師訪得孔傳,遂致河間劉炫,因序其得喪,講於人間。

元氏行沖曰:古文《孝經》,曠代亡逸,不被流行。隋開皇十四年,秘書學生王逸於京師陳人處買得一本,送與著作王邵,以示河間劉炫,仍令校定。而此書更無兼本,難可憑依。炫因著《古文孝經稽疑》一篇。

司馬氏光曰:先儒皆以爲孔氏避秦禁而藏書,臣竊疑其不然。何則?秦蝌蚪之書廢絶已久,又始皇三十四年始下焚書之令,距漢興纔七年耳。孔氏子孫豈容悉無知者,必待共王然後乃出?蓋始藏之時,去聖未遠,其書最真。與夫他國之人轉相傳授,歷世疎遠者,誠不侔矣。且《孝經》與《尚書》俱出壁中,今人皆知《尚書》之真,而疑《孝經》之僞,是何異信膾之可啗,而疑炙之不可食也?

毛氏奇齡曰:有謂古文爲劉炫僞作。據《隋書》,炫在隋時最有名字,所著經書最爲浩博,豈有删數「也」字、增「子曰」字以爲僞者?且删數「也」字、增「子曰」字有何得喪,何足講論，而云「因敘其得喪，講於人間」？據《隋・經籍志》：「秘書監王邵訪得孔傳，而河間劉炫爲之敘講。」則其所講授者，明云是《孝經》之註也。

右論古文傳授

邢氏昺曰：《孝經》遭秦坑焚之後，爲河間顏芝所藏。初除挾書之律，芝子貞始出之。長孫氏及江翁、后蒼、翼奉、張禹等所説皆十八章，是爲今文。及魯共王壞孔子宅，得古文二十二章，孔安國作傳。劉向校經籍，比量二本，除其繁惑，以十八章爲定。○案今俗所行《孝經》，題曰「鄭氏註」，皆謂康成，而晉魏之朝無此説。晉穆帝永和十一年，及孝武太元元年，聚群臣，共論經義。有荀昶者撰集《孝經》諸説，始以鄭氏爲宗。晉魏以來，多有異論。陸澄以爲非鄭所註，請不藏於秘省。王儉不依其請，遂得見傳。

宋氏濂曰：《孝經》一也，而有古今文之異，後世諸儒各騁意見。尊古文者，則謂孔傳既出孔壁，語甚詳正，無俟商搉，揆於鄭註，雲泥致隔，必行孔廢鄭。況鄭原未嘗有註，而依仿托之者乎？尊今文者，則謂劉向以顏芝本參較古文，省除繁惑，定爲今文，無有不善。縱曰非鄭所作，而義實敷暢。二者之論，雖莫之有定，然並存於時。自唐明皇註用今文，於是今文盛行，而古文幾至廢絶。司馬温公始專主古文，撰爲《指解》。以予觀之，古、今文之所異者，特詞語微有不同耳。稽其文義，初無絶相遠者。諸儒於經之大旨，未見有所發揮，獨斷斷然致其紛紜若此，抑亦末矣。

孫氏本曰：漢昭帝時，魯三老獻古文。劉向典校經籍，以顏本比對，未免稍加修飾，故有「除其繁惑」之語。然則古今文稍異者，乃劉向爲之也。○或疑古文正矣，而世儒往往疑之。謂其曠代亡逸，後人穿鑿傅會。而《閨門》一章，乃劉炫僞造。不知古文流傳本末亦有可據與？釋曰：此唐司馬貞欲削《閨門章》爲國諱，不得不以古文爲僞，故駕是説以欺壓同議，使漫無可考，得以恣其誕耳。《閨門章》，漢初長孫傳今文即有之，此載《隋志》。魯三老進古文，劉向亦以顏本考定。雖云「除其繁惑」，然《志》謂經文大較相同，則《閨門章》未嘗削矣。豈後人所僞造耶？蓋古文之出孔壁也，安國既以送官，且承詔作傳，會巫蠱，未上，乃隸書竹簡，名隸古。是時安國之門有都尉朝傳其業，朝授膠東庸生第，第相承以及太保鄭沖。沖授蘇愉，愉授梁柳。柳之内兄皇甫謐又從柳得之，而柳又以授臧曹。曹授豫章内史梅賾，賾乃於前晉奏上其書，而施行焉。傳至於梁，孔傳大顯，與鄭註同立國學。蓋梁武敦悦詩書，文德殿經籍至七萬餘卷，諸學皆立，自是古文盛行，而兼本之流播四方者亦多矣。侯景之亂,蕭繹收文德殿書,悉送江陵。而周師入郢,多所焚蕩,故謂孔傳亡於梁。未幾,隋王逸得古本於京師陳人家,傳示劉炫。炫作《稽疑》明之,漸聞朝廷,遂著令,與鄭氏並立,不知其所穿鑿傳會者果何字何句也?又未幾,而唐明皇欲行孔廢鄭,詔諸儒集議。劉子玄等主古文,争之不力,卒行今文,從貞議也。然猶詔孔註並存,此可見古文果何代亡逸耶。是聖人遺經,秦不能燬於火,魯不能壞於壁,漢不能散於巫蠱,六朝不能厄於兵革,而唐乃殘缺於殿庭之議,司馬貞之罪可勝言哉?至宋王安石從而擯棄之,其罪又浮於貞矣。幸而孔壁全文至今存也。

毛氏奇齡曰:古文《尚書》與今文異者,以增多五十八篇。若兩家俱有,則二十八篇並無一字有差殊也。《孝經》亦然。其異者,古文增多一章二十四字,其他則今文並同。雖古文分爲二十二章,今文分爲十八章,猶之古文《尚書》分《盤庚》爲三篇,今文《尚書》只作一篇,古文多「閒」字、「坐」字、「參」字、「子曰」字,今文多「諸」「也」字;猶之古文《尚書·召誥》脱幾字,今文《尚書·酒誥》多幾字,古文「女」「辟」「弟」「豈」「謹」「弗」諸字,今文作「汝」「避」「悌」「愷」「慎」「不」諸字;猶之古文《尚書》「嵎夷昧谷」,今文《尚書》作「嵎鐵柳谷」,則意《藝文志》所云「經文皆同,惟孔氏壁中古文爲異」者,非經文有異,而古字異也,劉向所謂古文字也。若桓譚《新論》云:「古《孝經》千八百七十二字,今異者四百餘字。」吳澄亦云古本一千八百零七字,與譚所記不甚遠。其少有贏縮,或彼此差訛,至如異者四百餘字,則斷是古字。若經文衹千餘字,而異者四百餘,則別一《孝經》,非古今文矣。

吳氏隆元曰:元行沖謂古文曠代亡逸,歸熙甫謂古文並於十八章,而孔氏之別出者,其廢已久,皆失實之論也。自梁末至開皇,相去不過四五十年,秘府即無其本,民間猶有存者。好古之士訪而得之,亦事理之所有。又案《隋書·儒林傳》稱:「炫僞造書百餘卷,題爲《連山易》《魯史記》等,録上送官。」而於《經籍志》則云:「秘書監王劭於京師訪得孔傳,送至河間劉炫。」是《孝經》古文得自王劭,不在炫自造書百餘卷之列。其文甚明。特以炫既爲僞書被訟,則凡炫所表章之書,儒者皆譁然不之信耳。今就古今文二本,平心較量,則古文實爲勝焉。

右論當從古文

吳氏澄曰:朱子云《孝經》出於漢初《左氏》未盛行之時,不知何世何人爲之也。竊謂《孝經》雖未必是孔門成書,然孔鮒藏書時已有之,則其傳久矣。

孫氏本曰：或疑經文有本之《左氏傳》者。夫聖人吐辭爲經，六經、《論語》諸書，何嘗蹈襲一語。今著《孝經》，而直述陳言，必不然矣。若謂後人竄入，劉向諸儒校定即有之。且「天經地義」等語，非聖人不能道。其餘盡是格言，豈出於子産、季文子及士貞之口？特以左氏作傳時，《孝經》猶未行，乃采夫子之言以粧綴其文爾。昌黎謂「左氏浮誇」，正此類也。況「天經地義」章先王因天地以立教，而博愛、德義、敬讓、禮樂、好惡云者，乃其經綸天下之具也；「父子之道」章言行、德義、作止、進退云者，亦諸侯、卿大夫經綸國家之具，皆不可闕也。故夫子詳著於篇，而治道始備。

毛氏奇齡曰：第十二章云「以順則逆，民無則焉。不在於善，而皆在於凶德」，此即《左傳》太史克曰「以訓則昏，民無則焉。不度於善，而皆在於凶德」是也；「言思可道，行思可樂，德義可尊，作事可法，容止可觀，進退可度，以臨其民」，此即《左傳》北宫文子曰「進退可度，周旋可則，容止可觀，作事可法，德行可象，以臨其下」，皆直用左氏文以爲言。《論語》亦然。「克己復禮爲仁」，則直用《左傳》「古也有志，克己復禮，仁也」。「出門如見大賓，使民如承大祭」，則直用晉臼季曰「出門如賓，承事如祭」。即「彼哉，彼哉」，用陽虎語；「不學禮，無以立」，用孟僖子語。不特記者如此，即夫子手自贊《易·乾卦》：「元者，善之長也。亨者，嘉之會也。利者，義之和也。〔一〕君子體仁足以長人，嘉會足以合禮，利物足以和義，貞固足以幹事。」則全襲魯穆姜曰「元體之長也，亨嘉之會也，利義之和也，貞事之幹也。體仁足以長人，嘉德足以合禮，利物足以和義，貞固足以幹事」，此其文在《襄九年》，夫子未生之前，豈有穆姜襲夫子之言者？然而游、夏見之，不以爲疑；七十子之徒聞之，不以爲怪。漢唐至今，並無敢有一人焉起而刪之。若是者何也？則以夫子之言，原與《春秋》相表裏。《春秋》有簡書，有策書。夫子修簡書，爲《春秋》之經。左氏修策書，爲《春秋》之傳。二書皆朝夕講求，行著習察，不問其爲何人語。其言足述，往往取之以垂訓，而並無嫌畏避忌於其間。至於「夫孝，天之經」三句，明出自《左傳》，亦明是以「禮」改「孝」字。然以班固之學，豈不見《左傳》，豈不知《孝經》之「孝」字，即《左傳》之「禮」字，而其作《藝文志》，偏述《孝經》此語，曰：「夫孝，天之經，地之義，人之行也。」一若千古言孝，惟此數語，爲必不可移易之金册玉版，並非他文可貿亂者，則其尊此經爲何如？

右論經文同《左傳》

〔一〕　按《周易》下有「貞者，事之幹也」一句。

孫氏本曰：今文以「明王事父孝」一章，移次《諫諍章》之後，此必後儒見此章論孝之極致，宜置於後。殊不知夫子之言未盡，而曾子何遽以爲聞命，更以從令爲請也？應列《廣至德》後，以推孝治之極無疑矣。後又有《廣揚名》一章，非廣揚名也，因上章明王而及士之孝也。是以《閨門》一章，不容間隔於「明王」「君子」二章，乃綴於後，以補其意，謂因三「可移」而言是已。然則古文章第之先後，確乎不可易矣。

毛氏奇齡曰：朱氏本古文，以司馬光爲史館檢討時曾進古文《孝經》故也。吳氏本今文，疑古爲僞故也。但其所疑，亦多未是。如疑分章，亦知二十二章是古文舊分，但以分《庶人》、「敢問」章爲可疑。殊不知西漢相傳，蚤自如此。顏師古註《漢志》云：「二十二章，劉向以爲《庶人章》分爲二，「曾子敢問」章分爲三，又多《閨門》一章，凡二十二章。」則自班固作《志》，劉向校經以前，其所分之章，與今並同，並非隋時劉炫妄分此以足其數也。若王文忠云古文無章次，則又不然。章次，則凡書有之，所云章句屬讀是也。故古本《大學》舊雖一篇，然有分「大學之道」至「止於信」爲一章者，有分至「天下平」爲一章者。而註疏則分章甚夥。但其多寡異同，總無關輕重，不足較辨耳。若謂《孝經》止一篇，則但見《藝文志》「《孝經古孔氏》一篇。《孝經》一篇」而誤者。彼所云「一篇」，謂一卷也。「《古孔氏》一篇」，下註云：「二十二章。」「《孝經》一篇」，下註云：「十八章。」此班氏自註者。至「劉向校經籍，比量二本，除其煩惑，以十八爲定」，謂二十二章似太煩惑，故定以十八章，而不用二十二，非謂劉向始分作十八也。

吴氏隆元曰：古文之異於今文者，以衍出三章及多《閨門》一章耳。案「故自天子已下」數語，乃總括五孝之文。今文與《庶人章》合爲一章，上偏下全，語氣已覺不順。而梁、唐以來，又標其目曰《庶人章》。經文明言「自天子已下，至於庶人」，而獨重庶人，可乎？自「曾子敢問」至「其儀不忒」，古文三章，今文合爲一章，語意不相聯屬，此尤易見也。議者又以爲閨門之義，近俗之語，蓋以世俗稱女子所居爲閨，故指爲近俗。夫閨者，上圓下方之户，與「圭」通。篳門圭窬，見於《儒行》。又《仲尼燕居》篇「以之閨門之内有禮，故三族和也」，陳澔註云：「三族，父、子、孫也。」父、子、孫皆閨門之内，豈專以女子爲閨乎？因「閨門」二字而斷爲非宣尼正説，則大不然。自開元《石臺》、咸平《正義》之後，今文盛行，而朱子《刊誤》獨就古文更定有《閨門》一章，則古今文之得失可知矣。

右論章第序次分合之異

吕氏維祺曰：或問：《大學》經一章，傳十章。《孝經》以《大學》之例推之，似亦當分經傳。曰：此泥「自天子至於庶人」末段結語相似而云。然《大學》首章止列三綱領八條目，故曾子雜引孔子之言立傳以釋之。若《孝經》，首言「至德要道」，次言「孝，德之本」，次言「孝之始終」，次言「五等之孝」，本章已闡發詳盡矣。且孔子諭孝，曾子傳經，古無明訓。又況《大學》，傳雖亦引孔子之言，卻曾子立論甚多，又有起有結，有引有解，其爲傳明矣。《孝經》則「甚哉，孝之大也」以後，俱曾子問而孔子言之，豈作傳者全無一字一句出於自己手筆？又如《諫諍》《喪親》等章，卻不解經，而別發一義。既不解經，何傳何居？

孫氏本曰：諸家章第序次不同，皆起於傳釋之故也。方夫子口授曾子，曷嘗以某章釋某句，某句釋某字。後儒欲便教習，故分章第。但以前爲經，後皆采輯平日之言爲傳，夫子平日不知從何人而發之，他書畧無記録也。若果雜引傳記，則「甚哉，孝之大也」，曾子何所聞而發此嘆？「聖人之德，其無以加於孝乎」，曾子又何所聞而發此問？「若夫慈愛、恭敬、安親、揚名，參聞命矣」，曾子所聞者云何，而夫子所命者又云何也？其出於一時問答審矣。至於章第之先後，古文與今文同。今謂以傳釋經，則傳必因經次第。故傳之首章有以「君子之教以孝也」爲釋「至德」「以順天下」，其起句既無因而發。又有以「明王事父孝」爲首章，以釋「先王有至德要道」者，謂「明王」字與「先王」相協也。此後有以「明王以孝治天下」爲釋「以順天下，民用和睦，上下無怨」者；有以「甚哉，孝之大也」爲釋「以順天下」者，又有以爲釋「教之所由生」者。即篇首數語已紛紜若此，遂至破析其章第，雜合其段落。甚者，摘其一二句，移於别句之下；抽其一段，廁於他章之中。劉向諸儒校定之時，豈章章有斷韋錯簡至此乎？朱子《刊誤》首合七節爲一章，謂：「疑所謂《孝經》者，止此。其下則或者雜引傳記以釋經文，乃《孝經》之傳也。」夫曰疑、曰或，非敢斷以爲是，而又悉數所疑質於同志，以免鑿空妄言之罪。説者謂非定筆，故原本止於章下註云，此一節當爲某章，仍留古文舊編，未嘗移易一字。然自經傳一分，世儒遂紛紜其説，而聖經自是裂矣。故談經者惟當去其傳釋，而序次一以古文爲準。

毛氏奇齡曰：古無聖經賢傳之説。「道德」名經，「易繫」名傳，並是混稱。惟康成註《毛詩》有云：「《小雅》十六篇，《大雅》十八篇，謂之正經。」而孔氏《正義》即云：「凡書非正經者，皆謂之傳。」是以仲長統有云：「《周禮》，禮之經。《禮記》，禮之傳。」吕東萊謂：「《楚辭》惟《離騷》爲經，《九辨》以下皆可稱傳。」亦不過偶然言之。故鄭氏未嘗删二《雅》，仲長氏未嘗改三《禮》也。二《雅》、三《禮》，非一人之書，一時之言，或經或傳，尚可分劃。

《大學》《孝經》，則一人之書，一時之言也。《詩》《禮》爲時人所作，未必果聖人之所授，賢人之所受，故稱經不爲揚，稱傳不爲抑。而《大學》則聖人授之，《孝經》則賢人受之者也。夫聖人所授，賢人所受，而可删之、改之、移易之者乎？

右論不分經傳

朱氏鴻曰：朱子執孝之名義，專以事親之旨詳之，故多生疑。實但如聖門論仁，有專言之仁，有偏言之仁。今經所論至德要道、天經地義、明王孝治，皆統言之孝也；教民親愛，移孝爲忠，事親、喪親，皆單言之孝也。聖人論孝，各有所指，烏可槩以事親一節斷之？蓋夫子授曾子以著《孝經》，爲諸經之統會，治世之宏綱也。至人子生事、喪祭之孝，於《戴記》諸篇，夫子述之詳矣。竊嘗合《孝經》大旨而觀，言孝治者十有四，事親者僅二焉。其内又統論「夫孝」之旨者三，「無所不通」之旨一，非專指事親一節而言。此孝之所以大也。〇首言「至德要道」一篇，大旨也。稱先王者，正以孝治天下，非王者不能也。繼言孝之終始，乃孝之統體，通上下而言。然身體髮膚不敢毁傷之義，後不再及，而立身、行道、揚名之事，則必亹亹言之。至論五等之孝，惟天子足以刑四海，而諸侯以下，漸有差焉。夫子之意,寧不有所重歟?以是知孝之一字,夫子所以繼帝王而開萬世之治統者在是矣。

吕氏維祺曰:一部《孝經》,只是「德教」二字。「夫孝,德之本,教之所由生」,爲是經綱領。經重天子,故「德教」二字於《天子章》發之。諸侯以下各有德教,皆天子教之也。「甚哉,孝之大也」二章則因曾子贊之而言德,以及於教。「配天」章則因曾子疑問,而前言聖人之德可以生教,後言聖人之教必本於德。其下五章,反覆申言德教而已。《諫諍章》又因曾子疑問,而更端言之。「事父孝」章則言德教功化之極至矣,盡矣。「事上」章又抽出事君一事。《喪親章》又抽出事親全終一大事,而末總結之。總是言德而教在其中。○經内或稱「先王」,或稱「明王」,或稱「聖人」「君子」。稱「先王」,以位言,而德在其中。「聖人」「君子」以德言,而位在其中。「明王」則德位兼言之。然或意義所至,各舉所重,猶《中庸》稱「至誠」「至聖」「聖人」「君子」,非有軒輊也。惟「事其先王」之「先王」,則指明王之先王;而「君子之事親孝」「君子之事上」,則指在下之君子。○《論語》答子夏色難,即《孝經》愛親之旨;答子游不敬何别,即《孝經》敬親之旨;答武伯謹疾,即不敢毁傷之旨;答懿子以禮,即不陷親不義之旨;稱閔子人無間言,即行成名立之旨。然皆舉孝之一端言。

若《孝經》孝之始、孝之中、孝之終，則孝之全體備矣。且《論語》論孝，大抵在事親上説。《孝經》論孝，大抵在立身、行道、德教、治化上説。此論孝之大，非徒爲曾子言，蓋爲天下後世之君天下者言也。

毛氏奇齡曰：或問：朱氏《語録》謂《論語》言孝親切有味，此不曾説得親切，但言孝之效如此。則似與《論語》不合，故疑之耳。答云：《論語》親切者，孟懿子、武伯、子游、子夏，皆就其所問而答之。故色難敬養，只就孝一節爲言。此則夫子教之以大道。首篇明云「至德要道」，班固所云「舉大者言」是也。且「身體髮膚，受之父母」諸語，在開首既已親切明了，即「不敢惡於人」「不敢慢於人」，「高而不危」「滿而不溢」，以至「因天」「分地」，「謹身節用」，次第而入，又何一非親切行事，亦何一是效推？而至於孝治聖治、郊祀配天、宗祀明堂，皆切實責備，並非取驗。朱氏凡於親切處，皆認是效，而於郊祀配天諸文，則又疑其踰僭，有「今將之心」。是孟子對咸丘蒙尚告之以大孝尊親、以天下養之義，而以吾道一貫之曾子，乃僅僅以服勞奉養必有酒食之小節呼而訓之哉？

右論全經

孝經通釋總論終

附《孝經通釋》四庫提要

孝經通釋十卷　浙江巡撫採進本

國朝曹庭棟撰。庭棟有《易準》，已著録。此書力主古文，而以今文附載於下。其輯注則徵引頗備。所録凡唐五家，宋十七家，元四家，明二十六家，國朝十家。旁證諸説者，又十有二家。然《孝經》詞義顯明，不比他經之深隱。諸説大同小異，特多出名氏而已。

孝經集證

【清】桂文燦 撰

孝經集證卷一

舉人揀選知縣臣桂文燦　謹纂

開宗明義章

仲尼居，

《白虎通義·姓名篇》云：孔子首類尼山，蓋中低而四旁高，如屋宇之反。

《説文》云：《孝經》曰「仲尼凥」，凥，謂閑居如此。

曾子侍。

《史記·仲尼弟子列傳》云：曾參，南武城人，字子輿。少孔子四十六歲。孔子以爲能通孝道，故授之業。作《孝經》。死於魯。

子曰：先王有至德要道，以順天下。

《小戴·檀弓下篇》云：節哀〔一〕，順變也。

又《王制篇》云：宗廟有不順者爲不孝。不孝者，君絀以爵。

又《樂記篇》云：樂極和，禮極順，内和而外順。又云：樂在族長鄉里之中，長幼同聽之，則莫不和順。

又《祭義篇》云：天子有善，讓德於天。諸侯有善，歸諸天子。卿大夫有善，薦於諸侯。士、庶人有善，本諸父母，存諸長老。禄爵慶賞，成諸宗廟。所以示順也。

又《祭統篇》云：賢者之祭也，必受其福。非世所謂福也，福者，備也。備者，百順之名也。無所不順之謂備。言内盡於己，而外順於道也。忠臣以事其君，孝子以順其親，其本一也。上則順於鬼神，外則順於君長，内則以孝於親，如此之謂備。唯賢者能備，能備然後能祭。是故賢者之祭也，致其誠信與其忠敬，奉之以物，道之以禮，安之以樂，參之以時，明薦之而已矣，不求其爲。此孝子之心也。祭者，所以追養繼孝也。孝者，畜也。順於道，不逆於倫，是之謂畜。又云：夫祭之爲物大矣，其興物備矣。順以備者也，其教之

〔一〕「哀」，原作「喪」，據《禮記》改。

本與！是故君子之教也，外則教之以尊其君長，內則教之以孝於其親。是故明君在上，諸臣服從，崇事宗廟社稷，則子孫順孝。盡其道，端其義，而教生焉。是故君子之事君也，必身行之。所不安於上，則不以使下。所惡於下，則不以事上。非諸人，行諸己，非教之道也。是故君子之教也，必由其本，順之至也。祭其是與，故曰「祭者，教之本也已」。又云：顯揚先祖，所以崇孝也。身比焉，順也。明示後世，教也。

又《哀公問篇》云：孔子曰：「丘聞之，民之所由生，禮爲大。非禮無以節事天地之神也，非禮無以辨君臣、上下、長幼之位也，非禮無以別男女、父子、兄弟之親，昏姻、疏數之交也。君子以此爲尊敬然。然後以其所能教百姓，不廢其會節。有成事，然後治其雕鏤、文章、黼黻以嗣。其順之，然後能言喪算，備其鼎俎，設其豕腊，修其宗廟，歲時以敬祭祀，以序宗族。即安其居，節醜其衣服，卑其宮室，車不雕幾，器不刻鏤，食不貳味，以與民同利。昔之君子之行禮也如此。」

又《中庸篇》云：《詩》曰：「妻子好合，如鼓瑟琴。兄弟既翕，和樂且湛。宜爾室家，樂爾妻帑。」子曰：「父母其順矣乎！」

又《昏義篇》云：教順成俗，外內和順，國家理治，此之謂盛德。

又《聘義篇》云：聘、射之禮，至大禮也。質明而始行事，日幾中而后禮成。非强有力者，弗能行也。故强有力者，將以行禮也。酒清，人渴而不敢飲也；肉乾，人飢而不敢食也。日莫人倦，齊莊、正齊，而不敢解惰。以成禮節，以正君臣，以親父子，以和長幼。此衆人之所難，而君子行之，故謂之有行。有行之謂有義，有義之謂勇敢。故所貴於勇敢者，貴其能以立義也；所貴於立義者，貴其有行也；所貴於有行者，貴其行禮也。故所貴於勇敢者，貴其敢行禮義也。故勇敢强有力者，天下無事則用之於禮義，天下有事則用之於戰勝。用之於戰勝則無敵，用之於禮義則順治。外無敵，内順治，此之謂盛德。故聖王之貴勇敢强有力如此也。勇敢强有力而不用之於禮義、戰勝，而用之於争鬭，則謂之亂人。刑罰行於國，所誅者亂人也。如此，則民順治而國安也。

《左氏・昭二十八年傳》云：慈和徧服曰順。杜注云：唯順，故天下徧服。

《國語・周語中》云：以順及天下。

《晉語一》云：敬順所安爲孝。又《晉語二》云：在因民而順之。

陸賈《新語》云：孔子曰：「有至德要道，以順天下。」言德行而其下順之矣。

民用和睦，上下無怨。汝知之乎？

《書·堯典》云：光被四表，格于上下。克明峻德，以親九族。九族既睦，平章百姓。百姓昭明，協和萬邦，黎民於變時雍。

曾子避席，曰：參不敏，何足以知之？

《小戴·曲禮上篇》云：侍坐於先生，先生問焉，終則對。請業則起，請益則起。父詔無諾，先生詔無諾，唯而起。

子曰：夫孝，德之本也，教之所由生也。

《大戴·曾子大孝篇》《小戴·祭義篇》並云：民之本教曰孝。又《中庸篇》云：立天下之大本。鄭注：大本，《孝經》也。

《論語·學而篇》云：君子務本，本立而道生。孝弟也者，其爲仁之本與！鄭康成云：孝爲百行之本。

《白虎通義》云：孝道之美，百行之本也。

《說苑·建本篇》云：孔子曰：「行身有六本，本立焉，然後爲君子。立體有義矣，而孝爲本；處喪有禮矣，而哀爲本；戰陳有隊矣，而勇爲本；治政有理矣，而能爲本；居國有禮矣，而嗣爲本；生財有時矣，而力爲本。」

《後漢書·延篤傳》曰：篤以病歸，教授家巷。時人或疑仁孝前後之證，篤乃論之曰：「觀夫仁孝之辯，紛然異端，互引典文，代取事據，可謂篤論矣。夫人二致同源，總率百行，非復銖兩輕重，必定前後之數也。而如欲分其大較，體而名之，則孝在事親，仁施品物。施物則功濟於時，事親則德歸於己。於己則事寡，濟時則功多。推此以言，仁則遠矣。然物有出微而著，事有由隱而章。近取諸身，則耳有聽受之用，目有察見之明，足有致遠之勞，手有飾衛之功。功雖顯外，本之者心也。遠取諸物，則草木之生，始於萌芽，終於彌蔓，枝葉扶疏，榮華紛縟，木雖繁蔚，致之者根也。夫仁人之有孝，猶四體之有心腹，枝葉之有本根也。聖人知之，故曰：『夫孝，天之經也，地之義也，人之行也。』『君子務本，本立而道生。孝弟也者，其爲仁之本與！』然體大難備，物性好偏，故所施不同，事少兩兼者也。如必對其優劣，則仁以枝葉扶疏爲大，孝以心體本根爲先，可無訟也。或謂先孝後仁，非仲尼序回、參之意。蓋以爲仁孝同質而生，純體之者，則互以爲稱，虞舜、顏回是也；若偏而體之，則各有其目，公劉、曾參是也。夫曾、閔以孝弟爲至德，管仲以九合爲仁功，未有論德不先回、參，考功不大夷吾。以此而言，各從其稱者也。」

復坐，吾語汝。

《鈎命決》云：子曰：「吾作《孝經》，以素王無爵之賞、斧鉞之誅，故稱明王之道。」曾子避席，復坐。子曰：「居，吾語女。順孫以避災禍，與先王以託權。」註：託先王以爲己權執力。《太平御覽·學部四》。

身體髮膚，受之父母，不敢毀傷，孝之始也。

《大戴·曾子大孝篇》《小戴·祭義篇》並云：樂正子春下堂而傷其足，傷瘳，《小戴》脱此二字。數月不出，猶有憂色。門弟子問曰：「夫子傷足瘳矣，數月不出，猶有憂色，何也？」「傷」，《小戴》作「之」。樂正子春曰：「善如爾之問也。《小戴》疊此句。吾聞之曾子，曾子聞諸夫子，曰：『天之所生，地之所養，人爲大矣。《小戴》作「無人爲大」。父母全而生之，子全而歸之，可謂孝矣。不虧其體，《小戴》下有「不辱其身」句。可謂全矣。故君子頃步之不敢忘也。』《小戴》「之」作「而」，「忘」下有「孝」字。今予忘夫孝之道，予是以有憂色。故君子一舉足不敢忘父母，一出言不敢忘父母。《小戴》無「故君子」三字。一舉足不敢忘父母，故道而不徑，舟而不游，不敢以先父母之遺體行殆也；一出言不敢忘父母，是故惡言不出於口，忿言不及於己，「及於己」，今

《小戴》作「反於身」。唐本「反」亦作「及」。然後不辱其身，不憂其親，則可謂孝矣。」《小戴》無「然後」字及「則」字，「憂」作「羞」。

又《制言下篇》云：君子不犯禁而入人境，不通患而出危邑，則秉德之士不讇矣。君子不讇富貴以爲己説，不乘貧賤以居己尊。凡行不義，則吾不事；不仁，則吾不長。奉相仁義，則吾與之聚群；嚮爾寇盜，則吾與慮。

又《立事篇》云：戰戰惟恐刑罰之至也。

《論語・泰伯篇》云：曾子有疾，召門弟子曰：「啟予足，啟予手。《詩》云：『戰戰兢兢，如臨深淵，如履薄冰。』而今而後，吾知免夫，小子！」文燦謹案：此皆「不敢毀傷」之謂也。

立身行道，揚名於後世，以顯父母，孝之終也。

《易・繫詞傳》曰：善不積，不足以成名。

《大戴・曾子大孝篇》云：父母既没，慎行其身，不遺父母惡名，可謂能終矣。

又《制言上篇》云：曾子曰：「夫行也者，行禮之謂也。夫禮，貴者敬焉，老者孝焉，幼者慈焉，少者友焉，賤者惠焉。此禮也，行之則行也，立之則義也。今之所謂行者，犯其上，危其下，衡道而彊立之。天下無道故，若天下有道，則有司之所求。故君子不貴興道之士，而貴有耻之士也。若由富貴興道者與，貧賤，吾恐其或失也；若由貧賤興道者與，富貴，吾恐其贏驕也。夫有耻之士，富而不以道，則耻之；貧而不以道，則耻之。弟子！無曰不我知也。」

又《制言中篇》云：有知之，則願也；莫知之，苟吾自知也。吾不仁其人，雖獨也，吾弗親也。故君子不假貴而取寵，不比譽而取食，直行而取禮，比説而取友。有説我，則願也；莫我説，苟吾自説也。故君子無悒悒於貧，無勿勿於賤，無憚憚於不聞。布衣不完，蔬食不飽，蓬户穴牖，日孜孜上仁。知我吾無訢訢；不知我無悒悒。是以君子直言直行，不宛言而取富，不屈行而取位。仁之見逐，智之見殺，固不難；詘身而爲不仁，宛言而爲不智，則君子弗爲也。君子雖言不受必忠，曰道；雖行不受必忠，曰仁；雖諫不受必忠，曰智。天下無道，循道而行，衡塗而僨，手足不揜，四支不被。此則非士之罪也，有士者之羞也。

《小戴·内則篇》云：父母雖没，將爲善，思貽父母令名，必果；將爲不善，思貽父母羞辱，必不果。

又《中庸篇》云：身不失天下之顯名。

又《祭統篇》云：夫鼎有銘。銘者，自名也。自名以稱揚其先祖之美，而明著之後世也。爲先祖者，莫不有美焉，莫不有惡焉。銘之義，稱美而不稱惡。此孝子孝孫之心也，唯賢者能之。銘者，論譔其先祖之有德善、功烈、勳勞、慶賞、聲名，列於天下，而酌之祭器，自成其名焉，以祀其先祖者也。顯揚先祖，所以崇孝也。身比焉，順也。明示後世，教也。夫銘者，壹稱而上下皆得焉耳矣。是故君子之觀於銘也，既美其所稱，又美其所爲。爲之者，明足以見之，仁足以與之，知足以利之，可謂賢矣。賢而勿伐，可謂恭矣。故衛孔悝之鼎銘曰：「六月丁亥，公假于太廟。公曰：『叔舅！乃祖莊叔，右左成公。成公乃命莊叔隨難於漢陽，即宮於宗周，奔走無射，啟右獻公。獻公乃命成叔纂乃祖服。乃考文叔，興舊耆欲，作率慶士，躬恤衛國。其勤公家，夙夜不解。民咸曰：休哉！』公曰：『叔舅！予女銘，若纂乃考服。』悝拜稽首，曰：『對揚以辟之，勤大命，施於烝彝鼎。』」此衛孔悝之鼎銘也。古之君子，論譔其先祖之美，而明著之後世者也。以比其身，以重其國家如此。

又《哀公問篇》云：公曰：「敢問何謂成親？」孔子對曰：「君子也者，人之成名也。百姓歸之名，謂之『君子之子』。是使其親爲君子也，是爲成其親之名也已。」

《穀梁・隱元年傳》云：孝子揚父之美，不揚父之惡。先君之欲與桓，非正也，邪也。

雖然，既勝其邪心以與隱矣。已探先君之邪志，而遂以與桓，則是成父之惡也。兄弟，天倫也。爲子受之父，爲諸侯受之君。

夫孝，始於事親，中於事君，終於立身。

《大戴・曾子大孝篇》《小戴・祭義篇》並云：身者，親之遺體也。行親之遺體，敢不敬乎？故居處不莊，非孝也；事君不忠，非孝也〔一〕；莅官不敬，非孝也；朋友不信，非孝也；戰陳無勇，非孝也。五者不遂，災及其身，敢不敬乎？

《北史・儒林・何妥〔二〕傳》蘇綽戒子威云：「讀《孝經》一卷，足以立身治國，何用多爲？」

《大雅》云：「無念爾祖，聿脩厥德。」

《詩・大雅・文王篇》毛傳云：無念，念也。聿，述也。鄭箋云：當念女祖，爲之法。王，斥成王。又云：王既述脩祖德。

〔一〕「事君不忠，非孝也」七字原闕，據《大戴禮記》補。

〔二〕「妥」，原作「晏」，據《北史》改。

《左氏·文二年傳》：趙成子言於諸大夫曰：「秦師又至，將必辟之。懼而增德，不可當也。《詩》曰：『毋念爾祖，聿脩厥德。』孟明念之矣。念德不怠，其可敵乎？」

又《昭二十三年傳》：沈尹戌曰：「子常必亡郢。苟不能衛，城無益〔一〕也。《詩》曰：『無念爾祖，聿脩厥德。』無亦監乎若敖、蚡冒至于武、文？土不過同，慎其四竟，猶不城郢。今土數圻，而郢是城，不亦難乎？」

《漢書·匡衡傳》云：願陛下詳覽統業之事，留神於遵制揚功，臣定群下之心。《大雅》曰：「無念爾祖，聿脩厥德。」孔子著之《孝經》首章，蓋至德之本也。

《文選·晉紀論》注引劉良曰：聿，循也。脩，治也。

天子章

子曰：愛親者，不敢惡於人。敬親者，不敢慢於人。

〔一〕「益」，原作「邑」，據《左傳》改。

《吕覽·孝行篇》曰：凡爲天下，治國家，必務本而後末。所謂本者，非耕鋤種植之謂，務其人也。務其人，非貧而富之，寡而衆之，務其本也。務本莫貴乎孝。三皇五帝之本務，而萬事之紀也。夫執一術而百善至、百邪去、天下從者，其惟孝也。故論人必先以所親，而後及所疏；必先所重，而後及所輕。今有人於此，行於親重而不簡慢於輕疏，則是篤謹孝道，先王之所以治天下也。故愛其親，不敢惡人；敬其親，不敢慢人。愛敬盡於事親，光耀加於百姓，究於四海，此天子之孝也。

愛敬盡於事親，而德教加於百姓，刑於四海。

《尚書·堯典》云：岳曰：「瞽子。父頑，母嚚，象傲，克諧。以孝烝烝，乂不格姦。」又曰：帝曰：「契，百姓不親，五品不遜，汝作司徒，敬敷五教，在寬。」

《詩·大雅·下武》云：成王之孚，下土之式。永言孝思，孝思維則。

又《既醉篇》云：威儀孔時，君子有孝子。孝子不匱，永錫爾類。箋云：孝子之行，非有竭極之時，長以與女之族類，謂廣之以教道天下也。

《大戴·曾子立事篇》云：昔者，天子日旦思其四海之内，戰戰惟恐不能乂也。

又《曾子大孝》《小戴·祭義篇》並云：大孝不匱。又云：博施備物，可謂不匱矣。孔廣森曰：「德教加於百姓，刑於四海」，博施之謂也。

又《制言中篇》云：是故君子以仁爲尊。天下之富，何爲富？則仁爲富也。天下之貴，何爲貴？則仁爲貴也。昔者，舜匹夫也。土地之厚，則得而有之；人徒之衆，則得而使之。舜唯仁得之也。是故君子將説富貴，必勉於仁也。

《小戴·祭義篇》《吕覽·孝行篇》並云：曾子曰：「先王之所以治天下者五：貴德、貴貴、貴老、敬長、慈幼。此五者，先王之所以定天下也。所謂貴德，爲其近於道也。所謂貴貴，爲其近於君也。所謂貴老，爲其近於親也。所謂敬長，爲其近於兄也。所謂慈幼，爲其近於弟也。」

又《中庸篇》云：是以聲名洋溢乎中國，施及蠻貊。舟車所至，人力所通，天之所覆，地之所載，日月所照，霜露所隊，凡有血氣者，莫不尊親，故曰配天。

《孟子·離婁篇》云：天子不仁，不保四海。

《援神契》云：天子行孝，四夷和平。《御覽·人事部五十三》。又云：天子刑於四海，德洞淪冥，八方神化，則斗胥精。《御覽·休徵部一》。

《韓詩外傳》卷五云：故君子修身及孝，則民不倍矣；敬孝達乎下，則民知慈愛矣；

好惡喻乎百姓，則下應其上，如影響矣。是以兼制天下，定海內，臣萬姓之要法也。明王聖主之所不能須臾而舍也。《詩》曰：「成王之孚，下土之式。永言孝思，孝思維則。」

蓋天子之孝也。

《小戴·王制篇》云：養耆老以致孝。

又《中庸篇》云：子曰：舜其大孝也與。德爲聖人，尊爲天子，富有四海之内，宗廟饗之，子孫保之。故大德必得其位，必得其禄，必得其名，必得其壽。又云：武王纘大王、王季、文王之緒，壹戎衣而有天下，身不失天下之顯名。尊爲天子，富有四海之内，宗廟饗之，子孫保之。武王末受命，周公成文、武之德，追王大王、王季，上祀先公以天子之禮。斯禮也，達乎諸侯、大夫及士、庶人。父爲大夫，子爲士，葬以大夫，祭以士。父爲士，子爲大夫，葬以士，祭以大夫。期之喪，達乎大夫。三年之喪，達乎天子。父母之喪，無貴賤，一也。

《春秋運斗樞》云：天子孝則景雲出游。《類聚·祥瑞部》。

《援神契》云：天子孝曰就，就之爲言成也。天子德被天下，澤及萬物，始終成就，則其親獲安，故曰就也。《舊唐書·禮儀志》。又云：天覆地載，謂之天子，上法斗極。《白虎通·爵篇》。又云：元氣混沌，孝在其中。天子孝，天龍負圖，地龜出書，妖孽消滅，景雲出游。《初學記・人部》、《類聚・天部》《鱗介部》。

《甫刑》云：「一人有慶，兆民賴之。」

《大戴・保傅篇》云：夫教得而左右正，左右正則天子正矣，天子正而天下定矣。《書》曰：「一人有慶，兆民賴之。」此時務也。

《小戴・緇衣篇》云：子曰：「下之事上也，不從其所令，從其所行。上好是物，下必有甚者矣。故上之所好惡，不可不慎也，是民之表也。」子曰：「禹立三年，百姓以仁遂焉。豈必盡仁？《甫刑》云：『一人有慶，兆民賴之。』」

《左氏・襄十三年傳》云：君子曰：「讓，禮之主也。范宣子讓，其下皆讓。欒黶爲汰，弗敢違也。晉國以平，數世賴之，刑善也夫！一人刑善，百姓休和，可不務乎？《書》曰：『一人有慶，兆民賴之，其寧惟永。』其是之謂乎？」

《荀子・君子篇》云：故刑當罪則威，不當罪則侮；爵當賢則貴，不當賢則賤。古者刑不過罪，爵不踰德。故殺其父而臣其子，殺其兄而臣其弟。刑罰不怒罪，爵賞不踰德，分然各以其誠通。是以爲善者勸，爲不善者沮。刑罰綦省，而威行如流；政令致明，而化易如神。《傳》曰：「一人有慶，兆民賴之。」此之謂也。

《説苑・建本篇》云：文公見咎季，其牆壞而不築。公曰：「何不築？」對曰：「一日不稼，百日不食。」公出而告之僕，僕頓首於軫，曰：「《吕刑》云：『一人有慶，兆民賴之。』君之明，群臣之福也。」

孝經集證卷二

桂文燦　纂

諸侯章

在上不驕，高而不危。制節謹度，滿而不溢。

《大戴・曾子立事篇》云：與其奢也，寧儉；與其倨也，寧句。又云：居上位而不淫，臨事而栗者，鮮不濟矣。文燦謹案：此不驕、不危、不濫之謂也。

《援神契》云：王者奉己儉約，臺榭不侈，墙樹不役，尊事耆老，則白雀見。《占經一》《御覽・羽族部九》。

《荀子・宥坐篇》云：孔子曰：「吾聞宥坐之器者，虚則欹，中則正，滿則覆。」孔子顧謂弟子曰：「注水焉！」弟子挹水而注之。孔子喟然嘆曰：「吁，惡有滿而不覆者哉！」子路曰：「敢問持滿有道乎？」孔子曰：「聰明聖知，守之以愚；功被天下，守之以讓；勇力撫〔一〕世，守之以怯；富有四海，守之以謙。」文燦謹案：此「滿而不溢」之謂也。

高而不危，所以長守貴也。滿而不溢，所以長守富也。富貴不離其身，然後能保其社稷，而和其民人。

《大戴·曾子立事篇》云：諸侯曰：「旦思其四封之内，戰戰惟恐失損之也。」

《孟子·離婁篇》云：諸侯不仁，不保社稷。

又《盡心篇》云：是故得乎丘民爲天子，得乎天子爲諸侯，得乎諸侯爲大夫。諸侯危社稷，則變置。趙注云：諸侯爲危社稷之行，則變置更立賢諸侯也。文燦謹案：不危不濫，然後能保其社稷也。

《尚書運期授》云：天子社，東方青，南方赤，西方白，北方黑，上冒以黄土。將封諸侯，各取方土，苴以白茅，以爲社。《文選·魏公九錫文》注、《答蘇武書》注、《楊荆州誄》注、《齊安陸昭王碑文》注、《宦者傳論》注。

《援神契》云：祭地之禮與祭天同。《禮·王制》正義、《周禮·司裘》疏。又云：社者，五土之

〔一〕「撫」，原作「無」，據《荀子》改。

總神。稷者，原隰之神。五穀稷爲長，五穀不可偏敬，故立社以表名。《周禮·大宗伯》疏，又《封人》《鼓人》疏。又云：社者，土地之主也。稷者，五穀之長也。土地廣博，不可偏敬，故封土爲社，以報功也。五穀衆多，不可偏祭，故立稷而祭之。《玉海·郊祀》。又云：社爲土神，稷爲穀神。句龍、柱、棄，是配食者也。同上。又云：稷乃原隰之中能生五穀之祇。《通典·禮》。又云：天子社廣五丈，諸侯半之。然後能保其社稷之等。《紺珠》、《儀禮·鄉射禮》疏。

《吕覽·先識篇》曰：楚之邊邑曰卑梁，其處女與吴之邊邑處女桑於境上，戲而傷卑梁之處女。卑梁人操其傷子以讓吴人，吴人應之不恭，怒，殺而去之。吴人往報之，盡屠其家。卑梁公怒，曰：「吴人焉敢攻吾邑！」舉兵反攻之，老弱盡殺之矣。吴王夷昧聞之怒，使人舉兵侵楚之邊邑，克夷而後去之。吴、楚以此大隆。吴公子光又率師與楚人戰于雞父，大敗楚人，獲其帥潘子臣、小帷子、陳夏齧，又反伐郢，得荆平王之夫人以歸，實爲雞父之戰。凡持國，太上知始，其次知終，其次知中。三者不能，國必危，身必窮。《孝經》曰：「高而不危，所以長守貴也。滿而不溢，所以長守富也。富貴不離其身，然後能保其社稷，而和其民人。」楚不能之也。

《白虎通義·社稷篇》云：王者所以有社稷何？爲天下求福報功。人非土不立，非穀不食。土地廣博，不可偏敬也；五穀衆多，不可一一而祭也。故封土立社，示有土尊。稷，五穀之長，故封稷而祭之也。《孝經》曰：「保其社稷而和其民人，蓋諸侯之孝也。」稷者，得陰陽中和之氣，而用尤多，故爲長也。

《風俗通義·祀典篇》云：《孝經説》：「社者，土地之主。土地廣博，不可偏敬，故封土以爲社而祀之，報功也。稷者，五穀之長。五穀衆多，不可偏祭，故立稷而祭之。」《五經異義》引《孝經説》，同見《毛詩》《禮記》疏。謹案《春秋左氏傳》：「有烈山氏之子曰柱，能植百穀蔬果，故立以爲稷正也，周棄亦以爲稷正也〔一〕；周棄亦以爲稷，自商以來祀之。」禮緣生以事死，故社稷人祀之也。則祭稷穀，不得稷米，稷反自食也。而邾文公用鄫子于次睢之社，司馬子魚諫曰：「古者六畜不相爲用。祭以爲人也，民人，神之主也。用人，其誰享之？」《詩》云：「吉日庚午，既伯既禱。」豈復殺馬以祭馬乎？《孝經》之説，於斯悖矣。米之神爲稷，故以癸未日祠稷於西南，水勝火爲金相也。

《五經異義》引《孝經説》云：社爲土神，稷爲穀神。句龍、后稷，配食者。《尚書》疏。

〔一〕「周棄亦以爲稷正也」八字，按《風俗通義》無。

蓋諸侯之孝也。

《援神契》云：諸侯孝曰度。度者，法也。諸侯居國，能奉天子法度，得不危溢，則其親獲安，故曰度也。《舊唐書·禮儀志》。又云：五岳視三公，四瀆視諸侯。《後漢書·襄楷傳》注。又云：二王之後稱公，大國稱侯，皆千乘，象雷震百里所潤雲雨同。《御覽·封建部一》。又云：侯，候也。所以守蕃也。伯者，白也。《類聚·封爵部》《御覽·封建部二》。

《詩》云：「戰戰兢兢，如臨深淵，如履薄冰。」

《詩·小雅》毛傳云：「戰戰」，恐也。「兢兢」，戒也。「如臨深淵」，恐隊也。「如履薄冰」，恐陷也。

《大戴·曾子立事篇》云：君子見利思義〔一〕，見惡思詬，嗜欲思耻，忿怒思患，君子終身守此戰戰也。又云：行身以戰戰，亦殆免於罪矣。又云：昔者天子日旦思其四海之內，戰戰惟恐不能乂也。諸侯日旦思其四封之內，戰戰惟恐失損之也。大夫士日旦思其官，戰戰惟恐不能勝也。庶人日旦思其事，戰戰惟恐刑罰之至也。是故臨事而栗者，鮮不

〔一〕「義」，按《大戴禮記》作「辱」。

濟矣。

《左氏・僖二十二年傳》：臧文仲曰：「國無小，不可易也。雖衆，不可恃也。《詩》云：『戰戰兢兢，如臨深淵，如履薄冰。』」

又《宣十六年傳》云：羊舌職曰：「《詩》云：『戰戰矜矜，如臨深淵。』善人在上也。善人在上，則國無幸民。」杜注：言善人在位，則無不戒懼。

《論語・泰伯篇》云：曾子有疾，召門弟子曰：「啟予足，啟予手。《詩》云：『戰戰兢兢，如臨深淵，如履薄冰。』而今而後，吾知免夫，小子！」文燦謹案：此曾子守「戰戰兢兢」之義，以至於没世也。

《荀子・臣道篇》云：仁者必敬人。凡人非賢，則案不肖也。人賢而不敬，則是禽獸也。人不肖而不敬，則是狎虎也。禽獸則亂，狎虎則危，災及其身矣。《詩》曰：「不敢暴虎，不敢馮河。人知其一，莫知其它。戰戰兢兢，如臨深淵，如履薄冰。」此之謂也。

《淮南子・道應訓》云：尹佚對曰：「使之時，而敬順之。」王曰：「其度安在？」曰：「如臨深淵，如履薄冰。」王曰：「懼哉，王人乎！」

《説苑・敬慎篇》云：夫不誠不思，而以存身全國者，亦難矣。《詩》曰：「戰戰兢兢，如臨深淵，如履薄冰。」此之謂也。又云：孔子之周，觀於太廟。右陛之前，有金人焉。「三緘其口」，而銘其背。孔子顧謂弟子曰：「記之。此言雖鄙，而中事情。《詩》曰：『戰戰兢兢，如臨深淵，如履薄冰。』行身如此，豈以口遇禍哉？」

卿大夫章

非先王之法服不敢服，非先王之法言不敢道，非先王之德行不敢行。

《大戴·曾子立事篇》云：君子入人之國，不稱其諱，不犯其禁，不服華色之服，不稱懼易之言。又云：君子出言鄂鄂，行身戰戰。

《小戴·表記篇》云：是故聖人之制行也，不制以己，使民有所勸勉、愧耻，以行其言。禮以節之，信以結之，容貌以文之，衣服以移之，朋友以極之，欲民之有壹也。《小雅》曰：「不愧于人，不畏于天。」是故君子服其服，則文以君子之容；有其容，則文以君子之辭；

遂其辭,則實以君子之德。是故君子耻服其服而無其容,耻有其容而無其詞,耻有其詞而無其德,耻有其德而無其行。是故君子衰絰則有哀色,端冕則有敬色,甲胄則有不可辱之色。《詩》云:「維鵜在梁,不濡其翼。彼其之子,不稱其服。」

又《緇衣篇》云:子曰:「王言如絲,其出如綸;王言如綸,其出如綍。故大人不倡游言。可言也,不可行,君子弗言也;可行也,不可言,君子弗行也。則民言不危行,而行不危言矣。《詩》曰:『淑慎爾止,不諐于儀。』」子曰:「君子道人以言,而禁人以行。故言必慮其所終,而行必稽其所敝,則民謹於言而慎於行。《詩》云:『慎爾出話,敬爾威儀。』《大雅》曰:『穆穆文王,於緝熙敬止。』」子曰:「長民者,衣服不貳,從容有常,以齊其民,則民德壹。《詩》曰:『彼都人士,狐裘黄黄。其容不改,出言有章。行歸于周,萬民所望。』」

《孟子·告子下篇》云:堯舜之道,孝弟而已矣。子服堯之服,誦堯之言,行堯之行,是堯而已矣。子服桀之服,誦桀之言,行桀之行,是桀而已矣。

是故非法不言,非道不行。

《荀子·大畧篇》云:孝子言爲可聞,行爲可見。言爲可聞,所以説遠也。行爲可見,所以説近也。近者悦則親,遠者悦則附。親近而附遠,孝子之道也。

口無擇言，身無擇行。

《詩・思齊》：古之人無斁，譽髦斯士。鄭箋引《孝經》「口無擇言，身無擇行」以明之。

《釋文》：鄭作「擇」。阮氏福曰：此乃鄭讀《孝經》之「擇」爲「斁」。漢時《毛詩》本必有作「擇」者。二「擇」字，當讀爲「厭斁」之「斁」。「厭斁」即《詩》所云「在彼無惡，在此無斁。庶幾夙夜，以永終譽」也。

《曾子立事篇》云：言必有主，行必有法。

《論語・先進篇》云：子曰：「論篤是與，君子者乎？色莊者乎？」《集解》云：「論篤者，謂口無擇言。君子者，謂身無鄙行。」

言滿天下無口過，行滿天下無怨惡。

《大戴・曾子立事篇》云：君子終日言，不在尤之中。

又《本孝篇》《小戴・祭義篇》並云：惡言不出於口。

又《制言篇》云：君子不犯禁而入人境。

又《衛將軍文子篇》云：德恭而行信，終日言，不在尤之內，在尤之外，貧而樂也。蓋老萊子之行也。

三者備矣，然後能守其宗廟。

《小戴·曲禮下〔一〕篇》云：君子將營宮室，宗廟爲先，廄庫爲次，居室爲後。凡家造，祭器爲先，犧賦爲次，養器爲後。無田禄者，不設祭器。有田禄者，先爲祭服。君子雖貧，不粥祭器；雖寒，不衣祭服；爲宮室，不斬於丘木。大夫、士去國，祭器不踰竟。大夫寓祭器於大夫，士寓祭器於士。

又《祭統篇》云：子孫之守宗廟社稷者，其先祖無美而稱之，是誣也；有善而弗知，不明也；知而弗傳，不仁也。此三者，君子之所耻也。

《孟子·離婁上篇》云：卿大夫不仁，不保宗廟。又云：不孝有三，無後爲大。舜不告而娶，爲無後也。阮氏福曰：不娶無後，致絶祖宗血食，自是不孝。若實有其後人，而不能奉祖宗之祭祀，以致不保不守，亦謂之無後。《論語》「臧武仲以防求爲後於魯」，注曰：「爲後，立後也。」《左傳·襄公二十三年》：「紇不佞，失守宗祧。紇之罪，不及不祀。」注曰：「言應有後。」此皆確證也。

《援神契》云：宗廟所以尊祖也。《書鈔·宗廟》。《御覽·禮儀部十》作：「廟者，所以尊先祖也。」

《吕覽·孝行篇》云：曾子曰：「父母生之，子弗敢殺。父母置之，子弗敢告廢。父母

〔一〕「下」，原作「上」，據《禮記注疏》改。

全之，子弗敢闕。故舟而不游，道而不徑，能全支體，以守宗廟，可謂孝矣。」

蓋卿大夫之孝也。

《援神契》云：卿大夫孝曰譽，譽之爲言名也。卿大夫言行布滿，能無惡稱，譽達遐邇，則其親獲安，故曰譽也。《舊唐書·禮儀志》。

《詩》曰：「夙夜匪解，以事一人。」

《詩·大雅·烝民篇》鄭箋云：「夙」，早。「夜」，莫。「匪」，非也。「一人」，斥天子。

《左氏·文三年傳》云：秦伯伐晉，遂霸西戎，用孟明也。君子是以知孟明之爲臣也，其不解也，能懼思也。《詩》曰：「夙夜匪解，以事一人。」孟明有焉。

又《襄二十五年傳》云：太叔文子聞之，曰：「《詩》曰：『夙夜匪解，以事一人。』今寧子事君，不如弈棋，其何以免乎？」

《韓詩外傳》卷八：荆蒯芮曰：「吾聞之，食其食，死其事。吾既食亂君之食，又安得治君而死之？」遂驅車而入，死其事。《詩》曰：「夙夜匪解，以事一人。」荆先生之謂也。

又云：賜欲休於事君。孔子曰：「《詩》曰：『夙夜匪解，以事一人。』爲之若此，其不易也。

若之何其休也?」

《漢書·董仲舒傳》:仲舒對曰:「自非大亡道之世,天盡欲扶而安全之,事在彊勉而已矣。彊勉學問,則見聞博而知益明;勉强行道,則德日起而大〔一〕有功。《詩》曰:『夙夜匪解。』《書》曰:『茂哉茂哉。』皆彊勉之謂也。」

又《王莽傳》:開門延士,下及白屋。婁省朝政,綜管衆治。親見牧守以下,考迹雅素,審知白黑。《詩》曰:「夙夜匪解,以事一人。」公之謂矣。

《漢紀》卷二十八:初,丞相,秦之制。本次國命卿,故置左右丞相,無〔二〕三公之官。《詩》曰:「夙夜匪解,以事一人。」一人者,謂天子也。

《藝文類聚》引《續漢記》云:陰識拜特進,極言正議。至與賓客語,不及國事。常慕仲山甫「夙夜匪懈」。

〔一〕「則德日起而大」六字,底本作六字空闕,據《漢書》補。
〔二〕「無」,原作「故」,據《漢紀》改。

孝經集證卷三

桂文燦　纂

士章

資於事父以事母而愛同，資於事父以事君而敬同。

《詩·小雅·沔水篇》：嗟我兄弟，邦人諸友。莫肯念亂，誰無父母？箋云：「我」，王也。「莫」，無也。我同姓異姓之諸侯，女自恣聽不朝，無肯念此，於禮法爲亂者。女誰無父母乎？言皆生於父母也。臣之道，資於事父以事君。

《大戴·本命篇》《小戴·四制篇》並云：門内之制恩掩義，門外之治義掩恩。資於事父以事君而敬同。貴貴、尊尊，義之大者也。又云：資於事父以事母而愛同。天無二日，國無二君，家無二尊，以〔一〕治之也。父在，爲母齊衰期，見無二尊也。

〔一〕按《大戴禮記》「以」下有「一」字。

《公羊·昭十五年傳》云：大夫聞君之喪，攝主而往。何休《解詁》曰：「主」，謂己主祭者。臣聞君之喪，義不可以不〔一〕即行，故使兄弟若宗人攝行主事而往。不廢祭者，古禮也。古有分土，無分民。大夫不世，己父未必爲今君臣也。《孝經》曰：「資於事父以事君而敬同。」

又《定四年傳》云：事君猶事父也，此其爲可以復讎，奈何？曰：父不受誅，子復讎可也。何休《解詁》曰：《孝經》曰：「資於事父以事君而敬同。」本取事父之敬以事君，而父以無罪爲君所殺，諸侯之君與王者異，於義得去，君臣已絶，故可也。《孝經》云：「資於事父以事母。」莊公不得讎文姜者，母所生，雖輕於父，重於君也。《易》曰：「天地之大德曰生。」故得絶，不得殺。

《援神契》云：母之於子也，鞠養殷勤，推燥居濕，絶少分甘。《後漢書·楊震傳》注、《御覽·人事部七十三》。

《鈎命決》云：君父同敬，爲母不同敬。《曲禮》正義。

〔一〕「不」字原脱，據《春秋公羊傳》補。

鄭君《駁五經異義》云：「資於事父以事君」，言能爲人子，乃能爲人臣也。《通典》。

故母取其愛，而君取其敬，兼之者父也。

《大戴·曾子大孝篇》《小戴·祭義篇》並云：中孝用勞。又云：尊仁安義，可謂用勞矣。文燦謹案：孝、仁，愛也。安義，敬也。事父，兼愛與敬也。

故以孝事君則忠，以敬事長則順。

《詩·魏風·陟岵》云：陟彼岵兮，瞻望父兮。父曰：嗟！予子行役，夙夜無已。上慎旃哉，猶來無止。陟彼屺兮，瞻望母兮。母曰：嗟！予季行役，夙夜無寐。上慎旃哉，猶來無棄。陟彼岡兮，瞻望兄兮。兄曰：嗟！予弟行役，夙夜必偕。上慎旃哉，猶來無死。

又《唐風·鴇羽》云：肅肅鴇羽，集于苞栩。王事靡盬，不能蓺稷黍，父母何怙？悠悠蒼天，曷其有所？肅肅鴇翼，集于苞棘。王事靡盬，不能蓺黍稷，父母何食？悠悠蒼天，曷其有極？肅肅鴇行，集于苞桑。王事靡盬，不能蓺稻粱，父母何嘗？悠悠蒼天，曷其有常？

又《小雅·北山》云：陟彼北山，言采其杞。偕偕士子，朝夕從事。王事靡盬，憂我父母。溥天之下，莫非王土。率土之濱，莫非王臣。大夫不均，我從事獨賢。四牡彭彭，王事傍傍。嘉我未老，鮮我方將。旅力方剛，經營四方。或燕燕居息，或盡瘁事國。或息偃在牀，或不已于行。或不知叫號，或慘慘劬勞。或棲遲偃仰，或王事鞅掌。或湛樂飲酒，或慘慘畏咎。或出入風議，或靡事不爲。

《大戴・曾子立事篇》云：事父可以事君，事兄可以事長。

又《立孝篇》云：是故未有君而忠臣可知者，孝子之謂也；未有長而順下可知者，弟弟之謂也。又云：爲人弟而不能承其兄者，不敢言兄不能訓其弟者。文燦謹案：「訓」「順」，古字通。

又《本孝篇》云：曾子曰：「忠者，其孝之本與！」

又《衛將軍文子篇》云：孔子曰：「孝，德之始也。弟，德之序也。信，德之厚也。忠，德之正也。參也，中夫四德者矣。」

又《主言篇》云：上順齒，則下益悌。

《小戴・祭統篇》云：忠臣以事其君，孝子以事其親，其本一也。上則順於鬼神，外則順於君長，内則以孝於親，如此之謂備。

又《坊記篇》云：子云：「孝以事君，弟以事長，示民不貳也。」

又《昏義篇》云：父子有親，而后君臣有正。故曰：「昏禮者，禮之本也。」鄭注言：子受氣性純則孝，孝則忠也。

《左氏·文六年傳》云：事長則順。

《穀梁·定四年傳》云：且事君猶事父也。虧君之義，復父之讎，臣弗爲也。

《援神契》曰：求忠臣必於孝子之門。《漢書·韋彪傳》注。

忠順不失，以事其上。

《周禮·地官·師氏》云：順行以事師長。

《小戴·祭義篇》云：立愛自親始，教民睦也。立敬自長始，教民順也。

又云：孝以事親，順以聽命，錯諸天下，無所不行。

《左氏·哀六年傳》云：從君之命，順也。

然後能保其禄位，而守其祭祀。

《大戴·曾子立事篇》云：大夫、士日旦思其官，戰戰惟恐不能勝也。

《援神契》云：禄者，録也。取上所以敬録接下，下所以謹録事上。《詩·樛木》正義、《爾雅·釋言》疏。

蓋士之孝也。

《援神契》云：士孝曰究。究者，以明審爲義。士始升朝，辭親入仕，能審資父事君之禮，則其親獲安，故曰究也。《舊唐書·禮儀志》。

《詩》云：「夙興夜寐，毋忝爾所生。」

《詩·小雅·小宛篇》毛傳云：忝，辱也。

《大戴·曾子立事篇》云：君子愛日以學，及時以行，難者弗辟，易者弗從，唯義所在，日旦就業，夕而自省思，以殁其身，亦可謂守業矣。又云：朝有過，夕改。夕有過，朝改。又云：大夫、士，日旦思其官，戰戰惟恐不能勝。

又《立孝篇》云：「夙興夜寐，無忝爾所生」，言不自舍也。不耻其親，君子之孝也。

又《制言中篇》云：是故君子思仁義，晝則忘食，夜則忘寐。日旦就業，夕而自省，以殁其身，亦可謂守業矣。

《國語·魯語》云：敬姜曰：「士朝而受業，晝而講貫，夕而習復，夜而計過，無憾而後即安。」

《韓詩外傳》卷八云：昨日何生？今日何成？必念歸厚，必念治〔一〕生。日慎一日，完如金城。《詩》云：「我日斯邁，而月斯征。夙興夜寐，無忝爾所生。」

《潛夫論·讚學篇》云：《詩》云：「題彼脊鴒，載飛載鳴。我日斯邁，而月斯征。夙興夜寐，無忝爾所生。」是以君子終日乾乾，進德脩業，非直爲博己而已也，蓋乃思述祖考之令聞，而以顯父母也。

庶人章

用天之道，分地之利。

《大戴·曾子大孝篇》《小戴·祭義篇》並云：小孝用力。又曰：慈愛忘勞，可謂用力矣。文燦謹案：慈，亦孝也。如《孟子》「孝子慈孫」之「慈」。

〔一〕「治」，原作「始」，據《韓詩外傳》改。

又《制言篇》云：是故君子錯在高山之上，深澤之污，聚橡栗藜藿而食之，生耕稼以老十室之邑。

《援神契》云：周天七衡六間曰：大寒後十五日，斗指艮，爲立春，正月節。立，始建也。春氣始至，故爲之立也。

立春後十五日，斗指寅，爲雨水，正月中。雨水中氣，雪散爲水也。

雨水後十五日，斗指甲，爲驚蟄，二月節。驚蟄者，蟄蟲震驚而出也。

驚蟄後十五日，斗指卯，爲春分，二月中。分者半也，當九十日之半也，故謂之分。夏冬不言分，言天地間二氣而已矣。陽生於子，極於午，即其中分也。

春分後，斗指乙，爲清明，三月節。萬物至此，皆潔齊而清明矣。

清明後十五日，斗指辰，爲穀雨，三月中。言雨生百穀，清净明潔也。

穀雨後十五日，斗指巽，爲立夏，四月節。言物至此時，皆假大也。

立夏後十五日，斗指巳，爲小滿，四月中。小滿者，物長於此，小得盈滿也。

小滿後十五日，斗指丙，爲芒種，五月節。言有芒之穀，可播種也。

芒種後十五日，斗指午，爲夏至。言萬物於此，假大而極至也。

夏至後十五日，斗指丁，爲小暑，六月節。

小暑後十五日，斗指未，爲大暑，六月中。小大者，就極熱之中，分爲大小。初後爲小，望後爲大也。

大暑後十五日，斗指坤，爲立秋。秋者，揫也。萬物於此秋斂也。

立秋後十

五日，斗指申，爲處暑。言瀆暑將退，伏而潛處也。處暑後十五日，斗指庚，爲白露節。言陰氣漸重，露凝而白也。白露後十五日，斗指酉，爲秋分。陰生於午，極於亥，故酉其中分也。仲月之節爲秋分。秋爲陰中，陰陽適中，故晝夜長短亦均焉。秋分後十五日，斗指辛，爲寒露。言冷寒而將欲凝結也。寒露後十五日，斗指戌，爲霜降。言氣肅露凝結而爲霜矣。霜降後十五日，斗指乾，爲立冬，十月節。冬者終也，萬物皆收藏也。立冬後十五日，斗指亥，爲小雪，十月中。天地積陰，温則爲雨，寒則爲雪。時言小者，寒未深而未大也。小雪後十五日，斗指壬，爲大雪，十一月節。言積陰爲雪，至此栗烈而大矣。大雪後十五日，斗指子，爲冬至，十一月中。陰極而陽始至，日南至，漸長至也。冬至後十五日，斗指癸，爲小寒，十二月節。陽極陰生，乃爲寒。今月初，寒猶小也。小寒後十五日，斗指丑，爲大寒，十二月中。至此栗烈極矣。馮應京《月令廣義》。又云：地順受澤，謙虚開張，含泉任萌，滋物歸中。注云：開張九竅，受流灑潤，是其謙虚也。《月令》正義、《御覽·地部一》。又云：伏羲氏盡地之制，凡天下山五千〔一〕三百七十，居地五十六萬四千

〔一〕「千」，原作「十」，據清趙在翰輯《孝經援神契》改。

五十六里，出水者八千里，受水者八千里，出銅之山四百五十七，出鐵之山三千六百九。《古微書》。又云：計校九州之别，土壤山陵之大，川澤所注，萊沛所生，鳥獸所聚，九百一十萬八千二十四頃磽确不墾者，其餘提封千五百萬二千頃。注：言民少，不足以盡地利。萊沛瀸洳，不可耕者。《御覽·地部一·州郡》。又云：五岳藏神，四瀆含靈，五土出利以給天下。黄白宜種禾，黑墳宜種麥，蒼赤宜種菽，洿泉宜種稻。《周禮·載師》疏、《齊民要術》《御覽·資産部三》。又云：高山之顛無樹，深海之淵無水。燥太剛，温太柔也。《御覽·地部三十二》。

《荀子·子道篇》云：子路問於孔子曰：「有人於此，夙興夜寐，耕耘樹藝，手足胼胝，以養其親。然而無孝之名，何也？」孔子曰：「意者身不敬與？詞不遜與？色不順與？古之人有言曰：『衣與，繆與，不女聊。』今夙興夜寐，耕耘樹藝，手足胼胝，以養其親。無此三者，則何以爲而無孝之名也？」孔子曰：「由，志之，吾語女。雖有國士之力，不能自舉其身，非無力也，勢不可也。故入而行不脩，身之罪也；出而名不章，友之過也。故君子入則篤行，出則友賢，何爲而無孝之名也？」

謹身節用，以養父母。

《尚書·酒誥篇》云：妹土，嗣爾股肱，純其藝黍稷，奔走事厥考厥長。肇牽車牛，遠服賈，用孝養厥父母。厥父母慶，自洗腆，致用酒。

《小雅》序云：《南陔》，孝子相戒以養也。《白華》，孝子之潔白也。又云：《南陔》廢，則孝友缺矣；《白華》廢，則廉耻缺矣。又云：《蓼莪》，刺幽王也。民人勞苦，孝子不得終養爾。蓼蓼者莪，匪莪伊蒿。哀哀父母，生我劬勞。蓼蓼者莪，匪莪伊蔚。哀哀父母，生我勞瘁。缾之罄矣，維罍之耻。鮮民之生，不如死之久矣。無父何怙？無母何恃？出則銜恤，入則靡至。父兮生我，母兮鞠我。長我育我，顧我復我，出入腹我。欲報之德，昊天罔極。南山烈烈，飄風發發。民莫不穀，我獨何害？南山律律，飄風弗弗。民莫不穀，我獨不卒。

《大戴·曾子立事篇》云：庶人日旦思其事，戰戰惟恐刑罰之至也。

又《曾子本孝篇》云：庶人之孝也，以力惡食。文燦謹案：此言竭力耕田，自食粗糲，以甘旨養父母也。

《小戴·王制篇》云：食節事時。又云：庶人無故不食珍。又云：三年耕，必有一年之食。九年耕，必有三年之食。

又《玉藻篇》云：親老，出不易方，復不過時。鄭注：不可以憂父母也。

《論語〔一〕・學而篇》云：事父母，能竭其力。

又《里仁篇》云：子曰：「父母在，不遠遊。遊必有方。」

《孟子・離婁上篇》云：士庶人不仁，不保四體。又《下篇》云：孟子曰：「世俗所謂不孝者五：惰其四支，不顧父母之養，一不孝也；博弈，好飲酒，不顧父母之養，二不孝也；好貨財，私妻子，不顧父母之養，三不孝也；縱耳目之欲，以爲父母戮，四不孝也；好勇鬬很，以危父母，五不孝也。」

《鈎命決》云：削肌刻骨，絜絜勤思。《文選・上責躬應詔詩表》注。

《三國志・諸葛亮傳》：《便宜十六策》曰：「經云：『庶人之所好者，唯躬耕勤苦，謹身節用，以養父母。』制之以財，用之以禮。豐年不奢，凶年不儉。素有蓄積，以儲其後。」

此庶人之孝也。

《援神契》云：庶人孝曰畜。畜者，含畜爲義。庶人合情受樸，躬耕〔二〕力作，以畜其

〔一〕「語」，原作「云」，今正。

〔二〕「耕」字原脱，據清趙在翰輯《孝經援神契》改。

德，則其親獲安，故曰畜也。《舊唐書·禮儀志》。又云：庶人孝則澤林𣗥，浮珍舒，怪草秀，水出神魚。注云：此庶人謂有德不仕。若曾子之孝，千里感母，能使其域致珍也。《御覽·人事部五十三》。又云：民者，冥也。《詩·靈臺》正義。

故自天子至於庶人，孝無終始，而患不及者，未之有也。

《大戴·曾子立事篇》云：君子患難除之。又云：禍之所由生，自孅孅也，是故君子夙絶之。又云：天子日旦思其四海之内，戰戰惟恐不能乂也。諸侯日旦思其四封之内，戰戰惟恐失損之也。大夫士日旦思其官，戰戰惟恐不能勝也。庶人日旦思其事，戰戰惟恐刑罰之至。是故臨事而栗者，鮮不濟矣。文燦謹案：此自天子至庶人，皆恐患禍及身之義也。

《大孝篇》云：忿言不及於己。又云：五者不遂，災及其身。

又《制言篇》云：身殺六畜不當，及親，吾信之矣。

《春秋説題辭》云：禮者體也。人情有哀樂，五行有興滅。故立鄉飲酒之禮，終始之哀，婚姻之宜，朝聘之表，尊卑有叙，上下有體。王〔一〕者行禮，得天中和。《御覽·

〔一〕「王」，原作「五」，據清趙在翰輯《春秋説題辭》改。

學部四》。

《白虎通義·五經篇》云:已作《春秋》,復作《孝經》何?欲專制正於《孝經》也。夫孝者,自天子下至庶人,上下通。

孝經集證卷四

桂文燦　纂

三才章

曾子曰：甚哉！孝之大也。子曰：夫孝，天之經也，地之義也，民之行也。

《大戴·曾子大孝篇》云：夫孝者，天下之大經也。

董子《春秋繁露·五行對》：河間獻王問溫城董君曰：「《孝經》曰『夫孝，天之經，地之義』，何謂也？」對曰：「天有五行，木、火、土、金、水是也。木生火，火生土，土生金，金生水。水爲冬，金爲秋，土爲季夏，火爲夏，木爲春。春主生，夏主長，季夏主養，秋主收，冬主藏。藏，冬之所成也。是故父之所生，其子長之；父之所長，其子養之；父之所養，其子成之。諸父所爲，其子皆奉承而續〔一〕行之，不敢不致如父之意，盡爲人之道也。故五行者，五行也。由此觀之，父授之，子受之，乃天之道也。故曰『夫孝者，天之經也』，此之謂也。」王曰：「善哉！天經既得聞之矣，願聞地之義。」對曰：「地出雲爲雨，起氣爲風。風雨者，地之爲。地不敢有其功名，必上之於天命，若從天氣者。故曰天風天雨也，莫曰地風地雨也。勤勞在地，名一歸於天，非至有義，其孰能行此？故下事上，如地事天也，可謂大忠矣。土者，火之子也，五行莫貴乎土。土之於四時，無所命者，不與火分功名。木名春，火名夏，金名秋，水名冬。忠臣之義，孝子之行，取之土。土者，五行最貴者也，其義不可加矣。五音莫貴乎宮，五味莫美於甘，五色莫盛於黄，此謂孝者地之義也。」王曰：「善哉！」

《漢・藝文志》云：夫孝，天之經，地之義，民之行也。舉大者言，故曰《孝經》。

《後漢・延篤傳》云：夫仁之有孝，猶四體之有心腹，枝葉之有根本也。聖人知之，故曰：「夫孝，天之經也，地之義也，人之行也。」

〔一〕「續」，原作「緒」，據《春秋繁露》改。

天地之經，而民是則之。

《詩·大雅·烝民篇》云：天生烝民，有物有則。民之秉彝，好是懿德。

《國語·晉語》：是反天地而逆民則也。韋注云：則，法也。

《論語·泰伯篇》云：唯天爲大，唯堯則之。孔安國曰：則，法也。

則天之明，因地之利，以順天下。

《易·坤·彖傳》云：乃順承天。又《文言》云：坤道其順乎，承天而時行。

又《大有·象傳》云：順天休命。

又《萃·彖傳》云：順天命也。

又《革·彖傳》云：順乎天而應乎人。

又《繫詞傳上》云：天之所助者，順也。

《大戴·五帝德》云：以順天地之紀。又云：順天之義。

又《盛德》云：天道不順，生於明堂。

又《千乘》云：以順天道。

《小戴·禮器》云：故作大事，必順天時。

《樂記》云：天地順而四時當。

《左氏·文十五年傳》云：禮以順天，天之道也。

又《昭二十六年傳》云：獎順天法。

又《哀二年傳》云：二三子，順天明，從天命。

《國語·越語下》云：順天地之常。又云：必順天道。

是以其教不肅而成，其政不嚴而治。

《小戴·大傳篇》云：自仁率親，等而上之，至於祖。自義率祖，順而下之，至於禰。是故人道親親也。親親，故尊祖。尊祖，故敬宗。敬宗，故收族。收族，故宗廟嚴。宗廟嚴，故重社稷。重社稷，故愛百姓。愛百姓，故刑罰中。刑罰中，故庶民安。庶民安，故財用足。財用足，故百志成。百志成，故禮俗刑。禮俗刑，然後樂。《詩》云：「不顯不承，無斁于人斯。」此之謂也。

先王見教之可以化民也，

《白虎通義·三教篇》云：三教一體而分，不可單行，故王者行之有先後。何以言三教並施，不可單行也？以忠、敬、文，無可去者也。教所以三者何？法天、地、人，内忠、外敬，文飾之，故三而備也。即法天、地、人，名何施？忠法人，敬法地，文法天。人道主忠。人以至道教人，忠之至也。人以忠教，故以忠爲人也。地道謙卑。天之所生，地敬養之，以敬爲地教也。教者何謂也？教者，效也。上爲之，下效之。民有質樸，不教不成。故

《孝經》曰：「先王見教之可以化民也。」

是故先之以博愛，而民莫遺其親。

《小戴·祭義篇》云：子曰：「立愛自親始，教民睦也。」又云：教以慈睦，而民貴有親。又云：教民相愛，上下用情，禮之至也。

陳之以德義，而民興行。

《周禮·大司徒》云：以鄉三物教萬民，而賓興之。一曰六德，知、仁、聖、義、忠、和。二曰六行，孝、友、睦、婣、任、恤。三曰六藝，禮、樂、射、御、書、數。

又《鄉大夫》云：三年則大比，攷其德行道藝，而興賢者、能者。鄉老及鄉大夫帥其吏

與其衆寡，以禮禮賓之。厥明，鄉老及鄉大夫、群吏獻賢能之書於王。王再拜受之，登於天府。内史貳之。退而以鄉射之禮五物詢衆庶，一曰和，二曰容，三曰主皮，四曰和容，五曰興舞。此謂使民興賢，出使長之；使民興能，入使治之。

又《師氏》云：以三德教國子：一曰至德，以爲道本；二曰敏德，以爲行本；三曰孝德，以知逆惡。教三行：一曰孝行，以親父母；二曰友行，以尊賢良；三曰順行，以事師長。

《大戴・千乘篇》云：上有義，則國家治。

《小戴・祭義篇》云：致義，則上下不悖逆矣。

又《坊記篇》云：子云：「敬則用祭器。故君子不以菲廢禮，不以美没禮。故食禮，主人親饋則客祭，主人不親饋則客不祭。故君子，苟無禮，雖美不食焉。《易》曰：『東鄰殺牛，不如西鄰之禴祭實受其福。』《詩》云：『既醉以酒，既飽以德。』以此示民，民猶争利而忘義。」又云：子曰：「君子不盡利以遺民。《詩》云：『彼有遺秉，此有不斂穧，伊寡婦之利。』故君子仕則不稼，田則不漁；食時不力珍，大夫不坐羊，士不坐犬。《詩》云：『采葑采菲，無以下體。德音莫違，及爾同死。』以此坊民，民猶忘義而争利，以亡其身。」

先之以敬讓，而民不争〔一〕。

《周禮·大司徒》云：十有二教。一曰以祀禮教敬，則民不苟；以〔二〕陽禮教讓，則民不争。

《大戴·盛德篇》云：凡鬭辨，生於相侵陵也。相侵陵，生於長幼無序，而不教以敬讓也。故有鬭辨之獄，則飾鄉飲酒之禮也。

《小戴·祭義篇》云：立敬自長始，教民順也。又云：教以敬長，而民貴用命。又云：敬讓以去争也。

又《經解篇》云：鄉飲酒之禮廢，則長幼之序失，而争鬭之獄繁矣。

又《坊記篇》云：子云：「觴酒豆肉，讓而受惡，民猶犯齒。衽席之上，讓而坐下，民猶犯貴。朝廷之位，讓而就賤，民猶犯君。《詩》云：『民之無良，相怨一方。受爵不讓，至於己斯亡。』」子曰：「君子貴人而賤己，先人而後己，則民作讓。故稱人之君曰君，自稱其君

〔一〕「争」字原闕，據《孝經》補。
〔二〕據《周禮》，「以」上當有「二曰」二字。

曰寡君。」又云：子云：「有國家者，貴人而賤祿，則民興讓；尚技而賤車，則民興藝。故君子約言，小人先言。」子云：「上酌民言，則下天上施。上不酌民言，則犯也；下不天上施，則亂也。故君子信讓以莅百姓，則民之報禮重。《詩》云：『先民有言，詢于芻蕘。』」

又《鄉飲酒義篇》云：先禮而後財，則民作敬讓而不争矣。

導之以禮樂，而民和睦。

《周禮·太宰》云：掌建邦之六典，以佐王治邦國。三曰禮典，以和邦國，以統百官，以諧萬民。又云：以八則治都鄙。六曰禮俗，以馭其民。又云：以官府之六職辨邦治。三曰禮職，以和邦國，以諧萬民，以事鬼神。

又《大司徒》云：十有二教。一曰以祀禮教敬，則民不苟。二曰以陽禮教讓，則民不争。三曰以陰禮教親，則民不怨。四曰以樂禮教和，則民不乖。又云：以五禮防萬民之僞，而教之中；以六樂防萬民之情，而教之和。

又《大宗伯》云：以天產作陰德，以中禮防之。以地產作陽德，以和樂防之。又云：以禮樂合天地之化，百物之產，以事鬼神，以諧萬民，以致百物。

又《大司樂》云：以樂德教國子中、和、祗、庸、孝、友，以樂語教國子興、道、諷、誦、言、語，以樂舞教國子舞《雲門》《大卷》《大咸》《大磬》《大夏》《大濩》《大武》。以六律、六同、五聲、八音、六舞大合樂，以致鬼、神、示，以和邦國，以諧萬民，以安賓客，以説遠人，以作動物。

《大戴・千乘篇》云：長有禮，則民不争。

《小戴・祭義篇》云：君子曰：「禮、樂不可斯須去身。致樂以治心，則易、直、子、諒之心油然生矣。易、直、子、諒之心生則樂，樂則安，安則久，久則天，天則神。天則不言而信，神則不怒而威。致樂以治心者也。致禮以治躬，則莊敬，莊敬則嚴威。心中斯須不和、不樂，而鄙詐之心入之矣。外貌斯須不莊、不敬，而慢易之心入之矣。故樂也者，動於内者也；禮也者，動於外者也。樂極和，禮極順。内和而外順，則民瞻其顏色，而不與争也；望其容貌，而衆不生慢易焉。故德輝動乎内，而民莫不承聽；理發乎外，而衆莫不承順。故曰：『致禮、樂之道，而天下塞焉。舉而錯之，無難矣。』樂也者，動於内者也。禮也者，動於外者也。故禮主其減，樂主其盈。禮減而進，以進爲文；樂盈而反，以反爲文。禮減而不進則銷，樂盈而不反則放。故禮有報，而樂有反。禮得其報則樂，樂得其反則安。禮之報，樂之反，其義一也。」

又《經解篇》云：喪祭之禮，所以明臣子之恩也。鄉飲酒之禮，所以明長幼之序也。昏姻之禮，所以明男女之别也。又云：故昏姻之禮廢，則夫婦之道苦，而淫辟之罪多矣。鄉飲酒之禮廢，則長幼之序失，而争鬭之獄繁矣。喪祭之禮廢，則臣子之恩薄，而倍死忘生者衆矣。

又《哀公問篇》云：哀公問於孔子曰：「大禮何如？君子之言禮，何其尊也？」孔子曰：「丘也小人，不足以知禮。」君曰：「否。吾子言之也。」孔子曰：「丘聞之，民之所生，禮爲大。非禮無以節事天地之神也，非禮無以辨君臣、上下、長幼之位也，非禮無以别男女、父子、兄弟之親，昏姻、疏數之交也。君子以此爲尊敬然。然後以其能教百姓，不廢〔一〕其會節。

又《仲尼燕居篇》云：是故以之居處有禮，故長幼辨也；以之閨門之内有禮，故三族和也。

又《坊記篇》云：子云：「七日戒，三日齊，承一人焉以爲尸。過之者趨走，以教敬也。

〔一〕「廢」，原作「費」，據《禮記》改。

醴酒在室，醍酒在堂，澄酒在下，示不淫也。尸飲三，衆賓飲一，示民有上下也。因其酒肉，聚其宗族，以教民睦也。」

《荀子・樂論篇》云：樂者，聖人之所樂也，而可以善民心，其感人深，其移風易俗。故先王導之以禮樂，而民和睦。夫民有好惡之情，而無喜怒之應則亂。先王惡其亂也，故脩其行、正其樂，而天下順焉。

示之以好惡，而民知禁。

《小戴・樂記篇》云：先王之制禮樂也，將以教民平好惡，而反人道之正也。故示有好，必賞之，令以引喻之，使其慕而歸善也；示有惡，必罰之，禁以懲止之，使其懼而不爲也。〔一〕

又《緇衣篇》云：子曰：「下之事上也，不從其所令，從其所行。上好是物，下必有甚者矣。故上之所好惡，不可不慎也，是民之表也。」又云：子曰：「上人疑，則百姓惑。下

〔一〕按，此段實録自邢昺《孝經注疏》，僅「先王之制禮樂也，將以教民平好惡，而反人道之正也」一句爲邢疏節引《禮記・樂記》。

難知，則君長勞。故君民者，章好以示民俗，愼惡以御民之淫，則民不惑矣。」鄭注：「淫，貪侈也。《孝經》曰：『示之以好惡，而民知禁。』」

又《大學篇》云：堯、舜帥天下以仁，而民從之；桀、紂率天下以暴，而民從之。其所令反其所好，而民不從。又云：所惡於上，毋以使下；所惡於下，毋以事上；所惡於前，毋以先後；所惡於後，毋以從前；所惡於右，毋以交於左；所惡於左，毋以交於右。此之謂絜矩之道。《詩》云：「樂只君子，民之父母。」民之所好好之，民之所惡惡之，此之謂民之父母。

《潛夫論・斷訟篇》云：《孝經》曰：「陳之以德義，而民興行；示之以好惡，而民知禁。」今欲變巧僞以崇善化，息亂訟以閑官事者，莫若表顯有行，痛誅無狀，導文、武之法，明詭詐之信。

《詩》云：「赫赫師尹，民具爾瞻。」

《詩・小雅・節南山篇》毛傳云：「赫赫」，顯威貌。「師」，大師，周之三公也。「尹」，尹氏爲大師。「具」，俱。「瞻」，視也。鄭箋云：此言尹氏，女居三公之位，天下之民，俱視女之所爲。

《小戴·緇衣篇》云：子曰：「下之事上也，不從其所令，從其所行。上好是物，下必有甚者矣。故上之所好惡，不可不慎也，是民之表也。」子曰：「禹立三年，百姓以仁遂焉。豈必盡仁？《詩》云：『赫赫師尹，民具爾瞻。』」

又《大學篇》云：《詩》云：「節彼南山，維石巖巖。赫赫師尹，民具爾瞻。」有國者不可以不慎，辟則爲天下僇矣。

《春秋繁露·山川頌》云：且積土成山，無損也；成其功，無害也；成其大，無虧也。小其上，泰其下，久長安。後世無有去就，儼然獨處，惟山之意。《詩》云：「節彼南山，維石巖巖。赫赫師尹，民具爾瞻。」此之謂也。

《漢書·成帝紀》詔曰：方今世俗奢僭罔極，靡有厭足。公卿、列侯、親屬、近臣，四方所則，未聞脩身遵禮，同心憂國者也。或迺奢侈逸豫，務廣第宅，治園池，多畜奴婢，被服綺縠，設鐘鼓，備女樂，車服嫁娶葬埋過制。吏民慕效，寖以成俗，而欲望百姓節儉，家給人足，豈不難哉！《詩》不云乎：「赫赫師尹，民具爾瞻。」其申敕有司，以漸禁之。

又《董仲舒傳》：仲舒復對曰：「及至周室之衰，其卿大夫緩於誼而急於利，亡推讓之風，而有争田之訟。故詩人疾而刺之曰：『節彼南山，惟石巖巖。赫赫師尹，民具爾瞻。』

爾好誼，則民鄉仁而俗善；爾好利，則民好邪而俗敗。由是觀之，天子、大夫者，下民之所觀效，遠方之所以四面而內望者也。」

《漢官儀》引《詩》云：「赫赫師尹，民具爾瞻。」應劭曰：「尹，正也。」《太平御覽》。《後漢書・郎顗傳》引《詩》云：「赫赫師尹，民具爾瞻。」曰：師尹，三公也。言三公之位，天下之人共瞻視之。

《晉書・秦秀傳》引《詩》云：「赫赫師尹，民具爾瞻。」秀曰：「言其德行高峻，動必以禮耳。」

《文選・晉紀總論》注引呂向曰：師尹，大臣也。使萬人具瞻之，以成其貴。

孝治章

子曰：昔者明王之以孝治天下也，不敢遺小國之臣，而況於公、侯、伯、子、男乎？故得萬國之歡心，以事其先王。

《公羊·莊二十五年傳》云：陳侯使女叔來聘。何休曰：稱字，敬老也。禮，七十，雖庶人，主孝而禮之。《孝經》曰「昔者明王之以孝治天下也，不敢遺小國之臣」是也。

《援神契》云：周成王時，越裳獻白雉。去京三萬里，王者祭祀不相踰，宴食衣服有節，則至。《書鈔·貢獻》《類聚·祥瑞部》《御覽·羽族部四》。又云：合忻忻之樂舞於堂，四夷之樂陳於户。《御覽·樂部》。又云：得萬國之歡心，人悦喜，無怨心。《文選·三國名臣序贊》注。又云：天下歸往，人人樂生。《文選·晉紀總論》注。

《鈎命決》云：天子常所不臣者三：惟二王之後、妻之父母、夷狄之君。不臣二王之後者，爲觀其法度，故尊其子孫也。不臣妻之父母者，親與其妻共事先祖，欲其歡心。不臣夷狄之君者，此政教所不加，嫌不臣也。諸侯無此禮。暫所不臣者五：謂師也，三老也，五更也，祭尸也，大將軍也。此五者，天子、諸侯同之。《禮·學記》正義。又云：焦僥、跂踵，重譯款塞。《山海經·海外北〔一〕經》注。又云：故即位比年，使大夫小聘，使上卿大聘。四年，又使大夫小聘。《公羊·桓九年》解詁。

〔一〕「北」，原作「南」，據《山海經》改。

《漢書·王莽傳上》云：《禮記·王制》千七百餘國，是以孔子著《孝經》曰：「不敢遺小國之臣，而況於公、侯、伯、子、男乎？故得萬國之歡心，以事其先王。」此天子之孝也。

治國者不敢侮於鰥寡，而況於士民乎？故得百姓之懽心，以事其先君。

《詩·大雅·烝民篇》云：不侮鰥寡。

《荀子·王霸篇》云：上莫不致愛其下，而制之以禮，上之於下，如保赤子。政令制度，所以接下之人，百姓有不理者如豪末，則雖孤獨鰥寡必不加焉。故下之親上，歡如父母，可殺而不可使不順。君臣上下，貴賤長幼，至於庶人，莫不以是爲隆正。然後皆内自省以謹於分，是百王之所以同也，而禮法之樞要也。楊注引《孝經》曰：「不敢侮於鰥寡，而況於士民乎？」

治家者不敢失於臣妾之心，而況於妻子乎？故得人之懽心，以事其親。

《小戴·中庸篇》云：《詩》曰：「妻子好合，如鼓瑟琴。兄弟既翕，和樂且耽。宜爾室家，樂爾妻帑。」子曰：「父母其順矣乎。」

又《昏義篇》云：成婦禮，明婦順，又申之以著代，所以重責婦順焉也。婦順者，順於舅姑，和於室人，而后當於夫，以成絲、麻、布、帛之事，以審守委積蓋藏。是故婦順，而后內和理；內和理，而後家可長久也。故聖王重之。是以古者婦人先嫁三月，祖廟未毀，教於公宮；祖廟既毀，教於宗室。教以婦德、婦言、婦容、婦功。教成祭之，牲用魚，芼之以蘋藻，所以成婦順也。古者天子后立六宮，三夫人、九嬪、二十七世婦、八十一御妻，以聽天下之內治，以明章婦順，故天下內和而家理。天子立六官，三公、九卿、二十七大夫、八十一元士，以聽天下之外治，以明章天下之男教，故外和而國治。故曰：「天子聽男教，后聽婦順。天子理陽道，后治陰德。天子聽外治，后聽內治。教順成俗，外內和順，國家理治，此之謂盛德。」

夫然，故生則親安之，祭則鬼享之。

《大戴·曾子大孝篇》云：敬可能也，安爲難。安可能也，久爲難。

又《本孝篇》云：故孝子之於親也，生則有義以輔之，死則哀以莅焉，祭則莅之以敬。

《小戴·祭義篇》云：君子生則敬養，死則敬享，思終身弗辱也。

又《祭統篇》云：祭者，所以追養繼孝也。蓋緣孝子之心，畜養而已。故於祭祀追而繼之。

《論語·爲政篇》云：子夏問孝。子曰：「色難。有事，弟子服其勞；有酒食，先生饌，曾是以爲孝乎？」臣謹案：此即「生則親安之」之謂也。

《潛夫論·正列篇》云：《孝經》云：「夫然，故生則親安之，祭則鬼享之。」由此觀之，德義無違，神乃享。鬼神受享，福祚乃隆。故《詩》云：「降福穰穰，降福簡簡，威儀板板。既醉既飽，福禄來反。」此言人德義茂美，神歆享醉飽，乃反報之以福也。

是以天下和平，災害不生，禍亂不作。故明王之以孝治天下也如此。

《周易·咸·彖傳》云：天地感而萬物化生，聖人感人心而天下和平。觀其所感，而天地萬物之情可見矣。

《大戴·千乘篇》云：卿設如大門，大門顯美，小大尊卑中度〔一〕，開明閉幽，内禄出災，以順天道，近者閑焉，遠者稽焉。君發禁，宰受而行之，以時通於地，散布於小理，天之災

〔一〕「度」，原作「廣」，據《大戴禮記》改。

祥、地寶豐省，及民共饗其禄、共任其災，此國家之所以和也。順。故無水旱昆蟲之災，民無凶饑妖孽之疾。

《小戴・禮運篇》云：用水、火、金、木、飲食必時，合男女、頒爵位，必當年德，用民必順。故無水旱昆蟲之災，民無凶饑妖孽之疾。故天不愛其道，地不愛其寶，人不愛其情。故天降膏露，地出醴泉，山出器、車，河出馬圖，鳳凰、麒麟皆在郊棷，龜、龍在宮沼，其餘鳥獸之卵胎，皆可俯而闚也。則是無故，先王能修禮以達義，體信以達順。此順之實也。

《孟子・離婁篇》云：舜盡事親之道，而瞽瞍底豫。瞽瞍底豫，而天下化。瞽瞍底豫而天下之爲父子者定，此之謂大孝。

《詩》云：「有覺德行，四國順之。」

《詩・大雅・抑篇》毛傳云：「覺」，直也。鄭箋云：有大德行，則天下順從其政。言在上所以倡道之。

《小戴・緇衣篇》云：子曰：「上好仁，則下之爲仁争先人。故長民者章志、貞教、尊仁，以子愛百姓，民致行己以悦其上矣。《詩》云：『有梏德行，四國順之。』」

《左氏・襄二十一年傳》叔向曰：「祁大夫外舉不棄讎，内舉不失親，其獨遺我乎？《詩》云：『有覺德行，四國順之。』夫子覺者也。」杜注：「有覺」，較然正直也。

又《昭五年傳》：昭子即位，朝其家衆，曰：「豎牛禍叔孫氏，使亂大從，殺適立庶，又披其邑，將以赦罪，罪莫大焉。必速殺之。」豎牛懼，奔齊。孟、仲之子殺諸塞關之外，投其首於寧風之棘上。仲尼曰：「叔孫昭子之不勞，不可能也。《詩》曰：『有覺德行，四國順之。』」

《春秋繁露・郊語〔一〕篇》云：今爲其天子，而闕然無祭於天，何必善之？所聞曰：「天下和平，則災害不生。」今災害生，見天下未和平也。天下所未和平者，天子之教化不行也。《詩》曰：「有覺德行，四國順之。」覺者，著也。王者有明著之德行於世，則四方莫不響應，風化善於彼矣。

《韓詩外傳》卷五：水淵深廣，則龍魚生之。山林茂盛，則禽獸歸之。禮義修明，則君子懷之。故禮及身而行脩，禮及國而政明。能以禮扶身，則貴名自揚，天下順〔二〕焉。令行禁止，而王者之事畢矣。《詩》曰：「有覺德行，四國順之。」夫此之謂也。又卷六云：桓公

〔一〕「語」，原作「祭」，據《春秋繁露》改。
〔二〕「順」，原作「願」，據《韓詩外傳》改。

曰：「吾聞之，布衣之士不欲富貴，不輕身於萬乘之君。萬乘之君不好仁義，不輕身於布衣之士。縱夫子不欲富貴可也，吾不好仁義不可也。」五往而得見也。天下諸侯聞之，謂桓公猶下布衣之士，而況國君乎？於是相率而朝，靡有不至。桓公之所以九合諸侯，一匡天下者，此也。《詩》曰：「有覺德行，四國順之。」

《新序·雜事篇》云：齊桓公下布衣之士，諸侯相率而朝，靡有不至。《詩》云：「有覺德行，四國順之。」

《列女傳·魯義姑姊傳》婦人曰：「己之子，私愛也。兄之子，公義也。夫背公義而嚮私愛，亡兄子而存妾子，幸而得幸，則魯君不吾畜，大夫不吾養，庶民國人不吾與也。夫如是，則脅肩無所容，而累足無所履也。子雖痛乎，獨謂義何？故忍棄子而行義，不能無義而視魯國。」於是齊將按兵而止。《詩》云：「有覺德行，四國順之。」此之謂也。

《楚詞注》引《詩》云：有覺德行，四國順之。王逸曰：「覺」，較也。

孝經集證卷五

桂文燦　纂

聖治章

曾子曰：敢問聖人之德，無以加於孝乎？子曰：天地之性，人爲貴。人之行，莫大於孝。

《大戴·曾子大孝》《小戴·祭義》並云：樂正子春曰：「吾聞之曾子，曾子聞諸夫子，曰：『天之所生，地之所養，人爲大矣。父母全而生之，子全而歸之，可謂孝矣。』」盧注：《孝經》曰：「天地之性，人爲貴。人之行，莫大於孝也。」

《小戴·中庸篇》云：天命之謂性，率性之謂道，脩道之謂教。臣謹案：性即命也，命即性也。人之本性，即味、色、聲、臭、安佚，不率以道，則放縱無節，故貴脩之。天性以人爲貴，人行以孝爲教，則脩道、率性矣。

《論語·學而篇》云：子曰：「父在，觀其志。父没，觀其行。三年無改於父之道，可謂孝矣。」鄭注云：人之爲行，莫先於孝。

《説苑·建本篇》云：夫子亦云：「人之行，莫大〔一〕於孝。」

《漢書·杜欽傳》欽對策白虎殿云：「孝，人行之所先也。」

孝莫大於嚴父，嚴父莫大於配天，則周公其人也。

《大戴·朝事篇》云：率而祀天於南郊，配以先祖，所以教民報德，不忘本也。率而享祀於太廟，所以教孝也。

《孟子·萬章上篇》云：孝子之至，莫大乎尊親。尊親之至，莫大乎以天下養。爲天子父，尊之至也。以天下養，養之至也。《詩》曰：「永言孝思，孝思維則。」此之謂也。《書》曰：「祗載見瞽瞍，夔夔齊栗，瞽瞍亦允若。」是爲父不得而子也。趙氏《章指》言：孝莫大於嚴父而尊之矣，行莫過於蒸蒸執子之政也。此聖人之執道，無有加焉。

《荀子·禮論篇》云：王者天太祖。楊注：謂以配天也。太祖，若周之后稷。

《白虎通義·聖人篇》云：聖人：何以言文王、武王、周公皆聖人？《詩》曰：「文王受

〔一〕「大」字原闕，據《説苑》補。

命。」非聖人不能受命。《易》曰：「湯武革命，順乎天。」湯、武與文王比方。《孝經》曰：「則周公其人也。」下言：「夫聖人之德，又何以加於孝乎？」

荀悦《家令説太公論》云：《孝經》曰：「故雖天子，必有尊也，言有父也。」王者必父事三老以示天下，所以明有孝也。無父猶設三老之禮，況其存者乎？孝莫大於嚴父，故后稷配天，尊之至也。禹不先鯀，湯不先契，文王不先不窋。古之道，子尊不加於父母。家令之言於是過矣。

昔者周公郊祀后稷以配天，宗祀文王於明堂以配上帝。

《尚書·堯典》曰：禋于六宗。伏生《大傳》：「六宗爲天地四方之神。六者皆有功於民，故尊而祀之。」近金榜、汪中並從其説，謂《周禮》方明《孝經》宗祀，即其遺象。六宗之祀，與文王同地，故文王亦稱宗祀。

又《召誥》曰：惟太保先周公相宅，越若來三月，惟丙午朏。越三日戊申，太保朝至于洛，卜宅。厥既得卜，則經營。越三日庚戌，太保乃以庶殷攻位于洛汭。越五日甲寅，位成。又曰：若翼日乙卯，周公朝至于洛，則達觀于新邑營。越三日丁巳，用牲于郊，牛二。越翼日戊午，乃社于新邑，牛一，羊一，豕一。又曰：其作大邑，其自時配皇天。

又《洛誥》曰：今王即命曰：「記功，宗以功作元祀。」惟命曰：「汝受命篤弼，丕視功載，乃汝其悉自教工。」王若曰：「惇宗將禮，稱秩元祀。」又曰：承保乃文祖受命民，乃單文祖德。又曰：王肇稱殷〔一〕禮，祀于新邑。又曰：孺子來相宅。戊辰，王在新邑烝祭，歲。文王騂牛一，武王騂牛一。王命作册逸祝册，惟告周公其後。王賓殺禋咸格，王入太室祼。王曰：「公，予小子其退，即辟于周，命公後。」王曰：「公定，予往已。」王命周公後，作册逸誥。在十有二月。惟周公誕保文武受命，惟七年。

又《君奭》曰：故殷禮陟配天，多歷年所。

《詩·大雅·文王篇》云：無念爾祖，聿脩厥德。永言配命，自求多福。殷之未喪師，克配上帝。宜鑒于殷，駿命不易。命之不易，無遏爾躬。宣昭義問，有虞殷自天。上天之載，無聲無臭。儀型文王，萬邦作孚。

又《生民》序云：《生民》，尊祖也。后稷生于姜嫄，文、武之功起于后稷，故推以配天焉。

誕后稷之穡，有相之道。茀厥豐草，種之黄茂。實方實苞，實種實褎，實發實秀，實堅實好，實穎實栗，即有邰家室。誕降嘉種，維秬維秠，維穈維芑。恒之秬秠，是穫是

〔一〕「殷」，原作「禋」，據《尚書》改。

畝。恒之穈芑。是任是負，以歸肇祀。誕我祀如何？或舂或揄，或簸或蹂。釋之叟叟，烝之浮浮。載謀載維，取蕭祭脂。取羝以軷，載燔載烈，以興嗣歲。卬盛于豆，于豆于登，其香始升。上帝居歆，胡臭亶時。后稷肇祀，庶無罪悔，以迄于今。

又《周頌・清廟篇》云：於穆清廟，肅雝顯相。濟濟多士，秉文之德。對越在天，駿奔走在廟。不顯不承，無射於人斯。

又《維清篇》云：維清緝熙，文王之典，肇禋。迄用有成，維周之禎。

又《昊天有成命》序云：《昊天有成命》，郊祀天地也。　昊天有成命，二后受之。成王不敢康，夙夜基命宥密。於緝熙，單厥心，肆其靖之。

又《我將》序云：《我將》，祀文王於明堂也。　我將我享，維羊維牛，維天其右之。儀式刑文王之典，日靖四方。伊嘏文王，既右饗之。我其夙夜，畏天之威，于時保之。正義曰：謂祭五帝之於明堂，以文王配而祀之，即《孝經》所謂「宗祀文王於明堂以配上帝」是也。文王之配明堂，其祀非一。此言配文王於明堂，謂大饗五帝於明堂也。

又《思文》序云：《思文》，后稷配天也。　思文后稷，克配彼天。立我烝民，莫匪爾極。詒我來牟，帝命率育。無此疆爾界，陳常于時夏。

《小戴·月令篇》云：天子乃祈來年於天宗。盧氏植注以爲即六宗之神。劉台拱據此讀「郊祀后稷以配天宗」爲句。臣謹案：此讀非也。

又《明堂位》全篇。

又《大傳篇》云：禮，不王不禘。王者禘其祖之所自出，以其祖配之。鄭注：《孝經》曰「郊祀后稷以配天」，配靈威仰也；「宗祀文王於明堂以配上帝」，汎配五帝也。

又《樂記篇》云：祀乎明堂而民知孝。鄭注：文王之廟爲明堂。

又《祭法篇》云：周人禘嚳而郊稷，祖文王而宗武王。鄭注：《孝經》曰：「宗祀文王於明堂以配上帝。」

《援神契》云：「郊祀后稷以配天」，配靈威仰也；「宗祀文王於明堂以配上帝」，汎配五帝也。《禮·大傳》鄭注。又云：明堂，文王之廟。夏后氏曰世室，殷人曰重屋，周人曰明堂。東西九筵，南北七筵，堂崇一延。五室，凡室二筵，蓋之以茅。宗祀文王於明堂，以配上帝。明堂上圓下方，八窗四闥，布政之宫，在國之陽。帝者，禘也。象上可承五精之神。五精之神，實在太微，於辰爲巳。《玉藻》正義。又云：得陽氣明朗，謂之明堂。《考工記·匠人》

疏。又云：明堂有五室，天子每月〔一〕於其室聽朔布教，祭五帝之神，配以有德之君。《南齊書・禮志》。又云：明堂之制，東西九筵，筵長九尺也。明堂東西八十一尺，南北六十三尺，故謂之太室。周之明堂，在國之陽，三里之外，七里之內，在辰巳者也。《御覽・禮儀部十二》。

《鈎命決》云：郊祀后稷，以配天地。祭天南郊，就陽位。祭地北郊，就陰位。后稷爲天地主，文王爲五帝宗。《禮器》《曲禮》正義、《通典・禮》。又云：「宗祀文王於明堂以配上帝」，五精之神。《文選・東京賦》注。

是以四海之內，各以其職來祭。夫聖人之德，又何以加於孝乎？

《大戴・曾子大孝篇》曰：大孝不匱。又曰：博施備物，可謂不匱矣。孔廣森曰：「四海之內，各以其職來祭」，備物之謂也。

《公羊・桓元年傳》：諸侯時朝乎天子。何注曰：「時朝」者，順四時而朝也。王者亦貴得天下之歡心，以事其先王。因助祭以述其職，故分四方諸侯爲五部，部有四輩，輩主一時。《孝經》曰：「四海之內，各以其職來助祭。」《尚書》曰：「群后四朝，敷奏以言，明試

〔一〕「月」，原作「日」，據《南齊書》改。

以功,車服以庸。」是也。

《國語·周語》云:甸服者祭,侯服者祀,賓服者享。

《鈎命決》云:東夷之樂曰韎,持矛,助時生。南夷之樂曰任,持弓,助時養。西夷之樂曰侏離,持鉞,助時殺。北夷之樂曰禁,持楯,助時藏。皆於四〔一〕門之外右辟。《周禮·鞮鞻氏》《旄人》疏、《詩·鼓鐘》正義、《文王世子》《明堂》正義。

《漢書·王莽傳上》云:周公居攝,郊祀后稷以配天,宗祀文王於明堂以配上帝,是以四海之内,各以其職來祭。蓋諸侯千八百矣。

故親生之膝下,以養父母日嚴。

《春秋説題詞》云:《孝經》者,所以明君父之尊,人道之素〔二〕。天地開闢,皆在《孝經》。注云:人非父不生,非母不養。天地開闢而生人,承天地,是故親生膝下,以養父母。《御覽·學部四》。

〔一〕「四」,原作「西」,據《周禮注疏》改。

〔二〕「之素」,底本、清趙在翰輯《春秋説題辭》皆作「人業」,據《太平御覽》改。

聖人因嚴以教敬，因親以教愛。聖人之教不肅而成，其政不嚴而治。其所因者，本也。

《小戴·祭義篇》云：子曰：「立愛自親始，教民睦也。立敬自長始，教民順也。教以慈睦，而民貴有親。教以敬長，而民貴用命。教以事親，順以聽命，錯諸天下，無所不行。」

又《祭統篇》云：夫祭之爲物大矣，其興物備矣。順以備者也，其教之本與！是故君子之教也，外則教之以尊其君長，內則教之以孝其親。是故明君在上，而諸侯服從；崇事宗廟、社稷，則子孫順孝。盡其道，端其義，而教生焉。是故君子之事君也，必身行之。所不安於上，則不以使下；所惡於下，則不以事上。非諸人，行諸己，非教之道也。是故君子之教也，必由其本，順之至也，祭其是與！故曰：祭者，教之本也已。

《鈎命決》云：政者，正也。正德名以行道。《周禮·夏官敘目·司馬》注。

父子之道，天性也，君臣之義也。

《小戴·文王世子篇》云：是故知爲人子，然後可以爲人父；知爲人臣，然後可以爲人君；知事人，然後能使人。成王幼，不能涖阼，以爲世子則無爲也。是故抗世子法於伯禽，使之與成王居，欲令成王知父子、君臣、長幼之義也。君之於世子也，親則父也，尊則君也。有父之親，有君之尊，然後兼天下而有之。是故養世子不可不慎也。

又《樂記篇》云：人生而静，天之性也。感於物而動，性之欲也。物至知知，然後好惡形焉。好惡無節於内，知誘於外，不能反躬，天理滅矣。

《援神契》云：情者，魂之使。性者，魄之主。情生〔一〕於陰以計念，性生於陽以理契。《烝民》正義、《御覽・妖異部二》。又云：性者人之質，人所稟性受産。情者陰之數，内傳箸流，通於五臟。故性爲本，情爲末。性〔二〕主安静，恬然守常。情則主動，觸境而變。動静相交，故間微密也。《大義・論性情第十八》。《烝民》正義、《中庸》鄭注引《孝經説》「人之質」作「生之質命」，「人所稟命」作「人所稟受度也」。

《鉤命決》云：正朝夕者，視北辰。正情性者，視孝子。《説郛》。又云：情生於陰，欲以時念也。性生於陽，以就理也。陽氣者仁，陰氣者貪。故情有利欲，性有仁也。《白虎通・

〔一〕「生」，原作「主」，據清趙在翰輯《孝經援神契》改。
〔二〕「性」字底本、清趙在翰輯《孝經援神契》皆無，據隋蕭吉《五行大義》補。

性情》。

《荀子·子道篇》云：故勞苦彫萃，而能無失其敬；災禍患難，而能無失其義。則不幸不順見惡而能無失其愛，非仁人莫能行。《詩》曰：「孝子不匱。」此之謂也。

父母生之，續莫大焉。

《詩·小雅·蓼莪篇》曰：蓼蓼者莪，非莪伊蒿。哀哀父母，生我劬勞。

《國語·晉語》云：民生於[一]三，事之如一。父生之，師教之，君食之。非父不生，非食不長，非教不知。

君親臨之，厚莫重焉。

《易·家人·彖傳》云：家人有嚴君焉，父母之謂也。父父、子子、兄兄、弟弟、夫夫、婦婦，而家道正。正家而天下定矣。

故不愛其親，而愛他人者，謂之悖德。不敬其親，而敬他人者，謂之

[一]「於」，原作「如」，據《國語》改。

悖禮。

《小戴·内則篇》云：故父母之所愛，益愛之；父母之所敬，益敬之。至於犬馬盡然，而況於人乎？

《孟子·盡心上篇》：孟子曰：「人之所不學而能者，其良能也。所不慮而知者，其良知也。孩提之童，無不知愛其親也。及其長也，無不知敬其兄也。親親，仁也。敬長，義也。無他，達之天下也。」

以順則逆，民無則焉。

《大戴·四代篇》云：爲父不慈，妨於政。爲子不孝，妨於政。

《小戴·表記》云：君命順，則臣有順命。君命逆，則臣有逆命。

《左氏·隱三年傳》云：且夫賤妨貴，少陵長，遠間親，新間舊，小加大，淫破義，所謂六逆也。君義、臣行、父慈、子孝、兄愛、弟敬，所謂六順也。去順效逆，所以速禍也。

不在於善，而皆在凶德。雖得之，君子不貴也。

《左氏·文十八年傳》云：孝敬忠信爲吉德，盗賊藏姦爲凶德。夫莒僕，則其孝敬，則弒君父矣；則其忠信，則竊寶玉矣。其人則盜賊也，其器則姦兆也。保而利之，則主藏也。以訓則昏，民無則焉。不度於善，而皆在於凶德，是以去之。

君子則不然。言思可道，行思可樂，德義可尊，作事可法，容止可觀，進退可度。

《詩·鄘風·相鼠篇》云：人而無止。鄭箋云：止，容止。《孝經》曰：「容止可觀。」

《周禮·保氏》云：教國子六儀：一曰祭祀之容，二曰賓客之容，三曰朝廷之容，四曰喪紀之容，五曰軍旅之容，六曰車馬之容。

《小戴·玉藻》云：凡行容惕惕，廟中齊齊，朝廷濟濟翔翔。君子之容舒遲，見所尊者齊遬。足容重，手容恭，目容端，口容止，聲容静，頭容直，氣容肅，立容德，色容莊。坐如尸，燕居告温温。凡祭，容貌顔色如見所祭者。喪容纍纍，色容顛顛，視容瞿瞿梅梅，言容繭繭。戎容暨暨，言容詻詻，色容厲肅，視容清明。立容辨，卑無讇，頭頸必中。山立時行，厲氣顛實，揚休玉色。

又《少儀篇》云：言語之美，穆穆皇皇。朝廷之美，濟濟翔翔。祭祀之美，齊齊皇皇。

車馬之美，匪匪翼翼。鸞和之美，肅肅雍雍。鄭注：「美」皆當爲「儀」，字之誤已。

又《冠義篇》云：凡人之所以爲人者，禮義也。禮義之始，在於正容體，齊顔色，順辭令。容體正，顔色齊，辭令順，而後禮義備。以正君臣，親父子，和長幼。君臣正，父子親，長幼和，而後禮義立。故冠而後容體正，顔色齊，辭令順。故曰「冠者，禮之始也」。

又《論語·泰伯篇》云：曾子曰：「君子所貴乎道者三：動容貌，斯遠暴慢矣；正顔色，斯近信矣；出辭氣，斯遠鄙倍矣。」

董子《春秋繁露篇〔一〕》云：衣服容貌者，所以悦目也。聲音應對者，所以悦耳也。好惡去就者，所以悦心也。故君子衣服中而容貌恭，則目悦矣；言理應對順，則耳悦矣；好仁厚而惡淺薄，就善人而遠辟鄙，則心悦矣。故曰「行思可樂，容止可觀」，此之謂也。

以臨其民，是以其民畏而愛之，則而象之。

《左氏·襄三十一年傳》云：衛北宫文子見令尹圍之威儀，言於衛侯曰：「令尹似君矣，將有他志。雖獲其志，不能終也。《詩》曰：『靡不有初，鮮克有終。』終之實難，令尹其

〔一〕按，該段引自《春秋繁露·爲人者天篇》。

將不免。」公曰：「子何以知之？」對曰：「《詩》云：『敬慎威儀，維民之則。』令尹無威儀，民無則焉。民所不則，以在民上，不可以終。」公曰：「善哉！何謂威儀？」對曰：「有威而可畏，謂之威。有儀而可象，謂之儀。君有君之威儀，其臣畏而愛之，則而象之，故能有其國家，令聞長世。臣有臣之威儀，其下畏而愛之，故能守其官職，保族宜家。順是以下皆如是，是以上下能相固也。《衛詩》曰：『威儀棣棣，不可選也。』言君臣、上下、父子、兄弟、内外、大小，皆有威儀也。《周詩》曰：『朋友攸攝，攝以威儀。』言朋友之道，必相教訓以威儀也。《周書》數文王之德曰：『大國畏其力，小國懷其德。』言畏而愛之也。《詩〔一〕》云：『不識不知，順帝之則。』言則而象之也。紂囚文王七年，諸侯皆從之囚，紂於是乎懼而歸之，可謂愛之。文王伐崇，再駕而降爲臣，蠻夷帥服，可謂畏之。文王之功，天下誦而歌舞之，可謂則之。文王之行，至今爲法，可謂象之。有威儀也。故君子在位可畏，施舍可愛，進退可度，周旋可則，容止可觀，作事可法，德行可象，聲氣可樂，動作有文，言語有章，以臨其下，謂之有威儀也。」

〔一〕「詩」，原作「識」，據《左傳》改。

故能成其德教，而行其政令。

《周禮・族師》云：族師各掌其族之戒令政事。月吉，則屬民讀邦法，書其孝弟睦婣有學者。

《詩》云：「淑人君子，其儀不忒。」

《詩・曹風・鳲鳩篇》毛傳云：「忒」，疑也。鄭箋云：執義不疑。

又〔一〕《經解篇》云：天子者，與天地參，故德配天地，兼利萬物；與日月並明，臨照四海，而不遺微小。其在朝廷則道仁聖、禮樂之序，燕處則聽《雅》《頌》之音，行步有環佩之聲，升車則有鸞、和之音。居處有禮，進退有度，百官得其宜，萬事得其序。《詩》云：「淑人君子，其儀不忒。其儀不忒，正是四國。」此之謂也。

又《緇衣篇》云：子曰：「爲上可望而知也，爲下可述而志也，則君不疑於其臣，而臣不惑於其君矣。《詩》云：『淑人君子，其儀不忒。』」又云：子曰：「下之事上也，身不正，言不信，則義不壹，行無類也。」子曰：「言有物而行有格也。是以生則不可奪志，死則不可奪名。

〔一〕按，據全書體例，「又」字當作《小戴禮》。

故君子多聞，質而守之；多志，質而親之；精知，略而行之。《詩》云：『淑人君子，其儀一也。』」

《荀子·富國篇》云：人皆亂，我獨治；人皆危，我獨安；人皆失喪之，我按起而治之。故仁人之用國，非特將持其有而已也，又將兼人。《詩》曰：「淑人君子，其儀不忒。其儀不忒，正是四國。」此之謂也。

又《議兵篇》云：是以堯伐驩兜，舜伐有苗，禹伐共工，湯伐有夏，文王伐崇，武王伐紂，四帝二王皆以仁義之兵行於天下也。故近者親其善，遠者慕其德，兵不血刃，遠邇來服，德盛於此，施及四國。《詩》曰：「淑人君子，其儀不忒。」此之謂也。

又《君子篇》云：故尚賢使能，等貴賤，分親疏，序長幼，此先王之道也。故尚賢使能，則主尊下安；貴賤有等，則令行而不流；親疏有分，則施行而不悖；長幼有序，則事業捷成而有所休。故仁者，仁此者也；義者，分此者也；節者，死生此者也；忠者，惇慎此者也。兼此而能之，備矣。備而不矜，一自善也，謂之聖。不矜矣，夫故天下不與爭能，而致善用其功。有而不有也，夫故爲天下貴矣。《詩》曰：「淑人君子，其儀不忒。其儀不忒，正是四國。」此之謂也。

《呂覽·先己篇》云：昔者，先王成其身而天下成，治其身而天下治。故善響者，不於響，於聲；善影者，不於影，於形；爲天下者，不於天下，於其身。《詩》曰：「淑人君子，其儀不忒。其儀不忒，正是四國。」言正諸身也。

《列女・楚昭貞姜傳》云：夫人曰：「妾聞之，貞女之義不犯約，勇者不畏死，守一節而已。妾知從使者必生，留必死。然棄約越義而求生，不若留而死耳。」君子謂貞姜有婦節。《詩》云：「淑人君子，其儀不忒。」此之謂也。

孝經集證卷六

桂文燦　纂

紀孝行章

子曰：君子之事親也，居則致其敬，

《大戴·曾子本孝篇》云：又能率朋友以助敬也。又《立孝篇》云：君子之孝也，忠愛以敬。反是，亂也。又云：敬以入其忠。又《大孝篇》《小戴·祭義篇》並云：民之本教曰孝，「民」，《小戴》作「衆」。其行曰養。養可能也，敬爲難。敬可能也，安爲難。安可能也，久爲難。久可能也，卒爲難。《小戴》無「久爲難久可能也」七字。父母既没，敬行其身，無遺父母惡名，可謂能終矣。仁者，仁此者也。禮者，體此者也。「體」，《小戴》作「履」。義者，宜此者也。信者，信此者也。彊者，彊此者也。樂自順此生，刑自反此作。

《小戴·玉藻篇》云：父命呼，唯而不諾，手執業則投之，食在口則吐之，走而不趨。

鄭注：至敬。

又《坊記篇》云：子云：「小人皆能養其親，君子不敬，何以辨？」子云：「父子不同位，以厚敬也。《書》云：『厥辟不辟，忝厥祖。』」

《論語·爲政篇》云：子游問孝。子曰：「今之孝者，是謂能養。至於犬馬，皆能有養。不敬，何以別乎？」

《鉤命決》云：臨深者，其水不測。孝至者，其敬無窮。《説郛》。

養則致其樂，

《大戴·曾子大孝篇》云：民之本教曰孝，其行之曰養。

又《立孝篇》云：飲食移味，居處温愉。

又《事父母篇》云：孝子無私樂。父母所憂，憂之；父母所樂，樂之。孝子唯巧變，父母安之。

又《衛將軍文子篇》云：常以皓皓，是以眉壽，是曾參之行也。孔子曰：「孝，德之始也。弟，德之序也。信，德之厚也。忠，德之正也。參也中夫四德者矣，故以此稱之也。」

《小戴・文王世子篇》云：食〔一〕上，必在，視寒煖之節。食下，問所膳。命膳宰曰：「末有原！」應曰：「諾。」然後退。武王帥而行之，不敢有加焉。

又《内則篇》云：后王命冢宰降德於衆兆民：子事父母，雞初鳴，咸盥、漱，櫛、縰、笄、總，拂髦、冠、緌、纓、端、韠、紳，搢笏，左右佩用。左佩紛帨、刀、礪、小觿、金燧，右佩玦、捍、管、遰、大觿、木燧，偪，屨著綦。婦事舅姑，如事父母：雞初鳴，咸盥、漱，櫛、縰、笄、總，衣紳。左佩紛帨、刀、礪、小觿、金燧，右佩箴、管、線、纊，施縏袠，大觿、木燧，衿纓、綦屨。以適父母舅姑之所。及所，下氣怡聲，問衣燠寒，疾痛苛癢〔二〕，而敬抑搔之。出入則或先或後，而敬扶持之。進盥，少者奉槃，長者奉水，請沃盥。盥卒，授巾。問所欲而敬進之，柔色以温之，饘、酏、酒、醴、芼、羹、菽、麥、蕡、稻、黍、粱、秫唯所欲，棗、栗、飴、蜜以甘之，堇、荁、枌、榆、免、薧、滫、瀡以滑之，脂、膏以膏之。父母舅姑必嘗之而後退。男女未冠笄者，雞初鳴，咸盥、漱，櫛、縰，拂髦，總角，衿纓，皆佩容臭。昧爽而朝，問：「何食飲

〔一〕「食」，原作「視」，據《禮記》改。

〔二〕「癢」原作「養」，據《禮記》改。

矣?」若已食,則退;若未食,則佐長者視具。又云:由命士以上,父子皆異宮。昧爽而朝,慈以旨甘。日出而退,各從其事。日入而夕,慈以旨甘。父母舅姑將坐,奉命請何鄉。將衽,長者奉席請何趾。少者執牀與坐,御者舉几,斂席與簟,縣衾篋枕,斂簟而襡之。父母舅姑之衣、衾、簟、席、枕、几不傳;杖、屨祗敬之,勿敢近。敦、牟、卮、匜,非餕,莫敢用。與恒食飲,非餕,莫之敢飲食。父母在,朝夕恒食,子婦佐餕,既食恒餕。父没母存,冢子御食,群子婦佐餕如初,旨甘柔滑,孺子餕。在父母舅姑之所,有命之,應唯敬對。進退、周旋慎齊,升降、出入揖遊。不敢噦、噫、嚏、咳、欠伸、跛倚、睇視,不敢唾、洟。寒不敢襲,癢不敢搔;不有敬事,不敢袒裼;不涉不撅,褻衣衾不見裏。父母唾、洟不見;冠帶垢,和灰請漱;衣裳垢,和灰請澣;衣裳綻裂,紉箴請補綴。五日則燂湯請浴,三日具沐。其間面垢,燂潘請靧;足垢,燂湯請洗。少事長,賤事貴,共帥時。又云:子婦孝者敬者,父母之命勿逆、勿怠。若飲食之,雖不耆,必嘗而待。加之衣服,雖不欲,必服而待。加之事,人代之,己雖弗欲,姑與之而姑使之,而後復之。又云:曾子曰:「孝子之養老也,樂其心,不違其志;樂其耳目,安其寢處,以其飲食忠養之,孝子之身終。終身也者,非終父母之身,終其身也。是故父母之所愛亦愛之,父母之所敬亦敬之,至於犬馬盡然,而況於人乎？」

《論語・爲政篇》云：子夏問孝。子曰：「色難。有事，弟子服其勞；有酒食，先生饌，曾是以爲孝乎？」

又《里仁篇》云：子曰：「父母之年，不可不知也。一則以喜，一則以懼。」

《孟子・離婁篇上》云：曾子養曾皙，必有酒肉。將徹，必請所與。問有餘，必曰「有」。曾皙死，曾元養曾子，必有酒肉。將徹，不請所與。問有餘，曰「亡矣」，將以復進也。此所謂養口體也。若曾子，則所謂養志也。事親若曾子者，可也。又云：舜盡事親之道而瞽瞍厎豫，瞽瞍厎豫而天下化。瞽瞍厎豫而天下之爲父子者定，此之謂大孝。

《援神契》云：椒薑禦濕，昌蒲益聰，巨勝延年，威喜辟兵。此皆上聖之至言、方術之實録也。注云：薑，禦濕菜也。昌蒲，一寸十二節者，服之益聰。又云：世以巨勝爲枸杞子。《御覽・藥部一》《藥部六》，《類聚・水部》，又《藥部》。又云：甘肥適口，輕煖適神。《文選・求自試表》注。

《呂覽・孝行篇》云：養有五道：修宮室，安牀笫，節飲食，養體之道也。樹五色，施五采，列文章，養目之道也。正六律，龢五聲，雜八音，養耳之道也。熟五穀，烹六畜，龢煎調，養口之道也。龢顔色，説言語，敬進退，養志之道也。此五者，代進而厚用之，可謂善養矣。

陸賈《新語・慎微篇》云：曾子孝於父母，昏定晨省，周寒温，適輕重，勉勉之於糜粥之間，行之於衽席之上，而德美重於後世。

病則致其憂，

《小戴・曲禮上篇》云：父母有疾，冠者不櫛，行不翔，言不惰，琴瑟不御，食肉不至變味，飲酒不至變貌，笑不至矧，怒不至詈。疾止復故。有憂者，側席而坐。又《下篇》云：親有疾，飲藥，子先嘗之。

又《文王世子篇》云：文王之爲世子，朝於王季日三。雞初鳴而衣服，至於寢門外，問内豎之御者曰：「今日安否何如？」内豎曰：「安。」文王乃喜。及日中又至，亦如之。及莫又至，亦如之。其有不安節，則内豎以告文王。文王色憂，行不能正履。王季復膳，然後亦復初。文王有疾，武王不脱冠帶而養。

又《玉藻篇》云：親癠，色容不盛，此孝子之疏節也。鄭注：言非至孝也。

《論語・爲政篇》云：孟武伯問孝。子曰：「父母惟其疾之憂。」文燦謹案：王充《論衡・問孔篇》：「武伯善養父母，故曰『唯其疾之憂』。」《淮南子・説林訓》：「憂父之疾者子，治之者醫。」高誘注引《論語》爲説。程子以爲武伯多憂，夫子因其問孝，勉其多憂無益，惟父母之疾可憂。「其」字正説父母，得聖人之意。

《援神契》云：孝弟之至，通於神明。病則致其憂。鶬鶊消形，求醫翼全。注云：翼，羽翼親者也。

喪則致其哀，

《大戴·曾子大孝篇》云：父母既没，以哀祀之。

又《立事篇》云：居哀而觀其貞也。

又《本孝篇》云：死則哀以莅焉。

《小戴·曲禮上篇》云：有喪者專席而坐。又云：居喪之禮，毁瘠不形，視聽不衰，升降不由阼階，出入不當門隧。居喪之禮，頭有創則沐，身有瘍則浴，有疾則飲酒食肉，疾止復初。不勝喪，乃比於不慈、不孝。五十不致毁，六十不毁，七十唯衰麻在身，飲酒食肉，處於内。

又《檀弓上篇》云：子路曰：「吾聞諸夫子，喪禮，與其哀不足而禮有餘也，不若禮不足而哀有餘也。」鄭注：喪主哀。

又《玉藻篇》云：喪容纍纍，色容顛顛，視容瞿瞿梅梅，言容繭繭。

又《少儀篇》云：喪事主哀。

又《雜記下篇》云：子貢問喪。子曰：「敬爲上，哀次之，瘠爲下。顏色稱其情，戚容稱其服。」鄭注：容，威儀也。《孝經》曰：「容止可觀。」

《左氏·襄三十一年傳》云：且是人也，居喪而不哀，在慼而有嘉容，是謂不度。

《論語·子罕篇》云：喪事不敢不勉。

又《子張篇》云：子張曰：「喪思哀。」又子游曰：「喪至乎哀而止。」又曾子曰：「吾聞諸夫子：人未有自致者也，必也親喪乎！」又曾子曰：「吾聞諸夫子：孟莊子之孝也，其他可能也，其不改父之臣與父之政，是難能也。」

祭則致其嚴。

《小戴·檀弓上篇》云：子路曰：「吾聞諸夫子，祭祀，與其敬不足而禮有餘也，不若禮不足而敬有餘也。」郑注：祭主敬。

又《玉〔一〕藻篇》云：凡祭，容貌顏色如見所祭者。

又《少儀篇》云：祭祀主敬。

〔一〕「玉」字原脱，據《禮記》補。

又《祭義篇》云：祭不欲數，數則煩，煩則不敬。祭不欲疏，疏則怠，怠則忘。又云：祭之日，入室，僾然必有見乎其位；周旋出户，肅然必有聞乎其容聲；出户而聽，愾然必有聞乎其歎息之聲。又云：唯聖人爲能饗帝，孝子爲能饗親。饗者，鄉也，鄉之然後能饗焉。是故孝子臨尸而不怍。君牽牲，夫人奠盎；君獻尸，夫人薦豆。卿大夫相君，命婦相夫人。齊齊乎其敬也！愉愉乎其忠也！勿勿諸其欲其饗之也！又云：孝子將祭，慮事不可以不豫，比時，具物不可不備，虚中以治之。宫室既脩，牆屋既設，百物既備，夫婦齊戒、沐浴、盛服，奉盛而進之。洞洞乎！屬屬乎！如弗勝，如將失之，其孝敬之心至也與！薦其薦、俎，序其禮樂，備其百官，奉承而進之。於是諭其志意，以其慌惚以與神明交，庶或饗之。庶或饗之，孝子之志也。孝子之祭也，盡其慤而慤焉，盡其信而信焉，盡其敬而敬焉，盡其禮而不過失焉。進退必敬，如親聽命，則或使之也。孝子之祭可知也：其立之也敬以詘，其進之也敬以愉，其薦之也敬以欲，退而立，如將受命。已徹而退，敬齊之色不絶於面。孝子之祭也：立而不詘，固也；進而不愉，疏也；薦而不欲，不愛，而忘本也。如是而祭，失之矣。孝子之有深愛者必有和氣，有和氣者必有愉色，有愉色者必有婉容。孝子如執玉，如奉盈，洞洞屬屬然如弗勝，如將失之。嚴威儼恪，非所以事親也，成人之道也。又云：君子反古復始，不忘其所由生也。是以致其敬，發其情，竭力從事以報其親，不敢弗盡也。又云：孝子將祭祀，必有齊莊之心以慮事，以具服物，以脩宮室，以治百事。及祭之日，顏色必溫，行必恐，如懼不及愛然。其奠之也，容貌必溫，身必詘，如語焉而未之然。宿者皆出，其立[一]卑靜以正，如將弗見然。及祭之後，陶陶遂遂，如將弗入然。是故愨善不違身，耳目不違心，思慮不違親。結諸心，形諸色，而術省之，孝子之志也。

《祭統篇》云：凡治人之道，莫急於禮。禮有五經，莫重於祭。夫祭者，非物自外至者也，自中出，生於心也；心怵而奉之以禮。是故唯賢者能盡祭之義。賢者之祭也，必受其福，非世所謂福也。福者，備也。備者，百順之名也。無所不順者之謂備，言内盡於己而外順於道也。忠臣以事其君，孝子以事其親，其本一也。上則順於鬼神，外則順於君長，内則以孝於親，如此之謂備。唯賢者能備，能備然後能祭。是故賢者之祭也，致其誠信，與其忠敬，奉之以物，道之以禮，安之以樂，參之以時，明薦之而已矣，不求其爲。此孝子之心也。祭者，所以追養繼孝也。孝者，畜也。順於道，不逆於倫，是之謂畜。

〔一〕「立」，原作「位」，據《禮記》改。

又《表記篇》云：子曰：「祭極敬，不繼之以〔一〕樂。」

《論語·子張篇》云：子張曰：「祭思敬。」

五者備矣，然後能事親。

《大戴·曾子立事篇》云：臨事而不敬，居喪而不哀，祭祀而不畏，朝廷而不恭，則吾無由知之矣。

又《本孝篇》云：故孝子於親也，生則有義以輔之，死則哀以莅焉，祭祀則莅之，以敬如此，而成於孝子也。

又《大孝篇》云：民之本教曰孝，其行之曰養。養可能也，敬爲難。敬可能也，安爲難。安可能也，久爲難。久可能也，卒爲難。

《小戴·祭統篇》云：是故孝子之事親也，有三道焉：生則養，没則喪，喪畢則祭。養則觀其順也，喪則觀其哀也，祭則觀其敬而時也。盡此三道者，孝子之行也。

《論語·爲政篇》云：孟懿子問孝。子曰：「無違。」樊遲御，子告之曰：「孟孫問孝於

〔一〕「以」字原闕，據《禮記》補。

我，我對曰『無違』。」樊遲曰：「何謂也？」子曰：「生，事之以禮；死，葬之以禮，祭之以禮。」

《孟子・滕文公篇上》云：曾子曰：「生，事之以禮；死，葬之以禮，祭之以禮，可謂孝矣。」

事親者，居上不驕，爲下不亂，在醜不争。居上而驕則亡，爲下而亂則刑，在醜而争則兵。三者不除，雖日用三牲之養，猶爲不孝也。

《大戴・曾子立事篇》云：庶人日旦思其事，戰戰惟恐刑罰之至也。

又《制言下篇》云：不通患而出危邑。又云：嚮爾盜寇，則吾與慮。

又《千乘篇》云：國有四輔，輔，卿也。卿設如四體，毋易事，毋假名，毋重食。凡事，尚賢進能使知事，爵不世，能之不愆。凡民，戴名以能，食力以時成，以事立。此所以使民讓也。民咸孝弟而安讓，此以怨省而亂不作也，此國之所以長也。

《小戴・曲禮上篇》云：凡爲人子之禮，冬温而夏清，昏定而晨省，在醜夷不争。

又《祭義篇》《吕覽・孝行篇》並云：曾子曰〔一〕：「身者，父母之遺體也。行父母之遺體，敢不敬乎？居處不莊，非孝也。事君不忠，非孝也。蒞官不敬，非孝也。朋友不信，非

〔一〕「曰」，原作「子」，據《禮記》改。

孝也。戰陳無勇，非孝也。五行不遂，災及乎親，敢不敬乎？」

又《中庸篇》云：是故居上不驕，爲下不倍。阮福曰：「倍」者，背也。背近亂也。

《論語·學而篇》云：其爲人也孝弟，而好犯上者，鮮矣。不好犯上，而好作亂者，未之有也。

《孟子·離婁下篇》云：曾子居武城，有越寇。或曰：「寇至，盍去諸？」曰：「無寓人於我室，毁傷其薪木。」寇退，曾子反。又云：昔沈猶有負薪之禍，從先生者七十人，未有與焉。文燦謹案：此曾子「在醜不争」之義也。

五刑章

子曰：五刑之屬三千，而罪莫大於不孝。

《易·離〔一〕·九四》：突如其來如，焚如，死如，棄如。鄭康成曰：震爲長子。爻失

〔一〕「離」，原作「震」，據《周易》改。

正，不知其所如。不孝之罪，五刑莫大焉，得用議貴之辟刑若如所犯之罪。焚如，殺其親之刑。死如，殺人之刑也。棄如，流宥之刑也。

《書·康誥》云：王曰：封，元惡大憝，矧爲不孝不友。子弗祗服厥父事，大傷厥考心。于父不能字厥子，乃疾厥子。于弟弗念天顯，乃弗克恭厥兄；兄亦不念鞠子哀，大不友于弟。惟弔兹，不于我政人得罪，天惟與我民彝大泯亂。曰：乃其速由文王作罰，刑兹無赦。

又《吕刑》云：墨罰之屬千，劓罰之屬千，剕罰之屬五百，宫罰之屬三百，大辟之罰其屬二百。五刑之屬三千。

《周禮·大司徒》云：以鄉八刑糾萬民，一曰不孝之行。

《大司寇》云：以五刑糾萬民。三曰鄉刑，上德糾孝。

又《秋官·司刑》云：掌五刑之灋，以麗萬民之罪。墨罪五百，劓罪五百，宫罪五百，刖罪五百，殺罪五百。

又《秋官·掌戮》云：凡殺其親者，焚之。

《大戴·曾子大孝篇》曰：刑自反此作。

又《立事篇》云：戰戰惟恐刑罰之至也。

《公羊・僖二十四年傳》：天王出居于鄭。王者無外，此其言「出」何？不能乎母也。何休《解詁》曰：不能事母，罪莫大於不孝，故絶之言「出」也。

《孟子・告子下篇》云：初命曰：誅不孝。

《春秋元命苞》云：墨劓辟之屬各千，臏辟之屬五百，宫辟之屬三百，大辟之屬二百，列爲五刑。辠次三千。《公羊・襄十年》疏。

《援神契》云：刑者，侀也，過出辠施。《周禮・大司寇》注。

《鈎命決》云：刑者，教也，質辠示終。《書鈔・刑總》。

《吕覽・孝行篇》云：曾子曰：「身者，父母之遺體也。行父母之遺體，敢不敬乎？居處不莊，非孝也。事君不忠，非孝也。莅官不敬，非孝也。朋友不篤，非孝也。戰陳無勇，非孝也。五行不遂，災及乎親，敢不敬乎？」《商書》曰：「刑三百，罪莫重於不孝。」

《漢書・匈奴傳》云：王莽作焚如之刑。應劭曰：《易》有「焚如，死如，棄如」之言，莽依此作刑也。又注曰：「焚如，死如，棄如」者，謂不孝子也。不畜於父母，不容於朋友，故燒殺之。莽依此作刑也。

《説文》曰：𠫓，不順忽出也，从到子。《易》曰「突如，其來如」，不孝子突〔一〕出，不容于内也。𠫓即《易》「突」字也。阮福曰：到子，即倒字，不孝不順爲突。《易》曰：「突如其來如。」蓋謂不孝有非常之事，故《説文》曰：「不順忽出。」既有其事，則必處之以刑，故曰：「焚如，死如，棄如。」此誠大亂之道，所以五刑之罪，莫大于不孝焉。

應劭《風俗通義》云：賊之大者，有惡逆焉，決斷不違時，凡赦不免。又有不孝之罪，竝編十惡之條，斬首梟之者。

要君者無上，非聖人者無法，非孝者無親。此大亂之道也。

《大戴·虞戴德篇》云：父之〔二〕於子，天也。君之於臣，天也。有子不事父，有臣不事君，是非反天而到行耶？故有子不事父，不順；有臣不事君，必刃。

《公羊·文十六年傳》何注：無尊上、非聖人、不孝者，斬首梟之。文燦謹案：「無尊上」，《漢律》所云「罔上不道也」。「非聖人」，《漢律》所云「非聖無法也」。

〔一〕「突」字原闕，據《説文解字》補。

〔二〕「之」，原作「子」，據《大戴禮記》改。

孝經集證卷七

桂文燦　纂

廣要道章

子曰：教民親愛，莫善於孝。教民禮順，莫善於悌。

《周禮·大司徒》云：以鄉三物教萬民而賓興之。二曰六行：孝、友、睦、婣、任、恤。

又《師氏》云：以三德教國子：一曰至德，以爲道本。二曰敏德，以爲行本。三曰孝德，以知惡逆。教三行：一曰孝行，以親父母。二曰友行，以尊賢良。三曰順行，以事師長。

《大戴·主言上篇》云：上順齒則下益悌。

《小戴·禮器篇》云：禮，時爲大，順次之。

又《樂記篇》云：樂極和，禮極順，內和而外順。

又《祭義篇》云：立愛自親始，教民睦也。立敬自長始，教民順也。教以慈睦，而民貴有親。教以敬長，而民貴用命。又云：所以示順也。

《左氏・僖八年傳》云：能以國讓，仁孰大焉？臣不及也，且又不順。杜預云：立庶不順禮。

又《文二年傳》云：禮無不順。祀，國之大事也，而逆之，可謂禮乎？

又《十五年傳》云：禮以順天，天之道也。

又《宣十二年傳》云：典從禮順。

又《成十六年傳》云：禮以順時。

《國語・周語上》云：非禮不順。

又《周語中》云：奉義順則謂之禮。

移風易俗，莫善於樂。安上治民，莫善於禮。

《周禮・太宰》云：掌建邦之六典，以佐王治邦國。三曰禮典，以和邦國，以統百官，以諧萬民。又云：以官府之六職辨邦治。三曰禮職，以和邦國，以諧萬民，以事鬼神。

又《大司徒》云：以五禮防民之僞而教之中，以六樂防民之淫而教之和。

《小戴·樂記篇》云：樂也者，聖人之所樂也，而可以善民心，其感人深，其移風易俗，故先王著其教焉。

又《經解篇》云：禮之於正國也，猶衡之於輕重也，繩墨之於曲直也，規矩之於方圓也。故衡誠懸，不可欺以輕重；繩墨誠陳，不可欺以曲直；規矩誠設，不可欺以方圓；君子審禮，不可誣以姦詐。是故隆禮、由禮，謂之有方之士；不隆禮、不由禮，謂之無方之民。敬讓之道也。故以奉宗廟則敬，以入朝廷則貴賤有位，以處室家則父子親、兄弟和，以處鄉里則長幼有序。孔子曰：「安上治民，莫善於禮。」此之謂也。

《論語·子路篇》云：禮樂不興，則刑罰不中。孔注曰：禮以安上，樂以移風。二者不行，則有淫刑濫罰。

《孟子·盡心上篇》云：仁言。《章指》：言明法審令，民趨君命，崇寬務化，民愛君德，故曰：「移風易俗，莫善於樂。」

《樂動聲儀》云：樂者，移風易俗。所謂聲俗者，若楚聲高，齊聲下。所謂事俗者，若齊俗奢，陳俗利巫也。《文選·笙賦》注。

《鈎命決》云：伏羲樂爲立基，神農樂爲下謀，祝融樂爲祀續。《樂記》正義。又云：伏羲樂名扶來，亦曰立本。神農樂名扶持，亦曰下謀。《通考·樂考》《通典·樂》。耳目聰明，血氣和平，移風易俗，天下皆寧，莫善於樂。

荀子《樂論篇》云：故樂行而志清，禮修而行成。耳目聰明，血氣和平，移風易俗，天下皆寧，莫善於樂。

《呂覽·大樂篇》云：故治世之音安於樂，其政平也。亂世之音怨以怒，其政乖也。亡國之音悲以哀，其政險也。凡音樂通乎政，而移風平俗者也。俗定，而音樂化之矣。故有道之世，觀其音而知其俗矣，觀其政而知其主矣。

《白虎通義·禮樂篇》云：王者所以盛禮樂何？節文之喜怒，樂以象天，禮以法地。人無不含天地之氣，有五常之性者。故樂所以蕩滌，反其邪惡也；禮所以防淫佚，節其侈靡也。故《孝經》曰：「移風易俗，莫善於樂。安上治民，莫善於禮。」

《史記·平津侯主父列傳》贊後附録太皇太后詔大司徒、大司空云：「蓋聞治國之道，富民爲始；富民之要，在於節儉。《孝經》曰『安上治民，莫善於禮』。『禮，與其奢也寧儉』。」

《漢書·地理志下》云：凡民函五常之性，而其剛柔緩急，音聲不同，繫水土之風氣，故謂之風；好惡取舍，動静亡常，隨君上之情欲，故謂之俗。孔子曰：「移風易俗，莫善於樂。」言聖王在上，統理人倫，必移其本，而易其末，此混同天下一之虖中和，然後王教成也。

禮者，敬而已矣。

《小戴·曲禮上篇》云：《曲禮》曰：毋不敬。鄭注：禮主於敬。正義曰：《孝經》云「禮者，敬而已矣」是也。

又《哀公問篇》云：孔子對曰：「古之爲政，愛人爲大，所以治；愛人，禮爲大，所以治。禮，敬爲大。」

故敬其父，則子悦。敬其兄，則弟悦。敬其君，則臣悦。敬一人，則千萬人悦。所敬者寡，而悦者衆，此之謂要道也。

《大戴·王言篇》云：孔子曰：「上敬老則下益孝，上順齒則下益悌。」

《小戴·祭義篇》云：先王之所以治天下者五：貴有德，貴貴，貴老，敬長，慈幼。此五者，先王之所以定天下也。貴有德，何爲也？爲其近於道也。貴貴，爲其近於君也。貴老，爲其近於親也。敬長，爲其近於兄也。慈幼，爲其近於子也。

又《坊記篇》云：子云：「長民者，朝廷敬老，則民作孝。」

又《大學篇》云：所謂平天下在治其國者，上老老而民興孝，上長長而民興弟，上恤孤而民不倍，是以君子有絜矩之道也。

廣至德章

子曰：君子之教以孝也，非家至而日見之也。

《小戴・大學篇》云：所謂治國必先齊其家者，其家不可教，而能教人者，無之。故君子不出家而成教於國。

教以孝，所以敬天下之爲人父者也。教以悌，所以敬天下之爲人兄者也。教以臣，所以敬天下之爲人君者也。

《尚書・酒誥篇》云：妹土，嗣爾股肱，純其藝黍稷，奔走事厥考、厥長。肇牽車牛，遠服賈，用孝養厥父母。厥父母慶，自洗腆，致用酒。庶士有正越庶伯、君子，其爾典聽政教。爾大克羞耇惟君，爾乃飲食醉飽。丕惟曰：爾克永觀省，作稽中德。爾尚克羞饋祀，爾乃自介用逸。茲乃允惟王正事之臣，茲亦惟天若元德，永不忘在王家。

《大戴・曾子立孝篇》云：故〔一〕與父言，言畜子。與子言，言孝父。與兄言，言順弟。與弟言，言承兄。與君言，言使臣。與臣言，言事君。

應劭《漢官儀》云：天子無父，父事三老，兄事五更，乃以事父、事兄爲教孝悌之禮。

《詩》云：「愷悌君子，民之父母。」非至德，其孰能順民如此其大者乎？

《詩・大雅・泂酌篇》毛傳云：《樂》以彊教之，《易》以説安之。民皆有父之尊，有母之親。

《大戴・衛將軍文子篇》：業功不伐，貴位不善，不侮可侮，不佚可佚，不敖無告，是顓孫之行也。孔子言之曰：「其不伐則猶可能也，其不弊百姓者則仁也。《詩》云：『愷悌君子，民之父母。』」夫子其以仁爲大也。

〔一〕「故」下原衍「父」字，據《大戴禮記》删。

《小戴・孔子閒居篇》云：孔子閒居，子夏侍。子夏曰：「敢問《詩》云『凱弟君子，民之父母』，何如斯可謂民之父母矣？」孔子曰：「夫民之父母乎，必達于禮樂之原，以致『五至』，而行『三無』，以橫于天下。四方有敗，必先知之。此之謂民之父母矣。」

又《表記篇》云：子言之：「君子之所謂仁者，其難乎！《詩》云：『凱弟君子，民之父母。』凱以强教之，弟以説安之。樂而毋荒，有禮而親，威莊而安，孝慈而敬，使民有父之尊，有母之親，如此而后可以爲民父母矣。非至德，其孰能如此乎？」

《荀子・禮論篇》云：君之喪，所以取三年，何也？曰：君者，治辨之主也，文理之原也，情貌之盡也，相率而致隆之，不亦可乎？《詩》曰：「愷悌君子，民之父母。」彼君子者，固有爲民父母之説焉。父能生之，不能養之；母能食之，不能教誨之。君者，已能食之矣，又善教誨之者也。

《吕覽・不屈篇》云：白圭告人曰：「今惠子之遇我尚新，其説我有大甚者。」惠子聞之，曰：「《詩》曰：『愷悌君子，民之父母。』愷者，大也；悌者，長也。君子之德，長且大者，則爲民父母。父母之教子也，豈待久哉？何事比我於新婦者乎？」

《韓詩外傳》卷六云：《詩》曰：「愷悌君子，民之父母。」君子爲民父母何如？曰：君子者，貌恭而行肆，身儉而施博，故不肖者不能逮也。殖盡於己，而逼〔一〕略於人，故可盡身而事也。篤愛而不奪，厚施而不伐。見人有善，欣然樂之；見人不善，惕然掩之，有其過而兼包之。授衣以最，授食以多。法下易繇，事寡易爲。是以中立而爲人父母。築城而居之，别田而養之，立學以教之，使人知尊親。故爲父服斬縗三年，爲君亦服斬縗三年，爲民父母之謂也。

又卷八云：子賤治單父，其民附。孔子曰：「惜乎！不齊爲之大，功乃與堯舜參矣。《詩》曰：『愷悌君子，民之父母。』子賤其似之矣。」又云：廣地圖居以立國，崇恩博利以懷衆，明好惡以正法度，率民力稼，學校庠序以立教，事老養孤以化民，升賢賞功以勸善，懲奸細失以醜惡，講御習射以防患，禁奸止邪以除害，接賢連友以廣智，宗親族附以益强。《詩》曰：「愷悌君子。」

《白虎通·號篇》云：或稱君子何？道德之稱也。君之爲言群也。子者，丈夫之通稱也。故《孝經》曰：「君子之教以孝也，所以敬天下之爲人父者也。」何以言知其通稱也？

〔一〕「逼」，按《韓詩外傳》作「區」。

以天子至于民，故《詩》云：「愷悌君子，民之父母。」《論語》云：「君子哉若人。」此謂弟子。弟子者，民也。

《史記・孝文本紀》云：乃下詔曰：「今法有肉刑三，而姦不止，其咎安在？非乃朕德薄而教不明歟？吾甚自愧。故夫馴道不純而愚民陷焉。《詩》曰：『愷悌君子，民之父母。』今人有過，教未施而刑加焉，或欲改行爲善，而道無由也。朕甚憐之。夫刑至斷支體，刻肌膚，終身不息，何其痛楚而不德也，豈稱爲民父母之意哉？其除肉刑。」

《新書・君道篇》：《詩》曰：「愷悌君子，民之父母。」言聖王之德也。

《説苑・政理篇》云：魯哀公問政於孔子，孔子對曰：「政有使民富且壽。」哀公曰：「何謂也？」孔子曰：「薄賦斂則民富，無事則遠罪，遠罪則民壽。」公曰：「若是，則寡人貧矣。」孔子曰：「《詩》云：『愷悌君子，民之父母。』未見其子富而父母貧者也。」

孝經集證卷八

桂文燦 纂

廣揚名章

子曰：君子之事親孝，故忠可移于君；事兄悌，故順可移于長；居家理，故治可移于官。

《大戴·曾子立孝篇》云：是故未有君而忠臣可知者，孝子之謂也。未有長而順下可知者，弟弟之謂也。未有治而能仕可知者，先脩之謂也。故曰孝子善事君，弟弟善事長。君子一孝一弟，可謂知終矣。

又《立事篇》云：事父可以事君，事兄可以事師長，使子猶使臣也，使弟猶使承嗣也。能取朋友者，亦能取所與從政者矣。賜予其宮室，亦猶慶賞于國也。忿怒其臣妾，亦猶用刑罰于萬民也。

《小戴・大學篇》云：古之欲明明德於天下者，先治其國。欲治其國者，先齊其家。又云：家齊而後國治，國治而後天下平。又云：所謂治國必先齊其家者，其家不可教，而能教人者，無之。故君子不出家而成教於國。孝者，所以事君也；弟者，所以事長也；慈者，所以使衆也。又云：《詩》云：「桃之夭夭，其葉蓁蓁。之子于歸，宜其家人。」宜其家人，而後可以教國人。《詩》云：「其儀[一]不忒，正是四國。」其爲父子、兄弟足法，而後民法之也。此謂治國在齊其家。

《左氏・隱元年傳》云：鄭莊公寘姜氏于城潁，而誓之曰：「不及黄泉，無相見也。」既而悔之。潁考叔爲潁谷封人，聞之，有獻于公。公賜之食，食舍肉。公問之，對曰：「小人有母，皆嘗小人之食矣，未嘗君之羹，請以遺之。」公曰：「爾有母遺，緊[二]我獨無！」潁考叔曰：「敢問何謂也？」公語之故，且告之悔。對曰：「君何患焉？若闕地及泉，隧而相見，其誰曰不然？」公從之。公入而賦：「大隧之中，其樂也融融。」姜出而賦：「大隧之

[一]「其儀」二字原闕，據《禮記》《詩經》補。
[二]「緊」，原作「翳」，據《左傳》改。

外，其樂也洩洩。」遂爲母子如初。君子曰：「潁考叔，純孝也，愛其母，施及莊公。《詩》曰『孝子不匱，永錫爾類』，其是之謂乎？」

《論語·爲政篇》云：或謂孔子曰：「子奚不爲政？」子曰：「《書》云：『孝乎惟孝，友于兄弟，施于有政。』是亦爲政，奚其爲爲政？」

《孟子·滕文公篇下》云：入則孝，出則悌。趙注：入則事親孝，出則敬長順也。悌，順也。

《鉤命決》云：孔子曰：「事親孝，故忠可遺于君。」是以求忠臣必于孝子之門。《後漢·韋彪傳》注。

《韓詩外傳》：田常弑簡公，乃盟于國人，曰：「不盟者〔一〕，死及家。」石他曰：「古之事君，死其君之事。舍君以全親，非忠〔二〕也。舍親以死君之事，非孝也。他則不能。然不盟，是殺吾親；從人而盟，是背吾君也。嗚呼！生亂世而不得正行；劫乎暴人，不得全

〔一〕「公乃盟于國人曰不盟者」十字，底本作十字空闕，據《韓詩外傳》補。
〔二〕「忠」，原作「孝」，據《韓詩外傳》改。

義。悲夫！」乃進盟以免父母，退伏劍以死其君。聞之者曰：「君子哉！安之命矣。」《詩》曰：「人亦有言，進退維谷。」石先生之謂也。

是以行成於内，而名立於後世矣。

《大戴・曾子制言中篇》云：昔者，伯夷、叔齊死于溝澮之間，其仁成名于天下。夫二子者，居河濟之間，非有土地之厚，貨粟之富也；言爲文章，行爲表綴于天下。是故君子思仁義，晝則忘食，夜則忘寐，日旦就業，夕而自省，以殁其身，亦可謂守業矣。

《論語・先進篇》云：子曰：「孝哉，閔子騫！人不間於其父母、昆弟之言。」

諫争章

曾子曰：若夫慈愛恭敬、安親揚名，則聞命矣。敢問子從父之令，可謂孝乎？子曰：是何言與？是何言與？昔者，天子有争臣七人，雖無道，不失其天下。諸侯有争臣五人，雖無道，不失其國。大夫有争臣三人，雖無道，不失其家。士有争友，則身不離于令名。父有争子，則身不陷于不義。故當不義，則子不可以不争于父，臣不可以不争于君。故當不義，則争之。從父之令，又焉得爲孝乎？

《周易·蠱·六四》：裕父之蠱，往見吝。虞翻曰：裕不能争也。孔子曰：父有争子，則身不陷于不義。四陰，體《大過》「本末弱」，故「裕父之蠱」。《兑》爲「見」，變而失正，故「往見吝」。《象》曰「往未得」，是其義也。

《大戴·曾子大孝篇》云：慈愛忘勞。

又《本孝篇》云：君子之孝也，以正致諫。士之孝也，以德從命。孔廣森曰：言「以德」者，親之命有失德，不以曲從爲孝。又曰：故孝子之于親也，生則有義以輔之。

又《立孝篇》云：微諫不倦，聽從不怠，懽欣忠〔一〕信，咎故不生，可謂孝矣。盡力無禮，則小人也。致敬而不忠，則不入也。是故禮以將其力，敬以入其忠。又云：可入也，吾任

〔一〕「忠」，原作「忘」，據《大戴禮記》改。

其過；不可入也，吾辭其罪。

又《大孝篇》云：君子之所謂孝者，先意承志，諭父母以道。阮氏元云：「諭」，猶諫也。

又云：父母有過，諫而不逆。

又《制言中篇》云：雖諫不受必忠，曰智。

又《事父母篇》云：單居離問於曾子曰：「事父母有道乎？」曾子曰：「有。愛而敬。父母之行，若中道則從，若不中道則諫，諫而不用，行之如由己。從而不諫，非孝也。諫而不從，亦非孝也。孝子之諫，達善而不敢争辨。争辨者，作亂之所由興也。」

《小戴·曲禮下篇》云：爲人臣之禮，不顯諫，三諫而不聽，則逃之。子之事親也，三諫而不聽，則號泣而隨之。

又《内則篇》云：父母有過，下氣怡色，柔聲以諫。諫若不入，起敬起孝，説則復諫；不説，與其得罪於鄉、黨、州、間，寧孰諫。父母怒，不説而撻之流血，不敢疾怨，起敬起孝。

又《少儀篇》云：爲人臣下者，有諫而無訕。又云：諫而不驕。

又《坊記篇》云：子云：「君子弛親之過，而敬其美。」《論語》曰：「三年無改於父之道，可謂孝矣。」高宗云：「三年其[一]惟不言，言乃歡。」子云：「從命不忿，微諫不倦，勞而不怨，可謂孝矣。」

《左氏·昭二十六年傳》云：子孝而箴。杜注：箴，諫也。

《論語·里仁篇》云：子曰：「事父母幾諫，見[二]至不從，又敬不違，勞而不怨。」

《孟子·告子下篇》云：曰：「《凱風》何以不怨？」曰：「《凱風》，親之過小者也。《小弁》，親之過大者也。親之過大而不怨，是愈疏也。親之過小而怨，是不可磯也。愈疏，不孝也。不可磯，亦不孝也。孔子曰：『舜其至孝矣，五十而慕。』」

《荀子·子道篇》云：入孝出弟，人之小行也。上順下篤，人之中行也。從道不從君，從義不從父，人之大行也。若夫志以禮安，言以類使，則儒道畢矣。雖舜，不能加毫末於是矣。孝子所以不從命有三：從命則親危，不從命則親安，孝子不從命乃衷；從命則親辱，不從命則親榮，孝子不從命乃義；從命則禽獸，不從命則修飾，孝子不從命乃敬。故

[一]「可謂孝矣高宗云三年其」十字，底本作十字空闕，據《禮記》補。

[二]「見」，原作「諫」，據《論語》改。

可以從而不從，是不子也；不可以從而從，是不衷也。明于從不從之義，而能致恭敬、忠信、端慤以慎行之，則可謂大孝矣。傳曰：「從道不從君，從義不從父。」此之謂也。故勞苦彫萃而能無失其敬，災禍患難而能無失其義，則不幸不順見惡而能無失其愛，非仁人莫能行。《詩》曰：「孝子不匱。」此之謂也。魯哀公問于孔子曰：「子從父命，孝乎？臣從君命，貞乎？」三問，孔子不對。孔子趨出，以語子貢曰：「鄉者君問丘也，曰：『子從父命，孝乎？臣從君命，貞乎？』三問而丘不對，賜以爲何如？」子貢曰：「子從父命，孝矣；臣從君命，貞矣。夫子有奚對焉？」孔子曰：「小人哉！賜不識也。昔萬乘之國有争臣四人，則封疆不削；千乘之國有争臣三人，則社稷不危；百乘之家有争臣二人，則宗廟不毁。父有争子，不行無禮；士有争友，不爲不義。故子從命，奚子孝？臣從君，奚臣貞？審其所以從之之謂孝，之謂貞也。」此之謂也。

《白虎通義·諫諍篇》云：臣所以有諫君之義何？盡〔一〕忠納誠也。愛之，能勿勞乎？忠焉，能勿誨乎？《孝經》曰：「天子有諍臣七人，雖無道，不失其天下。諸侯有諍臣五人，

〔一〕「有諫君之義何盡」七字，底本作七字空闕，據《白虎通義》補。

雖無道，不失其國。大夫有諍臣三人，雖無道，不失其家。士有諍友，則身不離于令名。父有諍子，則身不陷于不義。」天子置左輔、右弼、前疑、後丞，以順。左輔主修政，刻不法。右弼主糾周言失傾。前疑主糾度定德經。後丞主匡正常，考變天。四弼興道，率主行仁。夫陽變于七，以三成。故建三公，序四諍，列七人。雖無道，不失天下，仗群賢〔一〕也。

又《三綱六紀篇》云：父子者何謂也？父者，矩也，以法度教子。子者，孳孳無已也。故《孝經》曰：「父有諍子，則身不陷于不〔二〕義。」

〔一〕「賢」，原作「辟」，據《白虎通義》改。

〔二〕「不」，原作「小」，據《白虎通義》改。

孝經集證卷九

桂文燦　纂

應感章

子曰：昔者，明王事父孝，故事天明；事母孝，故事地察。

《小戴·哀公問篇》云：孔子蹴然辟席而對曰：「仁人不過乎物，孝子不過乎物。是故仁人之事親也如事天，事天如事親，是故孝子成身。」鄭注：事親、事天，孝敬同也。《孝經》曰：「事父孝，故事天明。」舉無過事，以孝事親，是所以成身。

《春秋繁露·堯舜不擅移湯武不專殺篇》云：《孝經》之語曰：「事父孝，故事天明。」事天與父同禮也。

長幼順，故上下治。

《大戴·盛德篇》云：凡弒，生於義不明。義者，所以等貴賤、明尊卑。貴賤有序，民尊上敬長矣。民尊上敬長，而弑者寡有之也。朝聘之禮，所以明義也。故有弑獄，則飾朝聘之禮也。凡鬬辨，生於相侵陵也；相侵陵，生於長幼無序。而教以敬讓也。故有鬬辨之獄，則飾鄉飲酒之禮也。

《小戴・祭義篇》云：是故朝廷同爵則尚齒。七十杖於朝，君問則席；八十不俟朝，君問則就之，而弟達乎朝廷矣。行，肩而不併，不錯則隨，見老者則車、徒辟，斑白者不以其任行乎道路，而弟達乎道路矣。居鄉以齒，而老、窮不遺，强不犯弱，衆不暴寡，而弟達乎州、巷矣。古之道，五十不〔一〕爲甸徒，頒禽隆諸長者，而弟達夫獀狩矣。軍旅什五，同爵則尚齒，而弟達乎軍旅矣。孝弟發諸朝廷，行乎道路，至乎州巷，放乎獀狩，脩乎軍旅，衆以義死之而弗敢犯也。

《孟子・梁惠王上篇》云：老吾老，以及人之老；幼吾幼，以及人之幼，天下可運於掌。《詩》云：「刑于寡妻，至于兄弟，以御于家邦。」言舉斯心加諸彼而已。

又《離婁上篇》云：孟子曰：「道在爾而求諸遠，事在易而求諸難。人人親其親，長其

〔一〕「不」字原脱，據《禮記》補。

長，而天下平。」

《荀子·樂論》云：夫民有好惡之情而無喜怒之應，則亂。先王惡其亂也，故脩其行，正其樂，而天下順焉。

天地明察，神明彰矣。

《小戴·中庸篇》云：天地之大也，人猶有所憾。故君子語大，天下莫能載焉；語小，天下莫能破焉。《詩》云：「鳶飛戾天，魚躍于淵。」言其上下察也。君子之道，造端乎夫婦，及其至也，察乎天地。又云：子曰：「鬼神之爲德，其盛矣乎！視之而弗見，聽之而弗聞，體物而不可遺，使天下之人齊明盛服，以承祭祀，洋洋乎如在其上，如在其左右。《詩》曰：『神之格思，不可度思，矧可射思。』夫微之顯，誠之不可揜如此夫！」

故雖天子，必有尊也，言有父也；必有先也，言有兄也。

《小戴·文王世子篇》云：公與[一]族燕則以齒，而孝弟之道達矣。其族食，世降一等，親親之殺也。戰則守於公禰，孝愛之謂也。正室守大廟，尊宗室，而君臣之道著矣。諸父

[一]「與」，原作「以」，據《禮記》改。

諸兄守貴室,子弟守下室,而讓道達矣。

又《祭義篇》云:是故至孝近乎王,至弟近乎霸。至孝近乎王,雖天子必有父。至弟近乎霸,雖諸侯必有兄。先王之教,因而弗改,所以領天下國家也。

《援神契》云:天子親臨辟雝,袒割。尊事三老,兄事五更。三者道成於三,五者訓於五品,言其能以善道改己也。三老五更,皆取有妻男女完具者。《御覽·禮儀部十四》。又云:尊三老者,父象也。謁者奉几,安車輭輪,供綏執授。事五更,寵以度,接禮交容,謙恭順貌。注云:三老,老人知天、地、人事者。奉几,授三老。安車,坐乘之車。輭輪,蒲裹輪。供綏,三老就車,天子親執綏授之。五更,老人知五行更代之事者。度,法也。度以寵異之也。《續漢書·禮儀志》注。又云:王於養老燕之末,命諸侯。《古微書》。

荀悦《家令説太公論》云:《孝經》云:「故雖天子,必有尊也,言有父也。」王者必父事三老以示天下,所以明有孝也。無父猶設三老之禮,況其存者乎?孝莫大於嚴父,故后稷配天,尊之至也。禹不先鯀,湯不先契,文王不先不窋。古之道,子尊不加於父母。家令之言於是過矣。

宗廟致敬,不忘親也。

《周易·萃》：亨，王假有廟。《彖傳》：「王假有廟」，致孝享也。

《小戴·祭義篇》云：祭之日，君牽牲，穆答君，卿大夫序從。既入廟門，麗於碑。卿大夫袒，而毛牛尚耳，鸞刀以刲，取膟膋，乃退。爓祭、祭腥，而退，敬之至也。

又《祭統篇》云：既內自盡，又外求助，昏禮是也。故國君取夫人之辭曰：「請君之玉女與寡人共有敝邑，事宗廟、社稷。」此求助之本也。夫祭也者，必夫婦親之，所以備外內之官也。官備則具備：水草之菹，陸産之醢，小物備矣；三牲之俎，八簋之實，美物備矣；昆蟲之異，草木之實，陰陽之物備矣。凡天之所生，地之所長，苟可薦者，莫不咸在，示盡物也。外則盡物，內則盡志，此祭之心也。是故天子親耕〔一〕於南郊以共齊盛，王后蠶於北郊以共純服；諸侯耕於東郊亦以共齊盛，夫人蠶於北郊以共冕服。天子、諸侯非莫耕也，王后、夫人非莫蠶也，身致其誠信。誠信之謂盡，盡之謂敬，敬盡然後可以事神明，此祭〔二〕之道也。

又《坊記篇》云：子云：祭祀之有尸也，宗廟之有主也，示民有事也。修宗廟，敬祀

〔一〕「耕」，原作「躬」，據《禮記》改。
〔二〕「後可以事神明此祭」八字，底本作八字空闕，據《禮記》補。

事，教民追孝也。以此坊民，民猶忘其親。

《左氏・文二年傳》云：凡君即位，好舅甥，修昏姻，娶元妃以奉粢盛，孝也。孝，禮之始也。

《鈎命決》云：唐堯五廟，親廟四，與始祖五。禹四廟，至子孫五。殷五廟，至子孫六。周六廟，至子孫七。《王制》正義。

脩身慎行，恐辱先也。

《大戴・曾子制言上篇》云：富以苟不如貧以譽，生以辱不如死以榮。辱可避，避之而已矣。及其不可避也，君子視死若歸。

又《大孝篇》《小戴・祭義篇》並云：民之本教曰孝，其行曰養。養可能也，敬爲難。敬可能也，安爲難。安可能也，卒爲難。父母既殁，慎行其身，不遺父母惡名，可謂能終也。

《小戴・曲禮上篇》云：夫爲人子者，三賜不及車馬。故州閭鄉黨稱其孝也，兄弟親戚稱其慈〔一〕也，僚友稱其弟也，執友稱其仁也，交游稱其信也。見父之執，不謂之進不敢進，不謂之退不敢退，不問不敢對，此孝子之行也。夫爲人子者，出必告，反必面，所游必

〔一〕「慈」，原作「仁」，據《禮記》改。

有常，所習必有業，恒言不稱老。年長以倍，則父事之；十年以長，則兄事之；五年以長，則肩隨之。群居五人，則長者必異席。爲人子者，居不主奥，坐不中席，行不中道，立不中門；食饗不爲概，祭祀不爲尸；聽於無聲，視於無形；不登高，不臨深，不苟訾，不苟笑。孝子不服闇，不登危，懼辱親也。父母存，不許友以死，不有私財。

又《内則篇》云：父母雖没，將爲善，思貽父母令名，必果；將爲不善，思貽父母羞辱，必不果。

《孟子·離婁篇上》云：孟子曰：「事孰爲大？事親爲大。守孰爲大？守身爲大。不失其身而能事其親者，吾聞之矣。失其身而能事其親者，吾未之聞也。孰不爲事？事親，事之本也。孰不爲守？守身，守之本也。」

《鉤命決》云：名毁行廢，玷辱先人。《文選·補亡詩》注、《奏彈王源〔一〕》注。

宗廟致敬，鬼神著矣。

《尚書·皋陶謨篇》云：祖考來格。

〔一〕「奏彈王源」，底本、清趙在翰輯《孝經鉤命決》作「奏王源奏」，據《文選》李善注改。

《詩・大雅・抑篇》云：相在爾室，尚不愧于屋漏。無曰不顯，莫予云覯。神之格思，不可度思，矧可射思。

又《周頌・有瞽篇》云：有瞽有瞽，在周之庭。設業設虡，崇牙樹羽，應田縣鼓，鞉磬柷圉。既備乃奏，簫管備舉。喤喤厥聲，肅雝和鳴，先祖是聽。我客戾止，永觀厥成。

《小戴・祭義篇》云：是故先王之孝也，色不忘夫目，聲不絶乎耳，心志嗜欲不忘乎心。致愛則存，致慤則著。著、存不忘乎心，夫安得不敬乎？君子生則敬養，死則敬享，思終身弗辱也。

孝悌之至，通於神明，光於四海，無所不通。《詩》云：「自西自東，自南自北，無思不服。」

《詩・大雅・文王有聲篇》鄭箋云：自，由也。武王於鎬京行辟廱之禮，自四方來觀者，皆感化其德，心無不歸服者。

《大戴・曾子大孝篇》《小戴・祭義篇》並云：夫孝，置之而塞於天地，衡之而横於四海，施諸後世而無朝夕，推而放諸東海而準，推而放諸西海而準，推而放諸南海而準，推而放諸北海而準。《詩》曰：「自西自東，自南自北，無思不服。」此之謂也。

《孟子·公孫上篇》云：以德服人者，中心悦而誠服也，如七十子之服孔子也。《詩》云：「自西自東，自南自北，無思不服。」此之謂也。

又《離婁上篇》：孟子曰：「仁之實，事親是也。」趙氏《章指》云：言仁義之本在於孝弟。孝弟之至，通於神明，況於歌舞，不能自知？蓋有諸中，形諸外也。

《鈎命決》云：孝弟之至，通於神明，則鳳凰巢。《御覽·羽族部二》。

《荀子·儒效篇》云：其爲人也，廣大矣：志意定乎内，禮節修乎朝，法則度量正乎官，忠信愛利刑乎下，行一不義、殺一無罪而得天下，不爲也。此君義信乎人矣，通於四海，則天下應之如讙。是何也？則貴名白而天下治也。故近者歌謳而樂之，遠者竭蹶而趨之，四海之内若一家，通達之屬莫不從服，夫是之謂人師。《詩》曰：「自西自東，自南自北，無思不服。」此之謂也。

又《王霸篇》云：百里之地，可以取天下，是不虚，其難者在人主之知也。道足以壹人而已矣。彼其人苟壹，則其土地且奚去我而適他？故百里之地，其等位爵服，足以容天下之賢士矣；其官職事業，足以容天下之能士矣；循其舊法，擇其善者而明用之，足以順服好利之人矣。賢士一焉，能士官焉，好利之人服焉，三者具而天下盡，無有是其外矣。故百里之地,足以竭勢矣;致忠信,著仁義,足以竭人矣。兩者合而天下取,諸侯後同者先危。《詩》曰:「自西自東,自南自北,無思不服。」一人之謂也。

又《議兵篇》云:凡誅,非誅其百姓也,誅其亂百姓者也。百姓有扞其賊,則是亦賊也。以故順刃者生,蘇刃者死,犇命者貢。微子開封於宋,曹觸龍斷於軍,殷之服民,所以養生之者也,無異周人。故近者歌謳而樂之,遠者竭蹶而趨之,無幽閒辟陋之國莫不趨使而安樂之,四海之内若一家,通達之屬莫不從服,夫是之謂人師。《詩》曰:「自西自東,自南自北,無思不服。」此之謂也。

《鹽鐵論·繇役》:文學曰:舜執干戚,而有苗服。文王底德,而懷四夷。《詩》曰:「鎬京辟雍,自西自東,自南自北,無思不服。」

《韓詩外傳》卷四云:若夫明道而均分之,誠愛而時使之,即下之應上,如影響矣。有不由命,然後俟之以刑,刑一人而天下服。下不非其上,知罪在己也。是以刑罰競消而威行如流者,無他,由是道故也。《詩》曰:「自西自東,自南自北,無思不服。」

《説苑·修文篇》云:是故聖王脩禮文,設庠序,陳鐘鼓,天子辟雍,諸侯泮宮,所以行德化。《詩》云:「鎬京辟雍,無思不服。」此之謂也。

《新序·雜事一篇》云：昔者，舜自耕稼陶漁而躬孝友。父瞽瞍頑，母嚚，及弟象傲，皆下愚不移。舜盡孝道，以供養瞽瞍。瞽瞍與象爲浚井塗廩之謀，欲以殺舜。舜孝益篤，出田則號泣，年五十，猶嬰兒慕，可謂至孝矣。故耕於歷山，歷山之耕者讓畔；陶於河濱，河濱之陶者器不苦窳；漁於雷澤，雷澤之漁者分均。及立爲天子，天下化之，蠻夷率〔一〕服，北發渠搜，南撫交趾，莫不慕義，麟鳳在郊。故孔子曰：「孝弟之至，通於神明，光於四海。」舜之謂也。孔子在州里，篤行孝道，居於闕黨，闕黨之子弟畋漁，分有親者得多，孝以化之也。是以七十二子自遠方至，服從其德。

事君章

子曰：君子之事上也，進思盡忠，退思補過，

《大戴·曾子制言中篇》云：曾子曰：「君子進則能達，退則能靜。豈貴其能達哉？

〔一〕「率」，原作「卒」，據《新序》改。

貴其有功也。豈貴其能静哉?貴其能守也。夫唯進之何功?退之何守?是故君子進退有二觀焉。故君子進則能益上之譽,而損下之憂;不得志,不安貴位,不懷厚禄,負耜而行道,凍餓而守仁,則君子之義也。

《左氏·宣十二年傳》云:士貞子曰:「林父之事君也,進思盡忠,退思補過,忠社稷之衛也。」

《晏子春秋》:晏子曰:「嬰聞君子之事君也,進不失忠,退不失行。不苟合以隱忠,可謂不失忠;不持利以傷廉,可謂不失行。」叔向曰:「善哉!」

將順其美,匡救其惡,故上下能相親也。

鄭君《詩譜序》云:論功誦德,所以將順其美;刺過譏失,所以匡救其惡。各於其黨,則爲法者彰顯,爲戒者著明。

《小戴·坊記篇》云:子云:「善則稱親,過則稱己,則民作忠。《君陳》曰:『爾有嘉謀嘉猷,入告爾君于内,女乃順之于外,曰:「此謀此猷,惟我后之德。」於乎!是惟良顯哉。』」子云:「善則稱親,過則稱己,則民作孝。《大誓》曰:『予克紂,非予武,惟朕文考無罪。紂克予,非朕文考有罪,惟予小子無良。』」

又《少儀篇》：頌而無諂。鄭注云：頌，謂將順其美也。《公羊·莊十年傳》云：齊與伐而不與戰，故言伐也。我能敗之，故言次也。何休《解詁》曰：明國君當彊，折衝當遠。魯微弱，深見犯，至於近邑，能速勝之，故云爾。所以彊內，且明臣子當將順其美，匡救其惡。

《白虎通義·諸侯篇》云：臣對天子，亦爲隱乎？然本諸侯之臣，今來者爲聘問天子無恙，非爲告君之惡來也。故《孝經》曰：「將順其美，匡救其惡，故上下治[一]，能相親也。」

《春秋繁露·五行相生篇》云：東方者木，農之本。司農尚仁，進經術之士，道之以帝王之路，將順其美，匡救其惡。執規而生，至溫潤下，知地形肥磽美惡，立事生則，因地之宜，召公是也。

《説苑》云：心虛白意，進善通道，勉主以禮義，喻主以長策，將順其美，匡救其惡，功成事立，歸善於君，不敢獨伐其勞。如此者，良臣也。

《詩》云：「心乎愛矣，遐不謂矣。中心藏之，何日忘之？」

〔一〕 按《白虎通義》無「治」字。

《詩・小雅・隰桑篇》。鄭箋云：遐，遠，謂勤藏善也。我心愛此君子，君子雖遠在野，豈能不勤思之乎？宜思之也。我心善此君子，又誠不能忘也。孔子曰：「愛之能勿勞乎？忠焉能勿誨乎？」

《小戴・表記篇》云：子曰：「事君遠而諫，則讇也；近而不諫，則尸利也。」子曰：「邇臣守和，宰正百官，大臣慮四方。」子曰：「事君欲諫不欲陳。《詩》云：『心乎愛矣，遐不謂矣。中心藏之，何日忘之？』」

《左氏・襄二十七年傳》鄭伯享趙孟，子產賦《隰桑》。趙孟曰：「武請受其卒章。」杜注：欲子產之見規誨。

《韓詩外傳》卷四云：故學問之道無他焉，求其放心而已。《詩》曰：「中心藏之，何日忘之？」又云：人同材鈞，而貴賤相萬者，盡性致志也。《詩》曰：「中心藏之〔一〕，何日忘之？」

《新序・雜事篇》云：子張曰：「今臣聞君好士，故不遠千里之外以見君，七日不禮。君非好士也，好夫似士而非士者也。《詩》曰：『中心藏之，何日忘之？』敢託而去。」

〔一〕「詩曰中心藏之」六字，底本作六字空闕，據《韓詩外傳》補。

孝經集證卷十

桂文燦　纂

喪親章

子曰：孝子之喪親也，哭不偯，

《小戴·雜記篇》云：童子哭不偯。又云：曾申問於曾子曰：「哭父母有常聲乎？」曰：「中路嬰兒失其母焉，何嘗聲之有？」鄭注：言其若小兒亡母號嗁，安得常聲乎？所謂「哭不偯」。

又《閒傳》云：斬衰之哭，若往而不反。齊衰之哭，若往而反。大功之哭，三曲而偯。小功、緦麻，哀容可也。此哀之發於聲音者也。鄭注：三曲，一舉聲而三折也。偯，聲餘從容也。

《荀子·禮論篇》云：三年之喪，哭之不文也。楊注：不文，謂無曲折也。《禮記》

曰：「斬衰之哭，若往而不反。」「不文」，《大戴禮》及《史記》並作「不反」，是也。

《白虎通義》云：喪者，亡也。人死謂之喪，言其亡，不可復得見也。不直言此下當有「死而言」三字。喪何？爲孝子之心不忍言。《尚書》曰：「武王既喪。」知據死者稱喪也。生者哀痛之亦稱喪。《孝經》曰「孝子之喪親也」，是施生者也。天子下至庶人，俱言喪何？欲言身體髮膚俱受之父母，其痛一也。

《説文》云：偯，痛聲也。從心，依聲。《孝經》曰：「哭不偯。」

禮無容，

《小戴·閒居傳篇》云：斬衰何以服苴？苴，惡貌也，所以首其内而見諸外也。斬衰貌若苴，齊衰貌若枲，大功貌若止，小功、緦麻容貌可也。此哀之發於容體者也。又《問喪〔一〕篇》云：女子哭泣悲哀，擊胸傷心；男子哭泣悲，稽顙觸〔二〕地無容，哀之至也。

〔一〕「喪」，原作「哀」，據《禮記》改。

〔二〕「觸」，原作「拜」，據《禮記》改。

言不文，

《小戴·閒傳篇》云：斬衰唯而不對，齊衰對而不言，大功言而不議，小功、緦麻議而不及樂。此哀之發於言語者也。《四制篇》同，「斬衰」作「禮斬衰之喪」五字爲異。

又《四制篇》云：「言不文」者，謂臣下也。鄭注引《孝經說》曰：「言不文者，指士民也。」《通典·禮》「民」作「人」。

服美不安，聞樂不樂，食旨不甘，此哀感之情也。

《儀禮·既夕記》云：歠粥，朝一溢米，夕一溢米，不食菜果。

《小戴·雜記下篇》云：喪食雖惡，必充飢。飢而廢事，非禮也。飽而忘哀，亦非禮也。視不明，聽不聰，行不正，不知哀，君子病之。故有疾，飲酒食肉。又云：有服，人召之食，不往。大功以下，既葬，適人；人食之，其黨也食之，非其黨弗食也。功衰，食菜果，飲水漿，無鹽、酪。不能食食，鹽、酪可也。

又《喪大記》云：大夫之喪，主人、室老、子姓皆食粥，衆士疏食水飲，妻妾疏食水飲。士亦如之。既葬，主人疏食水飲，不食菜果，婦人亦如之。君、大夫、士一也。練而食菜果，祥而食肉。食粥於盛，不盥；食於篹者盥。食菜以醯、醬。始食肉者，先食乾肉。始飲酒者，先飲醴酒。又云：既葬，若君食之則食之，大夫、父之友食之則食之矣。不辟粱肉，若有酒醴則辭。

又《問喪篇》云：夫悲哀在中，故形變於外也。痛疾在心，故口不甘味，身不安美也。

又《閒傳篇》云：斬衰三升，齊衰四升、五升、六升，大功七升、八升、九升，小功十升、十一升、十二升，緦麻十五升去其半。有事其縷，無事其布，曰緦。此哀之發於衣服者也。又云：父母之喪既虞、卒哭，疏食水飲，不食菜果。期而小祥，食菜果。又期而大祥，有醯、醬。中月而禫，禫而飲醴酒。始飲酒者，先飲醴酒。始食肉者，先食乾肉。

《孟子·滕文公篇下》云：三年之喪，齊疏之服，飦粥之食，自天子達於庶人，三代共之。

三日而食，教民無以死傷生，毁不滅性，此聖人之政也。

《大戴·本命篇》《小戴·四制篇》並云：三日而食，三月而沐，期而練，毁不滅性，不以死傷生也。

《小戴·檀弓上篇》云：喪三年以爲極，亡則弗之忘矣。故君子有終身之憂，而無一朝之患。故忌日不樂。鄭注：毁不滅性。又《下篇》云：喪不慮居，毁不危身。喪不慮居，爲無廟也。毁不危身，爲無後也。

又《雜記下篇》云：五十不致毁，六十不毁，七十飲酒食肉，皆爲疑死。又云：孔子曰：「身有瘍則浴，首有創則沐，病則飲酒食肉。毁瘠爲病，君子弗爲也。毁而死，君子謂之無子。」

又《喪大記篇》云：君之喪，子、大夫、公子、衆士皆三日不食。子、大夫、公子、衆士食粥，納財，朝一溢米，莫一溢米，食之無算。士疏食水飲，食之無算。夫人、世婦、諸妻皆疏食水飲，食之無算。

又《問喪篇》云：親始死，雞斯，徒跣，扱上衽，交手哭。惻怛之心，痛疾之意，傷腎、乾肝、焦肺，水漿不入口，三日不舉火，故鄰里爲之糜粥以飲食之。

又《閒傳篇》云：斬衰三日不食，齊衰二日不食，大功三不食，小功、緦麻再不食，士與斂焉則壹不食。故父母之喪，既殯食粥，朝一溢米，莫一溢米。齊衰之喪，疏食水飲，不食菜果。大功之喪，不食醢、醬。小功、緦麻，不飲醴酒。此哀之發於飲食者也。

《左氏·襄三十一年傳》云：立胡女敬歸之子子野，次于季氏。秋九月癸巳，卒，毁也。杜注云：過哀毁瘠，以致滅性。

《論語·子張篇》云：子游曰：「喪致乎哀而止。」孔注云：毁不滅性。

喪不過三年，示民有終也。

《詩·鄶風·素冠》序云：《素冠》，刺不能三年也。　庶見素冠兮，棘人欒欒兮，勞心慱慱兮。庶見素衣兮，我心傷悲兮，聊與子同歸兮。庶見素韠兮，我心蘊結兮，聊與子如一兮。毛傳云：子夏三年之喪畢，見於夫子。援琴而絃，衎衎而樂作，而曰：「先王制禮，不敢不及也。」夫子曰：「君子也。」閔子騫三年之喪畢，見於夫子，援琴而絃，切切而哀作，而曰：「先王制禮，不敢過也。」夫子曰：「君子也。」子路曰：「敢問何謂也？」夫子曰：「子夏哀已盡，能引〔一〕而致之於禮，故曰君子也。閔子騫哀〔二〕未盡，能自割以禮，故曰君子也。夫三年之喪，賢者之所輕，不肖者之所勉。」

《大戴·本命篇》《小戴·四制篇》並云：喪不過三年，苴衰不補，墳墓不坏。除之日

〔一〕「引」，原作「行」，據《毛詩注疏》改。
〔二〕「哀」，原作「喪」，據《毛詩注疏》改。

鼓素琴，示民有終也，以節制者也。

《小戴·喪服小記篇》云：再期之喪，三年也。期之喪，二年也。九月、七月之喪，三時也。五月之喪，二時也。三月之喪，一時也。故期而祭，禮〔一〕也。期而除喪，道也。祭不爲除喪也。

又《雜記下篇》云：孔子曰：「少連、大連善居喪，三日不怠，三月不解，期悲哀，三年憂，東夷之子也。」

又《三年問篇》《荀子·禮論篇》並云：三年之喪，二十五月而畢，哀痛未盡，思慕未忘，然而服以是斷之者，豈不送死有已，復生有節也哉？又云：將由夫修飾之君子與？則三年之喪，二十五月而畢，若駟之過隙，然而遂之，則是無窮也。又云：然則何以三年也？曰：加隆焉爾也。焉使倍之，故再期也。

又《四制篇》云：始死，三日不怠，三月不解，期悲哀，三年憂，恩之殺也。聖人因殺以制節，此喪之所以三年，賢者不得過，不肖者不得不及。此喪之中庸也，王者之所常行也。

〔一〕「禮」，原作「祀」，據《禮記》改。

《書》曰：「高宗諒闇，三年不言。」善之也。又云：父母之喪，衰冠、繩纓，菅屨，三日而食粥，三月而沐，期十三月而練冠，三年而祥。比終茲三節者，仁者可以觀其愛焉，知者可以觀其理焉，强者可以觀其志焉。禮以治之，義以正之，孝子、弟弟、貞婦，可以得而察焉。《論語·陽貨篇》云：宰我問：「三年之喪，期已久矣。君子三年不爲禮，禮必壞。三年不爲樂，樂必崩。舊穀既没，新穀既升，鑽燧改火，期可已矣。」子曰：「食夫稻，衣夫錦，於女安乎？」曰：「安。」「女安則爲之。夫君子之居喪，食旨不甘，聞樂不樂，居處不安，故不爲也。今女安，則爲之！」宰我出，子曰：「予之不仁也！子生三年，然後免於父母之懷。夫三年之喪，天下之通喪也。予也有三年之愛於其父母乎？」

《援神契》云：喪不過三年，以期增倍，五五二十五月，義斷亡。注云：期，十二月也。再期，二十五月也。言期增倍則可矣，復云二十五月者，容有閏，故曰期而復二十五月也。《春秋》曰「閏月葬齊景公」者，數閏也。《御覽·禮儀部十二》。又云：示民有終，緣喪絶情。注云：再期，萬物再終，喪者彌遠。遠追慕殺〔二〕，故因殺以絶之。同上。

〔二〕按「殺」字底本、清趙在翰輯《孝經援神契》俱無，據《太平御覽》補。

爲之棺槨、衣衾而舉之，

《易·繫傳》曰：古之葬者，厚衣之以薪，葬之中野，不封不樹，喪期無數。後世聖人易之以棺槨，蓋取諸《大過〔一〕》。

《儀禮·士喪禮》云：死於適室，幠用斂衾。又云：明衣裳用布。又云：爵弁服、純衣，皮弁服、褖衣。又云：浴衣於篋。又云：設明衣裳。又云：商祝襲祭服，褖衣次。又云：乃襲三稱，明衣不在算。又云：設冒櫜之，幠用衾。又云：厥明，陳衣於房，南領，西上。綪絞，横三，縮一，廣終幅，析其末。緇衾赬裏，無紞。祭服次，散衣次，凡十有九稱。陳衣繼之，不必盡用。又云：牀、第、夷衾饌於西坫南。又云：商祝布絞衾、散衣、祭服。祭服不倒，美者在中。又云：男女奉尸，侇於堂。幠用夷衾。又云：賓升自西階，出於足，西面，委衣，如於室禮。又云：執衣如初，徹衣者亦如之。又云：厥明滅燎。陳衣於房，南領，西上。綪絞紟、衾二，君禭、祭服、散衣、庶禭，凡三十稱。紟不在算，不必盡用。又云：棺入，主人不哭。升棺用軸。又云：商祝布絞紟、衾、衣，美者在外，君禭不倒。又云：主

〔一〕「過」，原作「壯」，據《周易》改。

人奉尸斂於棺。又云：既井椁，主人西面拜工，左還椁，反位哭，不踊。婦人哭於堂。

又《記》云：明衣裳用幕布，袂屬幅，長下膝。有前後裳，不辟，長及觳。縓綼緆，緇純。又云：設明衣，婦人則設中帶。又云：厥明，滅燎，陳衣。凡絞紟用布，倫如朝服。

《小戴·檀弓上篇》云：有虞氏瓦棺，夏后氏堲周，殷人棺槨，周人牆置翣。周人以殷人之棺槨葬長殤，以夏后氏之堲周葬中殤、下殤，以有虞氏之瓦棺葬無服之殤。

又《喪大記篇》云：廢牀，徹褻衣，加新衣。又云：始死，遷尸於牀，幠用斂衾。又云：小斂，布絞，縮者一，横者三。君錦衾，大夫縞衾，士緇衾，皆一。衣十有九稱，君陳衣於序東，大夫、士陳衣於房中，皆西領，北上，絞紟不在列。大斂，布絞，縮者三，横者五，布紟、二衾，君、大夫、士一也。君陳衣於庭，百稱，北領，西上。大夫陳衣於序東，五十稱，西領，南上。士陳衣於序東，三十稱，西領，南上。絞紟如朝服。絞一幅爲三，不辟。紟五幅，無紞。小斂之衣，祭服不倒。君無襚，大夫、士畢主人之祭服，親戚之衣受之，不以即陳。君〔一〕、大夫、士皆用複衣、複衾。大斂，君、大夫、士祭服無算，君褶衣、褶衾，大夫、士

〔一〕「君」上《禮記》有「小斂」二字。

猶小斂也。袍必有表，不禪。衣必有裳，謂之一稱。凡陳衣者實之篋，取衣〔一〕者亦以篋，升降者自西階。凡陳衣不詘。又云：小斂、大斂，祭服不倒，皆左衽，結絞不紐。又云：自小斂以往用夷衾，夷衾質、殺之裁猶冒也。又云：君將大斂，商祝鋪絞紟、衾、衣。又云：大夫之喪，將大斂，既鋪絞紟、衾、衣，君至，主人迎，先入門右。巫止於門外。又云：君大棺八寸，屬六寸，椑四寸。上大夫大棺八寸，屬六寸。下大夫大棺六寸，屬四寸。士棺六寸。又云：君松槨，大夫柏槨，士雜木槨。棺、槨之間，君容〔二〕柷，大夫容壺，士容甒。君裏槨、虞筐，大夫不裏槨，士不虞筐。

《孟子·梁惠王篇下》云：曰：「否。謂棺槨衣衾之美也。」曰：「非所謂踰也，貧富不同也。」

又《公孫丑篇下》云：孟子自齊葬於魯，反於齊，止於嬴。充虞請曰：「前日不知虞之不肖，使虞敦匠事。嚴，虞不敢請。今願竊有請也，木若以美然。」曰：「古者棺槨無度，中

〔一〕「衣」，原作「初」，據《禮記》改。
〔二〕「容」，原作「家」，據《禮記》改。

古棺七寸,槨稱之,自天子達於庶人。非直爲觀美也,然後盡於人心。不得,不可以爲悦;無財,不可以爲悦。得之爲有財,古之人皆用之,吾何爲獨不然?且比化者,無使土親膚,於人心獨無恔乎?吾聞之也:君子不以天下儉其親。」

《白虎通義》云:棺之言完,宜完密也。槨之言廓,言開廓不使土侵棺也。

陳其簠簋而哀慼之;

《周禮·舍人》云:凡祭祀,供簠簋,實之,陳之。鄭注云:方曰簠,圓曰簋,盛黍、稷、稻、粱器。

《儀禮·士喪禮》云:陳一鼎於寢門外,當東塾少南,西面。其實特豚:四鬄,去蹏,兩胉、脊、肺。設鼎扃鼏〔一〕,鼏西末。素俎在鼎西,西順。覆匕,東柄。又云:乃奠。舉者盥,右執匕卻之,左執俎横攝之,入,阼階前西面錯。錯俎,北面。右人左執匕,抽扃予左手兼執之,取鼏委於鼎北,加扃,不坐。乃朼載。載兩髀於兩端,兩肩亞,兩胉亞,脊、肺在於中,皆覆,進柢。執而俟。夏祝及執事盥,執醴先,酒、脯、醢、俎從,升自阼階。丈夫踊。

〔一〕「設鼎扃鼏」,《儀禮》作「設扃鼏」。

甸人徹鼎。巾待於阼階下。奠於尸東，執醴、酒北面，西上。豆錯，俎錯於豆東，立於俎北，西上。醴酒錯於豆南。祝受巾巾之。又云：東方之饌兩瓦甒，其實醴、酒，角觶木柶，毼豆兩，其實葵菹芋，嬴醢，兩籩〔一〕無縢，布巾，其實栗不擇。脯四脡。又云：陳三鼎於門外，北上，豚合升魚鱄鮒九，腊左胖髀不升，其他皆如初。又云：乃奠。燭升自阼階。祝執巾席從，設於奥，東面〔二〕。祝反降，及執事執饌。士盥，舉鼎入，西面，北上，如初。載魚左首，進鬐，三列。腊進柢。祝執醴如初。酒、豆、籩、俎從，升自阼階。大夫踊。甸人徹鼎。奠由楹内入於室。醴、酒北面。設豆，右菹。菹南栗，栗東脯豚當豆，魚次，腊特於俎北。醴、酒在籩南。巾如初。又云：乃奠。醴、酒、脯、醢升，丈夫踊。入，如初設，不巾。又云：朔月奠，用特豕、魚、腊，陳三鼎如初。東方之饌亦如之。無籩，有黍、稷，用瓦敦，有蓋，當籩位。主人拜賓，如朝夕哭。卒徹。舉鼎入、升，皆爲初奠之儀。卒朼，釋匕於鼎。俎行，朼者逆出。甸人徹鼎，其序：醴、酒、菹、醢、黍、稷、俎。其設於室，豆錯，俎錯，

〔一〕「籩」，原作「邊」，據《儀禮》改。

〔二〕「東面」下原衍「東面」二字，據《儀禮》删。

腊特。黍、稷當籩位，敦啟會，卻諸其南。醴、酒位如初。祝與執豆者巾，乃出。主人要節而踊，皆如朝夕哭之儀。月半不殷奠。有薦新，如朔奠。徹朔奠，先取醴、酒，其餘取先設者。敦啟會，面足。序出，如入。其設於外，如於室。

又《既夕禮》云：夙興，設盥於祖廟門外。陳鼎，皆如殯。東方之饌亦如之。侇牀饌於階間。又云：陳明器於乘車之西。折，横覆之。抗木，横三，縮二。加抗席三。加茵，用疏布，緇翦，有幅，亦縮二、横三。器，西南上，綪。茵，苞二；筲三，黍、稷、麥；甕三，醯、醢、屑，冪用疏布；甒二，醴、酒，冪用功布。皆木桁，久之。用器，弓、矢、耒耜、兩敦、兩杅、盤、匜。匜實於槃中，南流。無祭器。有燕樂器可也。役器，甲、胄、干、笮。燕器，杖、笠、翣。又云：厥明，陳鼎五於門外，如初。其實：羊左胖，髀不升，腸五，胃五，離肺；豕亦如之，豚解，無腸胃；魚、腊、鮮獸。皆如初。東方之饌：四豆，脾析、蜱醢、葵菹、嬴醢；四籩，棗、糗、栗、脯；醴、酒。陳器。滅燎，執燭俠輅，北面。賓入者，拜之。又云：徹者東，鼎入，乃奠。豆南上，綪。籩，嬴醢南，北上，綪。俎二以成，南上，不綪。特鮮獸。醴、酒在籩西，北上。奠者出，主人要節而踊。

又《記》云：設棜於東堂下，南順，齊於坫，饌於其上。兩甒：醴、酒，酒在南。篚在東，南順，實角觶四，木柶二，素勺二。豆在甒北，二以並，籩亦如之。凡籩、豆，實具設，皆巾之。觶，俟時而酌，柶覆加之，面枋；及錯，建之。

《孟子·梁惠王篇下》云：君所謂踰者，前以士，後以大夫；前以三鼎，而後以五鼎與？

《鉤命決》云：敦規首，上下圜相連。簠簋上圜下方，法陰陽。《儀禮·少牢饋食禮》賈疏。又云：敦與簋容雖同，上下內外皆圜爲異。《爾雅疏》。

擗踊哭泣，哀以送之；

《儀禮·士喪禮》云：弔者致命。主人哭，拜稽顙，成踊。又云：主人拜，委衣如初；退，哭，不踊。又云：主人西面馮尸，踊無算。主婦東面馮，亦如之。又云：男女如室位，踊無算。又云：主人拜賓，大夫特拜，士旅之。即位，踊。又云：升自阼階，丈夫踊。又云：由足降自西階，婦人踊。奠者由重南東，丈夫踊。又云：入，升自階〔一〕，丈夫踊。又云：婦人踊。又云：士舉遷尸，復位。主人踊無算。又云：設熬，旁一筐，乃塗。踊無

〔一〕「階」上《儀禮》有「阼」字。

算。卒塗，祝取銘置於肂。主人復位，踊。又云：升自阼階，丈夫踊。又云：先由楹西降自西階，婦人踊。奠者由重南東，丈夫踊。賓出，婦人踊，主人拜送於門外，入，及兄弟北面哭殯。兄弟出，主人拜送於門外。衆主人出門，哭止，皆西面於東方。闔門。又云：君釋采，入門，主人辟。又云：君哭。主人哭，拜稽顙，成踊。又云：君坐，撫當心。主人拜稽顙，成踊，出。君反之，復初位。衆主人辟於東壁，南面。君降，西〔一〕鄉，命主人馮尸。主人升自西階，由足，西面馮尸，不當君所，踊。主婦東〔二〕面馮，亦如之。又云：乃奠，升自西階。君要節而踊，主人從踊。卒奠，主人出，哭者止。君出門，廟中哭。主人不哭，辟。君式之，貳車畢乘，主人哭，拜送。襲，入即位，衆主人襲，拜大夫之後至者，成踊。賓出，主人拜送。又云：朝夕哭，不辟子卯。婦人即位於堂，南上，哭。丈夫即位於門外，西面，北上。外兄弟在其南，南上。賓繼之，北上。門東，北面，西上。門西，北面，東上。西方，東面，北上。主人即位，辟門。婦人拊心，不哭。主人拜賓三，右還入門，哭。婦人踊。

〔一〕「西」，原作「面」，據《儀禮》改。
〔二〕「東」，原作「人」，據《儀禮》改。

主人堂下直東序，西面。兄弟皆即位，如外位。卿大夫在主人之南。諸公門東，少進。他國之異爵〔一〕者門西，少進。敵，則先拜他國之賓。凡異爵者，拜諸其位。又云：徹者盥於門外，燭先入，升自阼階。丈夫踊。又云：祝先出，酒、豆、籩、俎序從，降自西階。婦人踊。又云：乃奠，醴、酒、脯、醢升。丈夫踊。又云：祝闔户，先降自西階，婦人踊。奠者由重南東，丈夫踊。賓出，婦人踊，主人拜送。衆主人出，婦人踊。出門，哭止，皆復位。又云：祝與執豆者巾，乃出。主人要節而踊，皆如朝夕哭之儀。又云：復，主人絰，哭，不踊。若不從，筮擇如初儀。歸，殯前北面哭，不踊。又云：左還椁，反位，哭，不踊。婦人哭於堂。獻材於殯門外，西面，北上，綪。主人徧視之，如哭椁。獻素、獻成亦如之。又云：卜日，既朝哭，皆復外位。又云：授卜人龜。告於主婦〔二〕，主婦哭。又云：主人絰，入，哭。

又《既夕》云：既夕哭。又云：聲三，啟三，命哭。燭入，祝降。又云：取銘置於重，

〔一〕「爵」，原作「國」，據《儀禮》改。
〔二〕「婦」，原作「人」，據《儀禮》改。

踊無算。又云：席升設於柩西。奠設如初，巾之，升降自西階。主人踊無算，降，拜賓，即位踊，襲。主婦及親者由足，西面。又云：正柩於兩楹間，用侇牀。主人柩東，西面。置重如初。席升設於柩西。奠設如初，巾之，升降自西階。主人踊無算，降，拜賓，即位，踊，襲。主婦及親者由足，西面。薦車，直東榮，北輈。質明，滅燭。徹者升自阼階，降自西階。乃奠如初，升降自西階。主人要節而踊。薦馬，纓三就，入門，北面，交轡，圉人夾牽之。御者執策，立於馬後。哭，成踊。右還，出。又云：主人入，袒。乃載，踊無算。又云：徹奠，巾、席俟於西方。主人要節而踊，袒。商祝御柩，乃祖。踊，襲，少南，當前束。又云：布席，乃奠如初。主人要節而踊。又云：賓奉幣，由馬西當前輅〔一〕，北面致命。主人哭，拜稽顙，成踊。又云：書遣於策。乃代哭，如初。又云：徹者〔二〕，丈夫踊。設於西北，婦人踊。又云：奠者出，主人要節而踊。又云：徹者入，踊如初。又云：徹者出，踊如初。又云：柩東〔三〕，當前束，西面。不命毋哭，哭者相止也。惟主人、主婦哭。又云：

〔一〕「輅」原作「路」，據《儀禮》改。
〔二〕「者」下《儀禮》有「入」字。
〔三〕「東」，原作「車」，據《儀禮》改。

讀書，釋算則坐。卒，命哭，滅燭，書與算執之以逆出。公史自西方，東面，命毋哭。主人、主婦皆不哭。讀遣，卒，命哭，滅燭，出。又云：商祝執功布以御柩，執披，主人袒，乃行，踊無算。出宮，襲，踊。又云：主人拜鄉人。即位，踊，襲，如初。又云：乃反哭，入，升自西階，東面。衆主人堂下，東面，北上。婦人入，丈夫踊，升自阼階。主婦入於室〔一〕，踊，出，即位，及丈夫拾踊三。賓弔者升自西階，曰：「如之何！」主人拜稽顙。賓降，出。主人送於門外，拜稽顙。遂〔二〕適殯宮，皆如啟位，拾踊三。兄弟出，主人拜送。衆主人出門，止〔三〕。闔門。

又《記》云：乃卒。主人啼，兄弟哭。又云：哭晝夜無時。又云：筮宅，冢人物土。卜日吉，告從於主婦。主婦哭，婦人皆哭。主婦升堂，哭者皆止。又云：奠升，設於柩西，升降自西階。主人要節而踊。又云：乃奠，升自西階。主人踊如初。

《小戴·檀弓下篇》云：辟踊，哀之至也。有算爲之節文也。

〔一〕「室」，原作「堂」，據《儀禮》改。
〔二〕「遂」，原作「逆」，據《儀禮》改。
〔三〕「止」上《儀禮》有「哭」字。

又《雜記上篇》云：大夫之喪，既薦馬。薦馬者，哭踊，出乃包奠而讀書。又云：朝夕哭，不帷。又云：公七踊，大夫五踊，士三踊。又云：客立於門西，介立於其[一]左，東上。孤降自阼階，拜之，升，哭，與客拾踊三。客[二]出，送於門外，拜稽顙。

又《下篇》云：當袒，大夫至，雖當踊，絶踊而拜之，反，改成踊，乃襲。於士，既事成踊，襲而后拜之，不改成踊。又云：曾申問於曾子曰：「哭父母有常聲乎？」曰：「中路嬰兒失其母焉，何常聲之有？」

又《喪大記》云：始卒，主人啼，兄弟哭，婦人哭踊。又云：凡哭尸於室者，主人二手承衾而哭。又云：小斂，主人即位於户内，主婦東面，乃斂。卒斂，主人馮之踊，主婦亦如之。主人袒，説髦，括髮以麻；婦人髽，帶麻於房中。凡斂者袒，遷尸者襲。士之喪，胥爲侍，士是斂。小斂、大斂，祭服不倒，皆左衽，結絞不紐。斂者既斂必哭。士與其執事則斂，斂焉則爲之壹不食。凡斂者六人。鋪絞紟，踊；鋪衾，踊；鋪衣，踊；遷尸，踊；斂

[一]「其」，原作「門」，據《禮記》改。

[二]「客」，原作「家」，據《禮記》改。

衣，踊；斂衾，踊；斂絞紟〔一〕，踊。士馮父、母、妻、長子、庶子。庶子有子，則父母不馮其尸。凡馮尸者，父母先，妻、子後。父母於子執之，子於父母馮之，婦如舅姑奉之，舅姑於婦撫之，妻於夫拘之，夫於妻、於兄弟執之。馮尸不當君所。凡馮尸，興必踊。

又《問喪〔二〕篇》云：三日而斂，在牀曰尸，在棺曰柩。舉尸舉柩，哭踊無數，惻怛之心，痛疾之意。悲哀志懣、氣盛，故袒而踊之，所以動體、安心、下氣也。婦人不宜袒，故發胸、擊心、爵踊，殷殷田田，如壞牆然，悲哀疾痛之至也。故曰「辟踊哭泣，哀以送之」，送形而往，迎精而反也。其往送也，望望然，汲汲然，如有追而弗及也。其反哭也，皇皇然，若有求而弗得也。故其往送也如慕，其反也如疑。求而無所得之也，入門而弗見也，上堂又弗見也，入室又弗見也。亡矣！喪矣！不可復見已矣！故哭泣辟踊，盡哀而止矣。

卜其宅兆，而安措之；

《周禮·大司徒》云：以本俗六安萬民。二曰族墳墓。

〔一〕「紟」，原作「衾」，據《禮記》改。
〔二〕「喪」，原作「哀」，據《禮記》改。

《儀禮・士喪禮》云：筮宅，冢人營之。掘四隅，外其壤；掘中，南其壤。既朝哭，主人皆往，兆南，北面，免絰。命筮者在主人之右。筮者東面，抽上韇，兼執之，南面受命。命曰：「哀子某，爲其父某甫筮宅。度茲幽宅，兆基，無有後艱？」筮人許諾，不述命，右還，北面，指中封而筮。卦者在左。卒筮，執卦以示命筮者。命筮者受視，反之。東面，旅占，卒，進告於命筮者與主人：「占之曰從。」主人絰，哭，不踊。若不從，筮擇如初儀。歸，殯前北面哭，不踊。

又《記》云：筮宅，冢人物土。鄭注：物猶相也。相其地可葬者乃營之。

《小戴・喪服小記》云：祔葬者不筮宅。鄭注：宅，葬地也。前人葬，既筮之。

又《雜記上篇》云：大夫卜宅與葬日，有司麻衣、布衰、布帶，因喪屨，緇布冠不緌。占者皮弁。如筮，則史練冠、長衣以筮，占者朝服。又云：大夫之喪，大宗人相，小宗〔一〕人命龜，卜人作龜。鄭注：卜葬及日也。

《禮含文嘉》云：天子墳高三仞，樹以松。諸侯半之，樹以柏。大夫八尺，樹以欒。士

〔一〕「宗」，原作「相」，據《禮記》改。

四尺，樹以槐。庶人無墳，樹以楊柳。《白虎通·崩薨》《書鈔·冢墓》。

《荀子·禮儀篇》云：然後月朝卜日，月夕卜宅，然後葬也。

爲之宗廟，以鬼享之；

《祭法》云：是故王立七廟：曰考廟，曰王考廟，曰皇考廟，曰顯考廟，曰祖考廟，皆月祭之；遠廟爲祧，有二祧，享嘗乃止。諸侯立五廟：曰考廟，曰王考廟，曰皇考廟，皆月祭之；顯考廟、祖考廟，享嘗乃止。大夫立三廟：曰考廟，曰王考廟，曰皇考廟，享嘗乃止。適士二廟：曰考廟，曰王考廟，享嘗乃止。官師一廟：曰考廟。庶人無廟。

又《祭義篇》云：聖人以是爲未足也，築爲宫室，設爲宗祧，以别親疏遠邇，教民反古復始，不忘其所由生也。衆之服自此，故聽且速也。

又《問喪篇》云：心悵焉，愴焉，惚焉，愾焉，心絶志悲而已矣。祭之宗廟，以鬼享之，徼幸復反也。

春秋祭祀，以時思之。

《大戴·盛德篇》云：凡不孝，生於不仁愛也。不仁愛，生於喪祭之禮不明。喪祭之禮,所以教仁愛也。致愛,故能致喪祭。春秋祭祀之不絶,致思慕之心也。夫祭祀,致饋養之道也。死且思慕饋養,況於生而存乎?故曰:喪祭之禮明,則民孝矣。故有不孝之獄,則飾喪祭之禮也。盧注:《孝經》曰「春秋祭祀,以時思之」也。

《小戴·祭義篇》云:是故合諸天道,春禘,秋嘗。霜露既降,君子履之,必有悽愴之心,非其寒之謂也。春雨露既濡,君子履之,必有怵惕之心,如將見之。樂以迎來,哀以送往,故禘有樂而嘗無樂。又云:是故先王之孝也,色不忘乎目,聲不絶乎耳,心志嗜欲不忘乎心。致愛則存,致慤則著,著、存不忘乎心,夫安得不敬乎?鄭注:存、著,則謂其思念也。

又《祭統篇》云:凡祭有四時:春祭曰礿,夏祭曰禘,秋祭曰嘗,冬祭曰烝。礿、禘,陽義也。嘗、烝,陰義也。禘者,陽之盛也;嘗者,陰之盛也。故曰:莫重於禘、嘗。古者於禘也,發爵賜服,順陽義也;於嘗也,出田邑,發秋政,順陰義也。故《記》曰:「嘗之日,發公室。示賞也。」草艾則墨,未發秋政,則民弗敢草也。故曰:禘、嘗之義大矣,治國之本也,不可不知也。

生事愛敬，死事哀慼，生民之本盡矣，死生之義備矣，孝子之事親〔一〕終矣。

《小戴·祭義篇》云：君子生則致養，死則致享，思終身弗辱也。又《祭統篇》云：是故孝子之事親也，有三道焉：生則養，没則喪，喪畢則祭。養則觀其順也，喪則觀其哀也，祭則觀其敬而時也。盡此三道者，孝子之行也。

《論語·學而篇》云：曾子曰：「愼終追遠，民德歸厚矣。」

《孟子·離婁篇下》云：孟子曰：「養生者不足以當大事，惟送死可以當大事。」

《荀子·禮論篇》云：禮者，謹於治生死者也。生，人之始也；死，人之終也。終始俱善，人道畢矣。故君子敬始而愼終。終始如一，是君子之道，禮義之文也。夫厚其生而薄其死，是敬其有知而慢其無知也，是姦人之道而倍叛之心也。君子以倍叛之心接臧穀，猶且羞之，而況以事其所隆親乎？故死之爲道也，一而不可得再復也，臣之所以致重其君，子之所以致重其親，於是盡矣。故事生不忠厚、不敬文謂之野，送死不忠厚、不敬文謂之

〔一〕「親」字原脱，據《孝經》補。

瘠。君子賤野而羞瘠,故天子棺槨十重,諸侯五重,大夫三重,士再重,然後皆有衣衾多少厚薄之數,皆有翣蔞文章之等以敬飾之,使生死終始若一,一足以爲人願,是先王之道,忠臣孝子之極也。又云:喪禮者,以生者飾死者也,大象其生,以送其死也。故如死如生,如亡如存,終始一也。又云:事生,飾始也;送死,飾終也。終始具而孝子之事畢,聖人之道備矣。刻死而附生謂之墨,刻生而附死謂之惑,殺生而送死謂之賊。大象其生以送其死,使死生終始莫不稱宜而好善,是禮義之法式也,儒者是矣。

圖書在版編目(CIP)數據

孝經通釋：外三種 /（清）清世祖等撰；曾振宇，江曦主編；郭麗點校. —上海：上海古籍出版社，2021.2

（孝經文獻叢刊. 第一輯）

ISBN 978-7-5325-9896-0

Ⅰ. ①孝… Ⅱ. ①清… ②曾… ③江… ④郭… Ⅲ. ①家庭道德—中國—古代②《孝經》—注釋 Ⅳ. ①B823.1

中國版本圖書館 CIP 數據核字(2021)第 042382 號

孝經文獻叢刊（第一輯）

曾振宇　江　曦　主编

孝經通釋(外三種)

［清］清世祖　清世宗　曹庭棟　桂文燦　撰

郭麗　整理

上海古籍出版社出版發行

（上海瑞金二路 272 號　郵政編碼 200020）

（1）網址：www.guji.com.cn

（2）E-mail：guji1@guji.com.cn

（3）易文網網址：www.ewen.co

上海展强印刷有限公司印刷

開本 850×1168　1/32　印張 16.875　插頁 5　字數 280,000

2021 年 2 月第 1 版　2021 年 2 月第 1 次印刷

印數：1—1,800

ISBN 978-7-5325-9896-0

G·733　定價：86.00 元

如有質量問題，請與承印公司聯繫

電話：021-66366565